AF325357

MANUEL GÉNÉRAL
DES VINS

VINS ROUGES, VINS BLANCS, VINS ARTIFICIELS

VINS MOUSSEUX

PREMIÈRE PARTIE

VINS ROUGES

CHAPITRE PREMIER

La vendange. — Le vin rouge. — L'égrappage. — Le foulage. —
Le cuvage. — Le traitement des moûts. — Cuves et vaisseaux
pour le cuvage. — Accidents du cuvage. — Des cuves en maçonnerie. — Le décuvage. — Du pressurage et des pressoirs.
— Du vin blanc. — Des vases vinaires. — Mise en fûts.

La vendange

La question de la vendange est plus compliquée
qu'on veut bien se l'imaginer. Les opinions les plus
différentes ont été émises à ce sujet; aussi avons-
nous l'intention de nous tenir sur une grande réserve,
nous entourant de tous les documents possibles et de
toutes les opinions, donnant simplement un résumé
de ce qui se fait et se pratique généralement dans les
différents vignobles, et nous réservant notre opinion

1

pour ce qui est des vins destinés à la fabrication des vins mousseux, laquelle est toute spéciale.

Faut-il, pour vendanger attendre que le raisin soit mûr, ou très-mûr ; la vendange doit-elle être hâtive ou tardive ? Voilà bien des questions.

M. de Vergnette-Lamothe, de Beaune, dans son traité *le Vin*, conseille d'attendre le plus tard possible, de manière que tout le sucre que peut produire la vigne se trouve accumulé dans le raisin. Le raisin figué ou ridé par un excès de maturité est même, en Bourgogne, considéré comme un indice d'une bonne année ; aussi dans toute cette région vendange-t-on tard avec intention.

M. Machard, dans son *Traité de vinification,* émet l'opinion suivante sur ce sujet : la maturité exagérée du raisin a de graves inconvénients pour les vins rouges, car ils restent doux, la fermentation se fait mal et le bouquet ne se développe qu'imparfaitement. Les vins faits dans ces conditions ont une tendance à se piquer, et la couleur n'est pas ce qu'elle devrait être. Cependant il faut éviter l'excès contraire, car en vendangeant avant la maturité complète du raisin, tout le sucre n'est pas développé, et le vin y perd beaucoup en alcool, en bouquet et en couleur.

M. Fleury Lacoste conseille d'attendre le plus tard possible pour vendanger ; cependant, si le temps change et se met au froid, il conseille de hâter le plus possible cette opération.

Le docteur Guyot, comme beaucoup d'autres viticulteurs, pense qu'il vaut mieux attendre le maximum de la maturité du raisin, et pour s'en assurer il préconise les essais préalables au moyen du glucomètre. Voici comment il opère : au moment où le raisin semble atteindre sa maturité, il fait chaque jour un essai en prenant quelques grappes de raisin qu'on presse fortement dans un linge. Le jus se trouve par ce moyen tout filtré; il le pèse avec le glucœnomètre et note le poids. Quand il constate que le degré ne s'élève plus, il juge le moment propice pour vendanger. Ce procédé est logique, mais la pratique impossible pour le vigneron, car il faut tenir compte des influences climatologiques qui font hâter ou retarder le moment favorable pour la vendange.

M. Béchamp, le savant physiologiste, lui, émet l'opinion qu'il y a deux sortes de maturité : la maturité physiologique et la maturité de convention.

« Le raisin est physiologiquement mûr quand le pépin est apte à reproduire la plante, » dit Olivier de Serres. Cette maturité n'est pas suffisante; elle ne l'est que lorsque les matériaux des grains sont en équilibre, c'est-à-dire lorsqu'ils ont atteint toutes leurs qualités, que le sucre y est en aussi grande abondance que le comporte l'espèce de raisin qu'on veut récolter.

M. André Pellicot n'a pas d'opinion bien arrêtée : pour lui, c'est la nature du plant qui doit fixer le vrai moment de la vendange. Il appuie son opinion sur les résultats obtenus dans le Midi. Tel plant exige une vendange précoce, tel autre une vendange tardive; l'expérience locale seule peut fixer à ce sujet, et il n'admet pas la possibilité de fixer une époque générale.

Si nous consultons les auteurs anciens, nous trouvons les préceptes suivants émis par les savants écrivains du *Parfait Vigneron* de 1811, l'abbé Rozier, Chaptal, Parmentier et Dussieux.

Le moment le plus favorable pour la vendange est celui où la maturité du raisin peut se constater par les raisons suivantes :

1° La queue verte de la grappe devient brune ;

2° La grappe devient pendante ;

3° Le grain de raisin a perdu sa dureté ; la pellicule en est devenue mince et translucide, comme l'observe Olivier de Serres ;

4° La grappe et les grains de raisin se détachent facilement ;

5° Le jus du raisin est savoureux, doux, épais et gluant ;

6° Les pépins des grains sont vides de substance glutineuse, d'après l'observation d'Olivier de Serres.

La chute des feuilles de la vigne ne peut être considérée comme un pronostic de la maturité du raisin ; c'est au contraire un accident grave. Quand une vigne a perdu ses feuilles avant que le raisin soit parfaitement mûr, ce dernier ne donnera jamais qu'un moût léger, acide, et fera de mauvais vin. Retarder la vendange ne servira à rien : quand une vigne est défeuillée, le raisin ne gagne plus rien, il se dessèche, se frippe et augmente en titre acide.

Nous trouvons dans le *Parfait Vigneron*, publié à Paris chez Lamy, en 1782, des renseignements fort utiles sur la vendange. S'appuyant sur l'opinion de l'agronome Bourgeois, de l'abbé Rozier, ce manuel anonyme conclut que le moment de la vendange exige un grand discernement ; qu'elle ne doit se faire ni trop tôt, ni trop tard, et que c'est par l'étude seule des différents plants qu'on peut juger du moment de maturité le plus propice pour tirer le meilleur parti du raisin qu'on veut récolter.

Résumant toutes ces opinions émises par des hommes de talent et des praticiens, nous conclurons donc qu'il serait plus que prétentieux d'établir une loi invariable pour déterminer l'époque de cette opération.

Cependant, il ressort de l'ensemble de ces faits :

1° Que la maturité complète du raisin est un moment favorable ;

2° Que les vendanges hâtives tendent à donner un vin vert et dur ;

3° Que les vendanges trop tardives exposent aux accidents de la pourriture et à la confection de vins de mauvaise garde;

4° Que l'étude du cépage, la nature du sol et les influences climatologiques doivent être prises en grande considération.

Il faut aussi tenir le plus grand compte de l'état de l'atmosphère, qui exerce sur l'avenir du vin une influence qui se fera sentir jusque dans ses âges les plus avancés.

La vendange doit se pratiquer par des temps chauds et secs, exempts, si c'est possible, de pluies et de brouillards. Le vin se ressent de toutes ces variations. Ainsi le vin de la même pièce de vigne fait par un temps chaud et sec n'est pas le même que celui fait par un temps froid et pluvieux. Il est d'une importance majeure de faire tous ses efforts pour bien choisir le moment où l'on opère la cueillette du raisin.

C'est cette observation qui fait condamner depuis longtemps le *ban de vendange*, ancien usage féodal qui avait les plus désastreuses conséquences. Mais il faut le dire, à cette époque, le consommateur n'avait pas le palais aussi délicat, ni le goût aussi raffiné qu'aujourd'hui. Cette manière brutale de récolter un produit aussi délicat que le vin était l'image vivante des mœurs grossières de cette époque, où la force primait le droit, et où la volonté d'un seigneur était l'unique loi qui régissait tout un pays.

Mais la civilisation faisant des progrès, la science

prenant rang dans le monde, le travailleur de la terre trouva qu'il était monstrueux de soumettre le fruit de ses labeurs à la volonté d'un haut personnage le plus souvent fort ignorant, et réclama, pour soi, le libre arbitre de ses actes, et la faculté de juger le moment le plus propice pour tirer parti des fruits de son travail.

Le vin rouge

Le premier soin du vigneron, lorsqu'il veut faire soit du vin blanc, soit du vin rouge, est de s'assurer si le raisin est arrivé au point voulu pour être récolté. Ce premier point bien constaté, il procédera à la vendange.

Pour faire du vin rouge, le raisin doit être cueilli avec soin, mis dans de grands paniers et apporté au bord de la vigne, où il est versé, panier par panier, dans des cuves placées sur des charrettes, et immédiatement foulé au moyen de forts pilons en bois, de manière à l'écraser le plus possible : plus tard nous en verrons l'avantage dans nos études sur la fermentation.

Il faut éviter, autant que possible, que les grappes soient souillées par la terre ou autres débris, car c'est autant d'éléments étrangers qu'on introduit dans le vin et qui peuvent détruire la finesse de l'arome. La plus grande propreté doit présider à toutes ces opérations pour en assurer la réussite.

La vendange foulée dans les cuves de transport ne doit pas non plus y séjourner longtemps, car le raisin a, par lui-même, une chaleur qu'il est important de ne pas lui faire perdre. Les cuves doivent avoir la contenance de trois à quatre hectolitres seulement, et, dès qu'elles sont pleines aux deux tiers, il faut les transporter de suite au cuvage, où elles sont immédiatement versées dans les cuves à fermentation.

Par des journées chaudes, il n'est pas rare de voir le moût se mettre de suite en fermentation, ce qui est un grave inconvénient, car il peut favoriser la fermentation acétique.

Il est certaines autres précautions à prendre pour la Vendange, que je crois utile d'indiquer.

Dans les mauvaises années, les années pluvieuses, il est nécessaire de passer les raisins à la claie : c'est-à-dire, lorsqu'on les a cueillis, les étendre sur de grandes claies en osier où des femmes armées de ciseaux enlèvent les grains verts, tournés ou pourris. Ce travail n'est qu'une faible dépense en comparaison du profit qu'on en retire.

Quand la distance des vignobles au cuvage est trop éloignée, il ne faut pas fouler le raisin, de peur que la masse ne s'échauffe trop vite, car il se déclare des fermentations secondaires au contact de l'air. Dans ce cas, le raisin doit se transporter dans des paniers d'une contenance moyenne, et le plus rapidement possible, en évitant que les grains ne s'écrasent.

Il faut également, lorsqu'on est en vendange, éviter que le raisin soit mouillé s'il arrive des orages, ce qui est assez fréquent à cette époque.

On ne saurait, du reste, prendre trop de précautions dans cette opération préliminaire.

L'égrappage

C'est à ce moment de la vendange que se présente la question si vivement controversée de l'égrappage.

L'égrappage se pratique dans certains pays, et dans d'autres il est rejeté.

En Bourgogne et dans le Midi, on le verra rarement pratiqué, tandis que dans le Bordelais et dans les pays où le raisin arrive à une moins brillante maturité, il se pratique journellement.

Les crus qui font des vins tendres et délicats rejettent cette pratique pour ne pas les priver des éléments conservateurs contenus dans la grappe. Au contraire, dans les pays où le vin est dur, acide et âpre, on l'emploie le plus qu'on peut, et cela se comprend facilement, car la grappe ne contient que des principes acides, astringents, et pas de sucre ; c'est donc une question de localité.

Cependant cette pratique de l'égrappage ne doit pas s'exécuter d'une manière absolue, car elle prive le vin de certains éléments qui sont indispensables à sa bonne tenue, tels que le tartre et le tannin. Cette question est encore discutable.

L'analyse de grappes de raisin entièrement dépourvues des grains mûrs, n'a donné que peu de tannin, tandis que les pellicules des raisins de la même grappe en sont souvent très-riches. Ici se présente encore un vaste sujet de discussion sur lequel nous aurons occasion de revenir.

L'égrappage peut donc se pratiquer selon les localités, et ne compromettra jamais l'avenir du vin, si le vigneron a l'intelligence de lui rendre ce qui lui manque, c'est-à-dire la somme voulue de tannin et de tartre.

L'égrappage s'exécute au moyen de claies en osier à mailles assez écartées, ou mieux encore d'un tamis de fil de fer ou de barrettes du même métal assez écartées pour laisser passer les grains de raisin (*fig.* 1.

et 2). On étend dessus une certaine quantité de grappes de raisin et, en les frottant assez fortement avec les mains, les grains se détachent et tombent dans la cuve. Ce travail se fait rapidement, et je l'ai vu exécuter à Bourgeuil, dans le pays de Saumur, sur des claies en fer, avec une rapidité qui m'a surpris.

Les grains de raisin se trouvent rapidement séparés de la rafle ou queue de raisin, qui est immédiatement rejetée, ce qui n'empêche pas d'écraser fortement les grains dans la cuve au moyen de pilons en bois.

Le volume de la vendange à transporter se trouve ainsi considérablement réduit; mais est-ce un avantage, est-ce un inconvénient? Je le répète, cela dépend des pays et de la nature du raisin.

On a inventé différents instruments pour exécuter ce travail, mais tous arrivent au même but, séparer de sa rafle le grain du raisin.

J'ai souvent discuté cette question de l'égrappage avec des propriétaires vignerons instruits, et je n'ai jamais pu la résoudre. Consultons donc les auteurs et étudions leurs opinions.

M. de Vergnette-Lamothe commence par déclarer que, contre l'opinion généralement admise, la grappe ne contient pas de tannin, mais qu'elle est riche en acide et par cela favorable à la fermentation; il conseille l'égrappage après avoir reconnu que la grappe se comporte à la cuve comme les fruits que l'on met confire dans de l'eau-de-vie ; elle échange ses principes acides contre l'alcool qu'elle absorbe; son action est donc doublement nuisible.

M. Machard, lui, est d'une opinion diamétralement opposée; il s'élève avec énergie contre l'usage de l'égrappage, qu'il condamne pour plusieurs raisons. La principale est que, par ce procédé, on prive le vin des éléments astringents si nécessaires à sa bonne tenue. Le vin n'en est ni plus dur ni plus vert, et c'est dans le mode de cuvage et le pressurage qu'il prétend trouver le remède aux quelques inconvénients que pourrait présenter la présence de la grappe dans la cuve à fermentation.

M. Béchamp, lui, condamne également l'égrappage mais pas d'une manière absolue.

L'abbé Rozier, dans son *Parfait Vigneron,* discute la question de l'égrappage avec soin; il ne blâme pas la méthode, mais il est d'opinion qu'elle est subordonnée à la nature du raisin, au cru et au vin qu'on veut faire. Pour l'Orléanais il condamne l'égrappage, pour le Bordelais et pour le Midi, où l'on veut faire des vins de chaudière, il le conseille. En effet, la grappe absorbe toujours une certaine quantité d'alcool qu'on ne peut lui enlever. Il est cependant d'avis que la grappe, par ses éléments, favorise la fermentation, et qu'il y a quelquefois danger à en priver le raisin.

De tout ce qui précède, que conclure? c'est qu'il ne faut ni condamner ni approuver d'une manière absolue la pratique de l'égrappage, mais qu'il faut l'employer selon les crus, les circonstances et les années; c'est là que le vigneron doit faire preuve de discernement.

Le foulage

Pour ce qui est de la question du foulage, elle ne laisse aucun doute : le raisin, dès qu'il a été cueilli, doit être écrasé avec le plus grand soin, de manière à en faire une bouillie liquide. C'est une condition indispensable pour favoriser la fermentation. Le jus se trouvant en masse ne tarde pas à entrer en fermenation régulière, tandis que si les grappes sont entières, rien de semblable ne se produit.

En effet, mettez dans une cuve une masse de grappes parfaitement intactes, vous constaterez au bout de vingt-quatre heures une grande élévation de température produite, non par la fermentation alcoolique, mais par une fermentation visqueuse et putride qui sera loin d'être favorable à la qualité du vin. Au contraire, si le raisin a été écrasé avec soin, les pellicules et les rafles baignant dans la masse liquide, la température s'élèvera et la fermentation alcoolique se manifestera immédiatement.

Il est indiscutable qu'il est de toute nécessité de procéder au foulage des raisins, non-seulement pour régulariser la fermentation, mais aussi pour avoir un vin aussi haut en couleur que possible. Le simple raisonnement fait facilement comprendre la cause dominante de cette pratique simple et logique.

Le foulage se fait dans de petites cuves au moyen de pilons en bois, ou mieux encore avec un instrument composé de deux cylindres cannelés en bois ou en fonte. On verse la vendange dans une trémie qui surmonte les cylindres, et, en mettant ceux-ci en mouvement, le raisin est broyé et tombe dans la cuve à fermentation. Cette pratique est simple, plus expéditive que le pilon, et ne laisse échapper aucun grain. Je crois donc devoir en conseiller l'emploi.

Le cuvage

Le cuvage de la vendange est une des opérations les plus importantes de la fabrication du vin, car c'est à ce moment qu'il se fait. Il faut rechercher toutes les conditions les plus favorables pour que ce travail s'exécute le mieux possible et à l'abri de tous les accidents qui peuvent survenir.

Il est de première importance, lorsqu'on a versé la vendange foulée dans les cuves à fermentation, de s'assurer de la densité du moût. Cette densité est très-variable, suivant les années et l'époque de la vendange. Elle varie d'une année à l'autre dans de fortes proportions pour le même cru.

La densité varie de 1,060 à 1,125, ce qui donne un écart considérable dans la quantité du sucre contenu dans le vin. Mais avant d'aller plus loin, il est indispensable d'entrer dans l'étude des instruments employés pour peser le moût et l'étude de ce produit.

Le moût se pèse au moyen d'un densimètre gradué de 1,000 à 1,200, ou bien, à son défaut, avec le glucœnomètre de Cadet de Vaux. Le densimètre se vérifie au moyen de liqueurs titrées faites avec de l'eau distillée et du chlorure de sodium ou sel marin. Il en est de même pour le glucœnomètre. Du reste, nous renvoyons à un chapitre spécial à la fin de cet ouvrage : *l'Étude et la Vérification des instruments employés dans l'essai des vins.*

Pour s'assurer de la densité du moût, on en prend une certaine quantité dans la cuve au moment où elle vient d'être foulée, on le filtre rapidement avec une mousseline pour éloigner les grosses ordures, puis on y plonge le densimètre ; on prend le degré et l'on s'assure que la température du moût est bien à + 15 degrés centigrades. La pesée doit toujours se faire à cette température, pour éviter d'avoir à corriger des erreurs de dilatation qui entraîneraient dans des calculs longs et hors de la portée des vignerons.

Le moût pesé, il est facile, au moyen de la table *Poids des moûts*, de se rendre compte de la somme

d'alcool que contiendra le vin, point des plus importants comme il est expliqué.

Du reste, nous renvoyons au chapitre *Vendange
pour les vins mousseux*, l'étude de la pesée des moûts,
et la question du sucrage des vins dans le but de remédier au manque d'alcool. J'ai traité à fond cette
question dans la seconde partie de cet ouvrage, car
elle y joue un rôle très-important.

Cependant il est une question qu'il faut aborder ici
et traiter un peu spécialement, car elle a un attrait
tout spécial en présence de la nouvelle situation faite
à l'industrie vinicole, tant par la maladie de la vigne
que par la loi sur les alcools, loi ruineuse pour les
pays de grande production.

Il y a des années où le raisin, arrivant à une maturité imparfaite, ne donnera qu'un vin léger en alcool
et riche en matières acides ; ce vin sera dans de mauvaises conditions de garde, impropre à la consommation, et surtout incapable de supporter un voyage
quelconque, même le plus court ; un simple soutirage
le fait quelquefois tourner. L'alcooliser, au moyen
d'une addition d'alcool du commerce, est un remède
simple, mais qui exige de grandes précautions, car il
faut employer de l'alcool d'une franchise de goût
absolue, sous peine de donner au vin une saveur désagréable et d'en altérer la finesse de bouquet. Puis, en
présence de la nouvelle loi, c'est une opération coûteuse, le vinage n'étant pas exempt de droits.

Il faut, dès que vous avez pesé le moût, vous assurer de ce qu'il donnera comme alcool après entière
fermentation, et procéder à la correction.

Le sucre ordinaire raffiné ou de belle cassonnade
blonde des iles, est ce qui convient le mieux pour les
vins rouges et les vins blancs communs ; pour les

grands vins, il faut employer du sucre candi pure canne, ce qui est une légère dépense comparée au prix du produit obtenu.

La pratique, car je laisse de côté toutes les formules scientifiques, a constaté que pour élever un hectolitre de moût de 1 p. 100 d'alcool, il fallait employer 1,600 grammes de sucre. Il est facile avec cela de procéder au sucrage.

Ainsi un moût qui pèse 1,062, donnera comme alcool, ainsi que l'indique le tableau ci-après, *Poids des moûts*, 1,062 — 0,012 = 1,050 = 7,65 d'alcool. Ce poids de 0,012 est retranché du poids total du moût pour représenter les matières infermentescibles du moût qui agissent sur le densimètre. Donc un moût qui pèse 1,062 donnera un vin riche à 7,65 p. 100 d'alcool en volume, ce qui est un titre trop minime pour sa bonne tenue; on devra donc, pour le porter à 10 p. 100 d'alcool, ajouter 10 — 7,65 = 2,35 p. 100 d'alcool, soit, en chiffre rond, 2,50 p. 100 d'alcool, sachant que pour obtenir un degré de plus par hectolitre de moût il suffit d'ajouter 1,600 grammes de sucre, soit 1,600 × 2,50 = 4 kilog. de sucre par hectolitre de moût. Ce calcul est simple, comme on le voit, et le prix de revient sera de 4 kilog. de sucre blanc à 140 fr. les 100 kilog., soit 5 fr. 60 c. par hectolitre; si, au contraire, on se sert de sucre brut des colonies ou cassonnade blonde à 120 fr. les 100 kilog., ce sera 4 kilog. × 1,20 = 4 fr. 80 c.

Ce prix de revient est élevé, mais il **est largement** rémunéré par le résultat obtenu.

Tableau de M. Payen donnant les densités des liquides sucrés et ce qu'ils fournissent en alcool après la fermentation :

DENSITÉ	DEGRÉS du densi-mètre	SUCRE DANS :		VOLUME de 100 kilog. de moût	ALCOOL PRODUIT par 100 litres	
		100 litres	100 kilog.		en litres	en kil.
		kil.	kil.	lit.	lit.	
1.010	1	2,3	2,3	99,01	1,56	1,54
1.020	2	4,5	4,3	98.04	3,05	2,42
1.030	3	6,7	6,3	97,09	4,54	3,68
1.040	4	9,»	8,3	96.15	6.09	4,84
1.050	5	11.3	10,3	95.24	7.65	6,08
1.060	6	13,5	12.3	94,34	9,14	7,26
1.070	7	15,7	14,3	93,46	10.63	8,45
1.080	8	17,8	16,3	92.59	12,05	9,58
1.090	9	20,»	18,3	91.74	13,54	10,76
1.100	10	22.3	20,3	90,91	15.10	12, »
1.110	11	24.5	22.3	90.09	16.58	13,18
1.120	12	26.7	24,3	89.29	18.06	14.36
1.130	13	28,8	26,3	88.49	19.49	15,49
1.140	14	31.»	28,3	87,72	20,98	16,18
1.150	15	33,3	30,3	86,96	22,54	17,92

Dans la pratique, il arrive souvent qu'on n'a pas sous la main un densimètre, mais simplement un glucoœnomètre; voici la relation qui existe entre le densimètre et le glucoœnomètre, plus le rendement net en alcool, déduction faite des matières infermentescibles, c'est-à-dire de 0 k. 012 du densimètre.

DEGRÉS du glucoœnomètre	DENSITÉ RÉELLE	Densité réduite déduction 0,012	POIDS RÉEL du sucre par litre de moût	ALCOOL RÉEL PRODUIT % en volume
			grammes	
7	1.051	1.039	90	6,10
8	1.059	1.047	110	7,60
9	1.067	1.055	124	8,40
10	1.075	1.063	146	9,85
11	1.083	1.071	160	10,80
12	1.091	1.079	178	12. »
13	1 099	18.087	193	13,19

Ce tableau, comme on le voit, dispense de tous calculs, et un simple coup d'œil permet de décider immédiatement la question.

Un point encore à considérer quand on fait des vins rouges : on n'opère pas sur du moût, mais bien sur de la vendange contenant les grappes, les peaux, les pépins, etc., etc. La proportion de sucre à ajouter n'est donc pas la même que si l'on agissait sur un moût qu'il est aisé de mesurer. Dans notre cas, on ne peut qu'estimer approximativement. Aussi ai-je adopté une formule qui m'a toujours donné de bons résultats.

J'ajoute 1 kil. 500 gr. de sucre pour 100 kil. de vendange, et j'arrive au même résultat qu'avec la formule pour les moûts. Ce chiffre peut donc être accepté comme se rapprochant aussi près que possible de la vérité.

Dans les pays où le vin a peu de valeur, même dans les bons vignobles, mais dans les mauvaises années, ou encore lorsqu'on veut faire des piquettes, on ne peut employer ni le sucre ni la cassonnade dont le prix est trop élevé ; on a recours au sucre de glucose.

Alors le dosage varie, car la teneur en sucre du glucose n'est pas la même que celle du sucre pur ; il faut tenir compte de l'eau contenue. Quand on achète des massés de glucose, il est prudent pour cela de les acheter au degré saccharimétrique.

Voici les proportions à employer pour élever 1 hectolitre de moût ou 100 kilog. de vendange de 1 degré d'alcool, suivant le titre saccharimétrique du glucose. Ces calculs sont faits sur une base un peu large, et pour la pratique j'ai cru devoir arrondir les chiffres, afin d'éviter la complication de fractions infinies, la chose du reste ayant peu d'importance.

TITRE SACCHARIMÉTRIQUE DU GLUCOSE	QUANTITÉ POUR L'HECTO. DE MOUT	QUANTITÉ POUR 100 KILOG. DE VENDANGE
	k.	
62 1/2	2,550	2,400
65	3,450	2,250
67 1/2	2,300	2,175
70	2,200	2,100
72 1/2	2,100	2. »

Si, au contraire, on emploie des alcools du commerce, le prix de revient sera plus élevé à cause des droits ; de plus, le vin sera moins bien fait, car il sera privé des éléments que le sucre vient y ajouter par l'acte de la fermentation, tels que la glycérine qui lui donne du moelleux et de l'acide succinique. Le sucrage est donc préférable au vinage quand on peut le pratiquer dans de bonnes conditions. Mais il ne doit pas être fait sans certaines précautions, que je vais indiquer.

Quand, au moyen du densimètre et des calculs exposés plus haut, on a constaté la nécessité de sucrer la cuve pour élever le titre alcoolique du vin, il faut s'assurer si la somme d'acide contenue dans le moût est en bonnes proportions avec le sucre pour que la fermentation se fasse régulièrement, car il est constaté par la pratique et l'expérience qu'il faut qu'un moût contienne une quantité d'acide déterminée pour que la réaction se produise selon les lois chimiques.

Un moût qu'on additionne de sucre doit contenir au moins l'équivalent de 0,80 à 1 p. 100 d'acide tartrique. Si l'essai acidimétrique (voir le *Traité d'analyse chimique des vins* du même auteur) ne vous donne pas ce résultat, il faut ajouter, sans crainte qu'il y ait excès, de 50 à 100 grammes d'acide tartrique cristallisé par hectolitre de moût. Cette addition est sans inconvénient, l'excès d'acide tombant avec la fermentation.

L'opération du sucrage à la cuve est donc parfaitement praticable, mais encore faut-il tenir compte de la nature du cru où l'on opère. Dans les pays où le vin est dur et de bonne garde, on peut le pratiquer sans hésitation ; au contraire, dans les crus où le vin est tendre, fin, délicat, il faut le pratiquer avec les plus grandes précautions, acidifier le moût et même y ajouter une certaine quantité de tannin, ce qui donnera de la tenue au vin.

Cette question du tannisage à la cuve peut sembler singulière, mais il y a une foule de pays où le raisin lui-même ne fournit pas au vin, après fermentation, une quantité de tannin suffisante pour en assurer la bonne garde ; le moyen le plus simple, préférable à tous, selon moi, est le tannisage à la cuve, qui se pratique de la manière suivante.

Étant connue la capacité de la cuve à fermentation,

ón verse dedans, à mesure qu'on la remplit, du tannin en poudre dans la proportion de 5 à 10 grammes par hectolitre de vin à obtenir. Cette proportion varie selon les années. Elle sera de 5 grammes pour les années chaudes et sèches, de 10 grammes pour les années froides et pluvieuses.

Le tannin ainsi ajouté à la cuve se dissout parfaitement et l'acte de la fermentation le force à se combiner avec le vin; il aide à la précipitation de certains produits nuisibles et se trouve mêlé au vin sans en modifier le goût. Je recommande cette pratique.

Cuves et vaisseaux pour cuvage

Maintenant que nous avons étudié les différentes conditions dans lesquelles peut se trouver un moût, examinons quelles seraient les conditions les plus favorables à la fermentation qui doit le convertir en vin.

On emploie pour le cuvage de la vendange différents modes de réservoirs, et différentes manières de traiter le moût et le marc dans les cuves.

Le cuvage dans de grands récipients ouverts est la plus ancienne pratique employée. Ce sont de grandes cuves ouvertes par le haut dans lesquelles on verse la vendange foulée et qu'on abandonne aux influences de l'air et de la température. Dans les bonnes années chaudes, la fermentation se déclare rapidement et la masse se met à *bouillir*, comme on dit en termes de vigneron. La cuve s'échauffe, le ferment commence à décomposer le sucre du raisin et le gaz acide carbonique se dégage par bulles au travers du liquide. Dès que la fermentation est commencée, les rafles du raisin montent à la surface, la couvrent entièrement et forment une vaste croûte qu'on appelle chapeau. C'est alors que se présente un danger nouveau. Ces raffes humides, imprégnées d'alcool, se trouvent au contact de l'air ; il se produit une nouvelle fermentation sous l'action de l'oxygène de l'air et d'un ferment également nouveau : c'est l'acétification. Le produit est l'acide acétique qui se dissout immédiatement dans le vin et plus tard lui donnera un goût fâcheux et en altérera les conditions de bonne garde.

Pour remédier à cet inconvénient, les vignerons ont soin chaque matin d'enfoncer le chapeau dans le liquide qui, renouvelé sans cesse, n'a pas le temps de se décomposer ; cette pratique est bonne, mais il faut l'effectuer au moins toutes les six heures.

Le cuvage à l'air libre a quelques désavantages ; la température de la cuve s'élevant ordinairement vers 25 ou 30 degrés, il est évident que sous l'influence du violent dégagement de gaz acide carbonique qui se fait, une partie plus ou moins grande de l'alcool se trouve entraînée et perdue dans l'atmosphère. Plusieurs modes de cuves ont été imaginés pour remédier à cela ; mais la complication des appareils, leur prix, ne compensaient pas la perte éprouvée. Je ne décrirai pas ces nombreuses inventions, laissant à leurs auteurs le soin de les faire connaitre.

La seule question que j'exposerai, c'est celle du chapeau. Au lieu de laisser se former un chapeau sur le moût, il y a, je crois, avantage à s'y opposer et à forcer la rafle, les peaux et les pépins du raisin à séjourner dans le moût pendant la fermentation. D'abord, le vin prendra à ces éléments tout ce qu'il pourra de tannin ; la peau, qui contient toute la matière colorante, se trouvant toujours en contact avec le liquide alcoolique, lui abandonnera la plus grande partie de cet élément si utile, puis la fermentation acétique ne se produira pas. Je sais bien qu'on craint que cela ne donne un peu de dureté au vin, mais on peut y obvier en prolongeant moins le cuvage.

Pour empêcher le chapeau de se former, il est un moyen simple. Une fois la cuve pleine, on pose dessus des claies en osier blanc qu'on enfonce de 5 centimètres dans le liquide, puis on les cale au moyen de fortes traverses, et les rafles ne peuvent pas sortir du liquide. La masse de la cuve est un jus clair toujours en ébullition, qui se renouvelle sans cesse et évite la fermentation acétique.

On emploie un procédé qui remédie parfaitement à tous les inconvénients cités plus haut : perte d'alcool, acescence du vin, question du chapeau. Ce moyen consiste à faire cuver le vin dans de grands foudres de 40 à 50 hectolitres.

A la place de la bonde, on pratique une large porte qui permet le passage d'un homme, on y verse la vendange parfaitement foulée, et quand il est suffisamment plein, on ferme cette ouverture au moyen d'une toile grossière pour éviter la poussière. La masse s'échauffe rapidement, la fermentation se déclare, et le gaz acide carbonique se réunit dans l'espace vide en haut du foudre. Le liquide se trouve ainsi à l'abri de l'air et des mauvaises influences, l'excès de gaz traverse la toile et s'échappe extérieurement du foudre. Dans de semblables conditions la fermentation est peut-être un peu moins rapide, mais se fait avec une grande régularité.

A Pomard, on opère de la sorte chez un de nos plus célèbres viticulteurs, M. Vergnette de Lamothe, qui assure être très-content du procédé qui est, du reste, des plus logiques.

Je passerai la question scientifique de la fermentation, renvoyant à la seconde partie du travail, qui en
traite spécialement.

Accidents du cuvage

Pendant le cuvage, il peut se produire quelques
accidents : le plus grave est un abaissement subit
dans la température, cas qui se présente souvent dans
les années tardives, qui sont conséquemment froides.
Le seul remède à apporter à ce fait est, ou de chauffer
les vendangeoirs où sont placées les cuves à fermentation, ou d'élever la température du moût, soit
en y versant du moût chauflé, soit en y introduisant
un apareil appelé cylindre à chauffer les bains (*fig.*
3), que tout le monde connait et qui est fort simple.
C'est de tous les systèmes celui qui a eu le plus de
succès ; il est rapide et économique. Il faut peu de
temps à ce cylindre pour échauffer assez la masse
pour que la fermentation se déclare. De plus, il n'a
pas l'inconvénient d'élever la température du local ou
se trouvent les cuves à fermentation et de favoriser
la production des germes de fermentation nuisibles.
Seulement, quand on emploie des foudres au lieu de
cuves, il est impraticable ; il faut avoir recours au
moût chauffé, ce qui est assez simple à exécuter.

Les fermentation tumultueuses, qui se déclarent
plus rarement, n'ont d'autre inconvénient que de ne
laisser au vigneron que peu de temps pour procéder au
pressurage ; du reste, on peut les calmer en ajoutant
à la cuve du raisin pas foulé : il refroidit la masse et
n'entre en fermentation que lorsque la pellicule est
rompue ; c'est donc peu de chose. On peu encore, en
cas de trop grande presse, calmer cette effervescence
en ajoutant 1 ou 2 p. 100 d'alcool dans le vin.

Il n'est pas inutile de connaître l'opinion de quelques savants praticiens sur le cuvage.

Henry Lacoste conseille de fouler le chapeau dans la cuve le plus souvent possible, et même de s'opposer à sa formation par les procédés que nous avons indiqués.

Béchamp, lui, tout en étant partisan du foulage du chapeau, conseille l'emploi de cuves de moyenne grandeur, dix muids environ. Il pense que les cuves trop grandes peuvent avoir de graves inconvénients sur la manière dont se fait la fermentation.

L'abbé Rozier, Chaptal, Parmentier et autres auteurs du siècle dernier, conseillent la surveillance la plus active de la fermentation.

Les cuves doivent être placées dans un cellier bien clos, à l'abri des courants d'air; on doit y maintenir une température jamais inférieure à 14 ou 15 degrés, mais pas supérieure à 30. Si la fermentation est longue à se déclarer, il faut verser dans la cuve du moût chauffé, pour élever la température de la masse. Le foulage du chapeau doit se faire souvent; en un mot, nous suivons encore les mêmes principes qu'ils préconisaient.

Des cuves en maçonnerie

La production du vin a pris de telles proportions que la question du logement est devenue des plus difficiles. Dans certains pays, la production est quelquefois telle, que l'emploi des cuves en bois devient impraticable, car il est très-coûteux. L'idée de faire des cuves en maçonnerie est donc la plus simple qui se soit présentée, mais elle a rencontré des adversaires acharnés, qui prétendaient que le vin ne pouvait s'y faire. Beaucoup d'auteurs, entre autres M. Machard et nous, nous considérons cela comme une erreur qui ne s'explique, ni pratiquement, ni théoriquement.

Dans les pays de vins communs, comme le Midi, où la vendange se fait par grandes masses, on a tout avantage à avoir le plus grand nombre de cuves possibles et les moins coûteuses.

La maçonnerie se prête admirablement à cela. Les cuves doivent être rondes, en forme de cône renversé, le petit diamètre à la base, l'enduit fait en ciment de Portland ou de Vassy. Avant de se servir de ces cuves, il est indispensable de les laisser pleines d'eau pendant quelques jours, puis de les laver avec des vins communs, ou au besoin avec de l'eau et des feuilles de vigne bouillies ensemble. Cette précaution a pour utilité d'enlever les sels déliquescents qui peuvent se former à la surface de la cuve, et de dissoudre l'excès de chaux. Il se forme un tartrate neutre de chaux peu soluble qui s'incruste dans les parois de la cuve.

Pendant l'intervale d'une récolte à une autre, il est bon de les laver de temps à autre, d'en éloigner tous les objets susceptibles de les décomposer, car ils communiqueraient à la maçonnerie une odeur et un goût qu'il serait impossible de lui enlever.

La cuve en maçonnerie, certes, ne vaut pas la cuve en bois ; mais nous insistons sur ce point, pour combattre le préjugé qui l'a fait rejeter d'une manière absolue, tandis qu'elle peut rendre de si grands services dans certaines régions.

Le décuvage

La durée de la fermentation dans la cuve étant soumise à une foule d'influences diverses, il est assez dif-

ficile de fixer à l'avance la durée du cuvage et le temps
favorable pour le décuvage. Avec chaque pays, chaque
méthode, toutes excellentes au dire des vignerons,
lesquels n'abandonnent pas leurs vieilles habitudes,
mais qui sont toutes très-discutables.

Examinons les différents modes de cuvage et de
décuvage des principaux vignobles de France, laissant à chacun le soin de choisir celui qu'il préfère,
tout en nous réservant notre opinion.

En Bourgogne, le cuvage dure de dix-huit à trente
heures en moyenne, selon les années plus ou moins
chaudes ; du reste, on se guide sur un fait infiniment
plus certain, qui ne laisse rien à l'arbitraire : on décuve
lorsque le moût pèse 0 au glucoœnomètre ou 1.000
au densimètre, poids qui est égal à celui de l'eau. Ce
procédé a l'avantage d'assurer une grande régularité
à l'opération.

Dans le Bordelais, où l'on ne foule que peu le raisin,
on ne décuve que lorsque le vin vient baigner la surface du marc ; le cuvage y est infiniment plus long
qu'en Bourgogne. Mais c'est une nécessité. Des essais
du cuvage rapide faits en Bordelais n'ont donné qu'un
vin tendre et de garde difficile.

Dans toute la région du Rhône, on cuve à cuve
ouverte, foulant journellement le marc et prolongeant
cette opération de vingt à trente jours. Cette pratique
est défectueuse ; mais ce qu'on recherche, c'est la couleur, et c'est par un cuvage prolongé qu'on l'obtient.
Du reste, ces vins sont si riches en alcool qu'ils souf-
frent peu de ce procédé aussi arriéré que barbare,
contre lequel il est presque impossible de lutter.

Dans le Midi, le cuvage est des plus variables ; on
décuve dès qu'on constate qu'il ne monte plus de
bulles de gaz à la surface du liquide, et que sa tempé-

rature baisse. Le cuvage y est du reste de très-peu de durée, car sous l'influence de ce climat chaud, la fermentation se déclare rapidement et marche très-vite.

En Alsace, le cuvage est très long, si long même que les vins prennent une dureté et un goût âpre désagréables; cette pratique est des plus défectueuses et contribue pour beaucoup à la mauvaise qualité des vins.

Dans le Jura, le cuvage dure quelquefois jusqu'à trois mois, et, si au moment du pressurage on constate que le chapeau a pris un goût trop fort, il est mis de côté. Ce mode de procéder est mauvais sous tous les rapports; mais il est tellement ancré dans les idées des vignerons, qu'on aurait grand'peine à le leur faire abandonner.

Mais tous ces différents modes de cuvage ne résument pas la question; nous croyons qu'il est bon de préconiser la méthode des cuvages rapides. En effet, en fermentation, la plus rapide est toujours celle qui donne les meilleurs résultats.

Puis en éloignant le plus promptement possible le vin de l'influence trop prolongée des rafles, et du contact de l'air, on a toutes les chances voulues d'avoir un résultat meilleur. Comme thèse générale, nous croyons qu'il ne faut pas prolonger le cuvage au delà du moment où le moût est arrivé à 0 du glucœnomètre ou du densimètre, ce qui est la même chose.

Les auteurs les plus anciens sont presque tous partisans du cuvage rapide; on trouve dans tous les traités d'œnologie du siècle dernier de longues dissertations pour en exposer les avantages. Nos pères ne connaissaient qu'imparfaitement les lois de la fer-

mentation, mais une longue pratique et des observations faites par des savants tels que Beaumé, l'abbé
Rozier, Chaptal et autres justifient parfaitement leurs
théories, qui de nos jours peuvent paraitre assez
naïves.

Les auteurs modernes, eux, sont unanimes pour
combattre les cuvages prolongés, et les raisons données varient peu, selon que l'auteur est de tel ou tel
pays.

En résumé, il ne faut pas décider d'une manière
absolue que le cuvage ne doit pas excéder le moment
où le moût marque 0, car dans quelques contrées,
le vin ne serait pas suffisamment fait et n'aurait pas
emprunté à la peau et au rafle tout ce qu'il doit leur
prendre. Cependant on peut conseiller en général d'é-
viter les cuvages trop prolongés.

Du pressurage

Quand le moût marque 0, ou quand le vigneron,
selon ses usages, décide que le cuvage est terminé, il
faut le transformer en vin proprement dit, c'est-à-dire
l'isoler de toutes les parties solides qui constituent le
raisin.

Pour opérer ce changement il y a, comme pour le
cuvage, autant de méthodes que de pays ; mais là, la
question devient délicate, et il est assez difficile d'é-
mettre une opinion bien tranchée et basée sur des
faits scientifiques. Cependant, tout en relatant les différentes manières de procéder, on peut donner quelques conseils applicables à certains vignobles où la
routine domine encore par trop.

En Bourgogne et en Bordelais, le vin est fait avec
un soin tellement minutieux, vu la grande valeur du

produit, que je ne crois pas devoir faire mieux que d'indiquer purement et simplement leur manière d'opérer.

Dès que la cuve est bonne à prendre, le vin est versé immédiatement dans des fûts bien propres et réparti également dans tous de manière à éviter de mettre toute la dernière goutte dans le même fût, qui serait incontestablement plus taché que le premier, et surtout plus dur, plus âpre et moins bon. Puis on jette vivement le marc sur le pressoir, et sans perdre de temps on donne une première pression qui fournit un vin très-chargé en couleur. Ce vin est encore réparti sur le premier vin : c'est la première goutte. Mais il ne faut pas en abuser, car ce vin de pressurage est dur et a un goût fort. Comme le marc contient encore du vin, on coupe le marc, on le retire et on le soumet à une nouvelle pression ; mais le vin qui vient alors est mis de côté comme étant d'une qualité inférieure. Il est employé dans les grands crus à remonter des petits vins de plaine qui manquent de tenue.

Ce mode de fractionner le vin en deux espèces n'est praticable que dans les grands crus où la valeur considérable du produit vient compenser la perte subie par le second produit ; mais dans les crus ordinaires, cela ne se pratique pas et ne peut se pratiquer, car la légère amélioration qu'éprouverait le premier produit ne compenserait pas la perte occasionnée par le second.

La question de fractionnement n'est pas une question qui touche à la plus ou moins bonne conservation du vin, elle n'a aucune influence autre que celle du goût. C'est donc aux propriétaires à voir s'ils ont avantage à pratiquer, oui ou non, ce mode d'opérer. Cette question se rattache à une foule de considérations dans lesquelles je ne crois pas devoir entrer, car elles sont purement d'économie domestique, et non de fabrication.

Il est des pays où l'on ne pressure jamais le marc; dès que le raisin a fini de fermenter, on tire le jus par le fond de la cuve; on foule un peu le marc avec des pilons, et l'on ne prend que ce qui coule naturellement. Cette pratique est assez générale en Poitou.

Cette façon de procéder a plusieurs raisons. Le vin de ces pays est extrêmement dur, de bonne garde; le vigneron généralement pauvre ne le consomme pas, il le vend dès qu'il est clair. Pour sa boisson pendant l'année il prend les marcs, les mets dans des fûts bien cerclés, les couvre d'eau et fait ainsi une espèce de second vin qui lui suffit. Il ne reste plus assez de sucre pour qu'une nouvelle fermentation se produise; il ne se fait donc autre chose dans le fût qu'un lavage successif du marc, car le vigneron, chaque fois qu'il y prend du vin, le remplace par une quantité égale d'eau, de manière à éviter qu'il reste en vidange. Au bout de quelque temps on a une boisson rosée d'un goût peu agréable, aigrelette, mais qui suffit à ces populations dont les goûts sont modestes et qui savent se contenter de peu.

La question du pressurage est donc tout-à-fait facultative, et il faudrait écrire un chapitre sur chaque pays pour traiter un peu à fond cette partie du travail du vin. Dans un pays telle pratique est bonne qui est nuisible dans un autre. Je n'insisterai pas sur ce point.

Pour ce qui est du mode de pressurage, c'est-à-dire des instruments à employer, autrement dit pressoirs, je renverrai au chapitre *Pressoir* de la seconde partie de ce travail, où je donne quelques indications. Du reste, en thèse générale, pour les vins rouges, où la question n'est que secondaire, je conseillerai les pressoirs les plus énergiques. L'industrie, actuellement, livre des pressoirs réunissant toutes les conditions de résistance et de simplicité de manœuvre qu'on puisse désirer.

MM. Mabille frères, d'Amboise, ont poussé aussi loin que possible la confection de ces instruments, qui sont d'une grande solidité, d'une manœuvre facile et d'un prix relativement modéré.

Il y a une foule d'autres systèmes qui tous ont leurs avantages et leurs inconvénients; le vigneron devra donc choisir le mode le plus économique, qui cependant remplira le but cherché: c'est-à-dire une pression rapide et énergique, tout en ayant un instrument peu encombrant et solide.

Du vin blanc

La vendange du vin blanc ne se fait pas dans les mêmes conditions que celle du vin rouge, c'est un travail d'un tout autre genre, qui se rapproche beaucoup de la fabrication des vins destinés à être champagnisés. Nous n'entrerons dans aucun détail à ce sujet, car au chapitre spécial consacré à ce vin, dans la seconde partie de ce travail, nous traitons la question à fond. L'époque de la vendange mérite seule quelques observations, mais nous laissons aux propriétaires vignerons la liberté la plus entière pour cette appréciation. La seule recommandation que nous ferons, c'est d'apporter dans tout ce travail la plus grande propreté, soin qui est si souvent négligé par la plupart.

Des vases vinaires

Nous voici arrivé au moment où il faut s'occuper
de loger le vin qui vient de couler du pressoir. C'est
une grosse affaire dans certains pays, une grande dépense, et là plus que jamais la surveillance du maître
de chaix sera urgente. Étudions donc un peu les fûts
vinaires, leur conservation et leurs différentes formes
et capacités.

Dans les grands crus de la Bourgogne et du Bordelais, le vin est logé dans des fûts de 228 litres. On
emploie des fûts neufs pour les vins nouveaux seulement; pour les vins vieux, on préfère, avec juste raison, les fûts déjà avinés, c'est-à-dire qui ont déjà
contenu du vin. L'emploi des fûts neufs n'a aucun inconvénient pour les vins nouveaux, au contraire, le
bois leur cède immédiatement la plus grande partie
du tannin qu'il contient, ce qui est une bonne chose.
Cependant il ne faut pas négliger d'y passer un peu
d'eau bouillante avant de les employer; cela resserre
les douves et enlève toutes les parties solubles qui se
trouvent à la surface du bois.

Pour les grands vins il est préférable d'employer
de petits fûts; ainsi, dans les grands crus de Bourgogne on se sert de feuillettes de 115 litres pour loger
les cuvées de tête des premiers crus. Le vin s'y fait
bien et l'on diminue les chances d'accidents en cas
de fût d'un goût défectueux.

Les fûts exigent certaines précautions pour être
conservés. Les fûts neufs doivent être logés dans un
endroit sec, bien fermé, la bonde en dessous; les
vieux, eux, exigent différentes préparations. Quand
un fût vient d'être vidé et qu'il ne doit servir que dans

un temps plus ou moins éloigné, il faut commencer
par le laver avec soin à l'eau froide, puis le mettre à
l'égoût, jusqu'à ce qu'il soit parfaitement sec. Il est
alors fortement mèché, puis scellé, tamponné et placé
dans un endroit sec. Il est de toute importance d'éloigner de l'humidité les fûts ayant contenu dn vin, car
sous son influence le tartre déposé sur ses parois se
décompose et est envahi par les moisissures ; le fût
devient bleu comme on dit en terme de tonnelier ; cet
accident est assez grave, cependant il n'est pas sans
remède. Il suffit quelquefois, pour enlever le goût fà-
cheux qui s'est produit, de le flamber à l'esprit-de-
vin, après avoir retiré le fond.

Quand un fût pique, il est bon de le rincer avec un
lait de chaux ; le principe acide est immédiatement
neutralisé.

Si par malheur un fût a pris un gout un peu fort
qui résiste au rinçage, il faut le gratter à l'intérieur,
puis le flamber à l'alcool ou avec de la paille mouillée ;
quelquefois cela ne suffit pas ; il ne faut pas alors
hésiter à l'abandonner.

Pour les fûts de grandes dimensions, tels que muids,
foudres, etc., les mèmes précautions doivent être prises. Dès qu'un fût est vide, il faut le sécher, puis le
mécher. Quand il y a longtemps qu'il n'a servi, on
l'ouvre par la bonde et la porte, on chasse l'air ancien, puis dès qu'on peut y entrer, on le lave à l'intérieur à l'éponge, on le laisse sécher, et on le mèche
légèrement avant d'y loger le vin.

Ces petites précautions, un peu minutieuses, sont
d'une grande importance, car les fûts s'altèrent très-
facilement, et le vin prend les goûts défectueux avec
une extrème avidité.

En dehors des fûts en bois, il a été fait quelques

autres applications industrielles sur lesquelles je n'insisterai pas, mais qu'il faut exposer.

Les anciens conservaient leurs vins dans d'immenses amphores en terre cuite vernie ; l'obturation, ils l'obtenaient en versant sur la surface une couche d'huile. Le vin se trouvait ainsi entièrement à l'abri de l'air, et ce procédé est encore employé dans quelques localités.

D'autres pays ont essayé les réservoirs en peau ; on sait le goût horrible qu'elle communique au vin. Puis on a fait d'immenses bouteilles en verre, enfin des fûts en fer étamé. Mais rien de tout cela ne remplace un bon fût en bois bien fait et bien cerclé.

Dans le Midi, on a vu des années où le vin fut tellement abondant qu'on l'a logé dans des citernes en maçonnerie cimentées, faute de fûts. Ce procédé était loin d'être aussi défectueux qu'il semblait l'être ; la seule précaution à prendre était de couvrir la surface d'une mince couche d'huile d'olive pour éviter le contact de l'air et par ce moyen la fermentation de la fleur du vin. Le vin ainsi logé se conservait parfaitement sans aucune altération.

Il peut arriver, dans un moment de presse, qu'on manque de fûts à vin blanc et qu'on n'ait que des fûts à vin rouge ; voici un procédé pour détacher les fûts :

Rincer le fût à l'eau chaude, l'égoutter, puis y introduire environ un kilogramme de chaux vive en petits fragments, les promener partout à l'intérieur, puis ajouter un peu d'eau, bien fermer, rouler le fût et attendre. Au bout d'une heure ou deux rincer avec soin à plusieurs eaux, et il sera apte à contenir du vin blanc. Il est rare que la matière colorante résiste à ce traitement par la chaux caustique. Elle est généralement décomposée.

Le lavage des fûts à l'acide chlorhydrique ou à l'acide sulfurique ne nous paraît pas bon, et il peut avoir des inconvénients sérieux et provoquer la formation de sulfures qui altèrent le goût du vin.

Mise en fûts

Quand on opère le pressurage des vins rouges, la première opération à faire est de s'occuper du logement du vin. La question peut se résoudre de différentes manières, selon qu'on opère sur des vins de différentes provenances. Pour les vins rouges fins, cette opération exige de grandes précautions.

Il faut employer des fûts neufs, qui ont préalablement été fortement lavés à l'eau chaude, de manière à enlever au bois tout ce qu'il peut céder.

Ces fûts, rangés avec soin sur des chantiers, fortes traverses de bois qui les élèvent de 20 à 25 centimètres au-dessus du sol, sont remplis exactement jusqu'à la bonde, et les vins de goutte et de pressurage y sont également répartis. Il faut éviter qu'il y ait la moindre vidange possible; on doit les laisser ouverts, car il se produit une petite fermentation qui rejette en dehors du fût quelques impuretés que contient le vin encore imparfait.

Le remplissage doit se faire tous les jours, et avec les plus grandes précautions. Après une ou deux semaines d'enfutaillage, le vin est refroidi et l'ouillage ne se pratique plus qu'une ou deux fois par semaine au plus, mais il ne faut jamais négliger cette surveillance, qui évite la production de la fermentation acétique qui, à ce moment, a une disposition toute spéciale à se développer.

Quand le vin est froid, il ne faut pas laisser la bonde ouverte; on pose dessus, sans pression aucune, une bonde qui doit tremper dans le vin, et encore faut-il avoir soin de la laver ou de la changer quand elle se couvre de moisissures. C'est au contact de ces moisissures que se produit la fermentation acétique sous l'influence de l'oxygène de l'air.

Ces soins extrèmes, qui paraissent minutieux et exagérés, peuvent exercer une action d'avenir sur le produit.

Il n'est pas rare de voir un fût de vin prendre un goût désagréable pour avoir négligé certaines de ces précautions qui sont peu de chose, mais de la plus grande importance.

Quand on a à faire des vins communs, il est inutile de les loger dans de simples fûts; on peut employer des foudres d'une assez grande contenance. Je dirai même qu'il y a avantage à le faire : la fermentation secondaire s'y fait lentement, la masse met plus de temps à se refroidir, ce qui n'est pas un inconvénient.

Vins blancs

Pour les moûts de vin blanc, je ne serai pas dans les mèmes idées. Je traiterai cette question dans la seconde partie de ce travail, à laquelle je renvoie le lecteur.

CHAPITRE II.

Soins à donner aux vins. — L'ouillage. — Le vinage des vins.
— Soutirage des vins nouveaux. — La mèche. — Collage et
tannisage — Des soutirages en général. — De la cave.

Soins à donner aux vins

Les vins nouveaux exigent des soins de tous les
jours. Ce ne sont pas de ces produits qui, une fois
récoltés, sont mis en magasin et attendent tranquille-
ment l'époque de la vente.

Le vin est un produit d'une délicatesse extrême; la
moindre chose en altère la qualité, la finesse, le bon
goût. C'est un enfant délicat qu'il faut élever avec
sollicitude et ne jamais perdre de vue. Dès que le vin
est fait, c'est-à-dire dès qu'il a achevé sa fermentation
et qu'il devient clair, il se présente une série d'opérations indispensables à sa bonne existence. C'est ce
qui va faire l'objet de ce chapitre.

L'ouillage

Je ne décrirai pas l'ouillage, le mot explique la
chose par lui-même. Ce point est tellement élémentaire que de sa négligence dérive la perte totale du
produit. Il faut le pratiquer chaque fois que la
moindre vidange se produit dans les fûts.

Dans les premiers mois de sa vie, dès qu'il se trouve
au contact de l'air, le vin se couvre de ce qu'on appelle des fleurs, et ce qui n'est autre chose que le
Mycoderma vini, précurseur du *Mycoderma aceti*.

C'est le moment d'entretenir le lecteur des différents

moyens employés pour maintenir les fûts toujours bien pleins et éviter au vin le contact de l'air. Le génie des inventeurs s'est livré aux combinaisons les plus originales pour créer ce qu'ils appellent tous des bondes hydrauliques. Je n'ai jamais vu les grands praticiens, c'est-à-dire les grandes maisons, attacher la moindre importance à ces inventions plus ou moins sérieuses. La complication est l'ennemie du bien, et l'économie est une loi dont il faut s'écarter le moins possible. Tous ces systèmes sont coûteux, compliqués, et occasionnent plus d'inconvénients qu'ils ne rendent de services (*fig*. 4).

Dans la pratique, on peut les remplacer par un petit tour de main assez ingénieux : on perce un bondon de manière à y ajuster le goulot d'une bouteille juste à la hauteur du vin. Quand le fût est plein, on remplit du même vin la bouteille et on la renverse vivement sur la bonde de la pièce. Les deux liquides se trouvant en contact, la pièce bien fermée, la bouteille reste pleine. Quand il se produit du vide dans le fût, le niveau du liquide baisse, le vin sort de la bouteille, l'air s'y précipite, et le vin qui descend vient remplacer ce qui manque. Avec un peu de surveillance on peut maintenir les fûts pleins, rien qu'à l'inspection des bouteilles : il suffit de remplacer le vide.

Ce procédé est assez pratique et peu coûteux ; je le recommande surtout aux propriétaires qui gardent leurs vins pour leur consommation.

Le point principal est donc une question de soin, c'est-à-dire qu'on doit entretenir les fûts bien pleins. Il faut également veiller à ce que les bondes ne se couvrent pas de moisissures qui, par leur contact avec le liquide, peuvent lui communiquer un mauvais goût et favoriser le développement des fermentations étrangères, toujours nuisibles à la bonne conservation du vin.

L'ouillage est donc de première nécessité, et tout de soins et d'attention; sa pratique est d'une simplicité qui ne nécessite pas d'autres développements.

Le vinage des vins

Le vinage des vins peut être considéré à plusieurs points de vue, mais je n'ai pas la prétention de les traiter tous. Je commencerai par laisser de côté la question légale : le vinage est-il une fraude? Cette question a été discutée à fond, et il n'y a plus à avoir de doutes à ce sujet.

Maintenant, les vins doivent-ils être vinés? Incontestablement oui, s'ils ont de longs trajets à parcourir et de grandes chaleurs à supporter. C'est ce qui fait que tous les vins que nous envoyons dans les colonies sont remontés jusqu'à 12 et 13 p. 100 d'alcool. C'est la meilleure condition de bonne garde qu'on puisse trouver. Il est prouvé par l'expérience que les vins très-alcooliques ne s'altèrent que très-difficilement.

Les vins du Midi, surtout, ont besoin d'être fortement remontés pour maintenir leur couleur.

L'époque la meilleure pour faire le vinage des vins rouges est certainement l'époque où ils fermentent encore au sortir du pressoir, quoique cette pratique présente quelques inconvénients graves, entre autres de modérer la seconde fermentation. Il serait préférable de viner le moût directement; mais pour le vin rouge il y a une perte matérielle qu'il faut éviter; les rafles absorbent beaucoup trop d'esprit, et au cours actuel cela constitue une dépense trop sérieuse pour qu'on la néglige. Pour les vins blancs, j'explique plus loin le mode de vinage le meilleur.

Pour les vins rouges, il faut pratiquer le vinage le plus promptement possible, car non-seulement le vin se trouve remonté, mais encore l'alcool a pour avantage de précipiter une partie de l'excès d'acide, s'il est dû au bitartrate de potasse.

Il en sera de même pour les acides libres, qui, en présence de l'alcool, sont souvent modifiés et forment des éthers qui n'ont rien de nuisible au vin ; de plus, il se clarifie plus vite qu'avant le vinage.

Le vinage a aussi une action très-vive sur la matière colorante des vins. La chimie a démontré que la matière violet bleu, qui constitue la majeure partie du principe colorant du vin, est très-soluble dans l'alcool. Il n'est donc pas surprenant de voir que les vins riches en alcool perdent bien moins leur couleur et sont moins sujets aux accidents qui peuvent la détruire.

L'alcool agissant énergiquement sur les ferments et les détruisant, on ne sera pas surpris que les vins suffisamment remontés seront bien moins sujets aux fermentations secondaires, qui sont les véritables causes de leurs altérations.

Dans le chapitre consacré aux maladies des vins blancs, est longuement développée cette théorie ; inutile d'y revenir. Concluons brièvement par cette maxime, qui est bonne sous tous les rapports : quand un vin ne porte pas au moins 9 à 10 p. 100 d'alcool, il est dans de mauvaises conditions de garde. Si l'on veut lui faire faire un long trajet, il faut l'amener à 12 p. 100. C'est, du reste, la pratique qui s'exécute dans tous les ports d'exportation.

Pour déterminer exactement la quantité d'alcool à un titre déterminé, il faut multiplier le nombre de litres de vin qu'on veut élever de titre par son titre réel, puis multiplier la même quantité de vin par le titre demandé, faire la différence, et la diviser par le titre d'alcool qu'on emploie.

650 litres de vin ne portent que 7 p. 100, je veux le monter à 12 p. 100. Combien me faut-il employer d'alcool à 85 degrés ? Je pose donc :

$$650 \times 12 = 78.$$
$$650 \times 7 = 45.5$$

Différence : 32.5 : 85 = 38, litres 23.

Cette formule simple dispense de tous les autres calculs et est suffisante pour la pratique.

Du soutirage des vins nouveaux

Le soutirage des vins rouges nouveaux peut se pratiquer à différentes époques, suivant que l'hiver a été plus ou moins rigoureux.

Les vins rouges nouveaux, de même que les vins blancs, doivent être gardés dans les celliers, où ils sont soumis aux différentes fluctuations de la température. Ces mouvements de l'atmosphère sont loin de leur être nuisibles, au contraire. Le travail intérieur du vin s'y fait plus régulièrement, et c'est une des conditions indispensables à leur existence.

Généralement on soutire les vins rouges nouveaux en mars, mais cet usage n'est pas absolu. Si l'hiver a été très-rigoureux et que les vins soient limpides, on peut pratiquer le soutirage. Il faut choisir un temps sec et vif; dans cette circonstance, la lie n'a pas de tendance à remonter.

Le soutirage des vins rouges doit se faire fin clair, c'est-à-dire que lorsque la fin du fût devient un peu trouble, il faut mettre ce vin de côté; il sera inférieur

à celui qui est limpide et brillant. Le soutirage se fait
à l'air libre, au moyen de bassins en cuivre étamé ou
de baquets en bois bien propres. Les tonneaux dans
lesquels on met le vin soutiré doivent être parfaitement propres et bien abreuvés; c'est d'une grande
importance, car la moindre irrégularité entraine la
perte de la pièce.

Le soutirage se pratique dans certains pays au
moyen d'un soufflet qu'on ajuste sur la bonde de la
pièce, et en mettant la fontaine en communication avec
le fût vide. En faisant fonctionner le soufflet, la pression de l'air force le liquide à se déplacer et passe
ainsi sans presque aucun mouvement dans le fût
vide. Ce mode de soutirage est surtout bon pour les
vins qui craignent d'être trop battus à l'air, car en
mettant les deux fontaines du fût plein et du fût vide
en communication, on refoule le vin dans le fût vide,
et cela évite le battage dans les vases et les enton-
noirs. La lie n'a, par ce procédé, aucune tendance à
remonter, et il y a économie et rapidité de main-
d'œuvre. Ce procédé est cependant encore inconnu
dans beaucoup de vignobles.

Ce premier soutirage n'a d'autre but que de séparer
le vin de sa grosse lie ; c'est plutôt un débourbage
qu'un soutirage. Pour les vins blancs, on les laisse
le plus longtemps possible sur leur lie; c'est un usage
que nous blâmons. Nous en donnons les raisons au
chapitre : *Vins blancs mousseux*

La mèche

L'emploi de la mèche dans le soutirage des vins est
une des choses qui ont le plus donné lieu à des controverses entre les différents viticulteurs.

Il est des propriétaires qui se refusent d'une manière absolue à son emploi; c'est ce qui se pratique généralement en Champagne, où les vins blancs de raisin noir ne supportent que très-difficilement cette addition de gaz sulfureux. Cette question spéciale est traitée au chapitre : *Vins mousseux.*

Pour les vins rouges et les vins blancs, la question mérite étude. Exposons les différentes manières de voir des auteurs à ce sujet. M. Machard est grand partisan du méchage des fûts au moment des soutirages; il considère son emploi comme le meilleur conservateur qu'on puisse donner à un vin, de quelque nature qu'il soit, rouge ou blanc. Il prétend que cela n'a aucune influence sur la couleur des vins rouges, et que, même employée avec excès, elle ne peut que lui donner une petite teinte de vieux en modifiant légèrement le principe colorant bleu.

Pour les vins nouveaux qui doivent voyager, c'est un moyen réel de s'opposer à une nouvelle fermentation.

Le méchage des fûts vides qu'on veut conserver ne laisse aucun doute; c'est un préservatif infaillible contre l'altération des vidanges. Là n'est donc pas la question : c'est celle du méchage des vins.

Pour la question de décoloration des vins rouges, il est, nous le pensons, hors de doute que la mèche doit y exercer une certaine action; mais cette légère atteinte est-elle assez grave pour qu'on renonce à l'emploi d'un préservatif aussi sérieux que celui-là ?

La question peut être envisagée selon le cru où l'on se trouve.

Tous les gros vins rouges du Midi sont généralement fortement méchés avant d'être mis en route; c'est une précaution indispensable. Dans les pays où

les vins sont légers en couleur, on est plus prudent ;
cependant, en Bourgogne, on mèche légèrement les
fûts avant de les employer aux soutirages.

Pour les vins blancs, à la blancheur desquels on
tient tant, l'emploi de la mèche est général ; quand il
est fait avec assez de précaution pour ne pas altérer
le goût du vin, il est bon et on peut le conseiller.

La question du goût a été agitée, mais pas résolue.
Du reste, il faut généralement attribuer le goût de
soufre que laisse quelquefois la mèche dans le vin à la
manière défectueuse avec laquelle elle a été employée,
le choix des mèches et leur mode de préparation.

Le méchage se fait généralement en attachant la
mèche à un fil de fer fixé à un bondon ; on l'allume et
on l'introduit doucement dans le fût. Quand elle a fini
de brûler, on retire le bondon avec précaution, de
manière à ne pas laisser tomber à l'intérieur le petit
morceau de toile qui servait de support au soufre et
qui reste attaché au fil de fer. Cette toile carbonisée est
imprégnée de sulfures solubles dans le vin, qui lui
communiqueraient un goût d'eau de Baréges des plus
repoussants.

Pour éviter cet inconvénient, l'abbé Rozier avait
imaginé une sorte de petit fourneau en tôle percée de
trous dans lequel on mettait la mèche ; ce procédé,
aussi simple qu'ingénieux, remédiait à cet accident,
le plus grave du méchage.

L'opération du méchage exige certaines précautions
quand elle se pratique dans des celliers sur des fûts
secs ; il faut se garer des accidents du feu. Une goutte
de soufre enflammé peut tomber sur des débris et
communiquer le feu aux objets environnants. Il faut,
avant de mécher un fût, le sentir, pour s'assurer s'il
ne contient pas encore un peu d'alcool ou s'il en a

contenu : car, daus ce cas, on s'expose à des explo-
sions terribles.

Dans le cas où un fût vient d'être fraichement lavé,
il faut éviter de le mécher si l'on ne peut l'employer
de suite, car l'eau qui reste absorbe le gaz sulfureux,
qui se décompose rapidement et l'infecte à tout jamais.

Il faut donc toujours mécher les fûts à sec, si c'est
pour les conserver. Dans le cas où le fût doit être
employé immédiatement, on peut le mécher frais vide,
mais cette opération est souvent assez difficile, car la
mèche éprouve une grande difficulté à brûler dans un
milieu humide.

M. de Vergnette-Lamothe est assez partisan du
méchage pour la conservation des fûts; mais pour ce
qui est des vins, il ne se prononce point, ce qui ne nous
surprend pas, car son traité est fait au point de vue
du vigneron et non du négociant.

M. Ladrey examine la question au point de vue
scientifique, mais il ne donne aucun conseil pratique :
c'est toujours la même chose : lutte entre la théorie
et la pratique.

M. Béchamp est plus positif; il conseille l'emploi
d'une mèche chaque fois qu'on soutire les vins faits.
Il affirme que ce procédé bien employé est une bonne
cause de garde pour les vins délicats, car elle s'oppose
à une nouvelle fermentation.

De tout ce qui précède, il résulte que l'emploi de la
mèche est indispensable pour conserver les fûts vides,
mais que pour les vins, il y a toute latitude possible
pour son emploi, qui cependant est plus profitable que
nuisible.

Collage et tannisage

Dès que le premier soutirage a été pratiqué avec tous les soins voulus, il est d'usage, et cela est une bonne pratique, de coller le vin ; mais il est bon de l'additionner d'une certaine quantité de tannin. On en exceptera cependant les vins rouges du Bordelais, qui sont très-riches en cet élément ; mais les vins de la Loire, de la Bourgogne et du Midi se trouvent fort bien de ce procédé.

On ajoute de 4 à 8 grammes de tannin par hectolitre de vin. Cette addition se fera de la manière suivante : On fait fondre 100 grammes de tannin dans 1 litre d'alcool à 85 ou 90 degrés ; chaque centilitre de liquide représentera donc 1 gramme de tannin. On ajoute dans le vin le nombre de centilitres équivalant au nombre de grammes qu'on veut additionner, on bâtonne vigoureusement la pièce, puis on laisse reposer vingt-quatre heures. Ce temps passé, on pratique le collage avec des œufs pour les vins rouges, avec de la colle de poisson pour les vins blancs.

Ici, il est bon d'étudier les différents principes de collage.

Le commerce livre à l'industrie des vins une foule de poudres qui, toutes, portent des noms superbes et qui doivent faire merveille, mais loin de là est le résultat.

J'ai déjà, à plusieurs reprises, écrit contre ces innovations, et, dans la seconde partie de ce travail, j'indique les inconvénients qu'elles peuvent présenter : cependant, pour les vins rouges communs, il n'est pas nécessaire de prendre tant de précautions, et un collage fait avec soin avec la pulvérine Appert ou le conservateur Martin Pagis, peut donner un bon résultat.

Pour les vins blancs, il faut rejeter toutes ces inventions, et j'indique le mode de collage à employer aux *Vins mousseux*.

Pour les vins rouges, on emploie six blancs d'œufs parfaitement délayés avec un litre d'eau dans lequel on fait fondre de 60 à 75 grammes de gros sel de cuisine, le tout pour une pièce de vin, bordelaise ou bourguignonne. Le mélange est versé dans la pièce, puis elle est battue fortement et abandonnée au repos. Au bout de douze à quinze jours, le collage est complet et l'on peut soutirer la pièce avec soin.

Suivant la saison et le local où se trouve le vin, la colle prend plus ou moins facilement. Ainsi, en mars et avril, août et septembre, il est assez difficile de coller les vins, car c'est à l'époque de ces changements de saison qu'il se fait un mouvement dans les vins.

Il est à constater qu'un vin qui a été additionné de tannin prend la colle infiniment plus facilement qu'un vin pur. Le tannin est précipité par la colle, mais le précipité est moins léger et se ramasse plus facilement au fond du fût.

En dehors des blancs d'œuf et du sel, on emploie encore, pour coller, le sang, mais ce procédé laisse beaucoup à désirer. Il affaiblit le vin, le dépouille beaucoup trop ; puis il est assez difficile d'emploi, car on n'a pas toujours à sa disposition du sang parfaitement frais et bien défibriné. Ce procédé ne peut à la grande rigueur s'employer que pour les vins communs, très-durs, qu'on veut dépouiller. Il faut, dans ce cas, employer environ un verre de sang par hectolitre de vin. On verse le sang directement dans le fût, et on le bâtonne énergiquement.

La colle forte a été employée pour coller les vins à
raison de 20 grammes par hectolitre. Cette colle est
très-énergique, et peut être utile pour les gros vins,
quand ils menacent de tourner et qu'il faut les purger
à fond. Dans les cas surtout où les vins rouges ont
une tendance à prendre la maladie du tour, un bon
collage à la colle forte a quelquefois donné de bons
résultats. La colle forte s'emploie en la faisant dissoudre dans de l'eau tiède, et l'on colle comme d'habitude. Ce produit est assez grossier; aussi a-t-on songé
à le remplacer par de la gélatine ou colle de Flandre,
qui s'emploie comme la colle forte, mais qui est moins
énergique et plus pure de préparation. La gélatine
ne doit s'employer que pour les vins rouges et pas
pour les vins blancs.

Maintenant doit-on coller les vins ? c'est une question délicate; il y a des pays, le Mâconnais entre
autres, où l'on ne colle pour ainsi dire jamais les vins,
ce qui n'empêche pas d'en expédier de clairs et bril-
lants dans tous les pays.

Dans d'autres crus on colle toujours. Évidemment,
la nature du cru exerce une grande influence sur
cette pratique ; mais nous pensons, d'après le simple
raisonnement, qu'il faut abuser le moins possible du
collage, car vous introduiriez toujours dans le vin
des éléments étrangers qui peuvent lui nuire. Les
soutirages fréquents, faits avec soin, sont une des
méthodes les plus pratiques pour arriver à avoir un
vin parfaitement clair et limpide. Cependant il est
des vins qui ne pourraient s'accommoder de ce traitement.

En Bourgogne, on fait souvent voyager des vins
sur colle, ce qui fait que le client, à la réception de
la pièce, n'a qu'à la laisser reposer quelques jours

pour avoir du vin bien clair. Ça ne se fait du reste que pour des parcours de huit à dix jours.

Dans le Bordelais, on colle toujours les vins ; ils en ont un besoin essentiel.

Le collage en général n'est donc pas une mauvaise chose; mais on ne doit pas le pratiquer sans certaines précautions que nous avons indiquées plus haut.

Les vins collés doivent-ils rester longtemps sur colle ? C'est une question qu'on se pose facilement, mais qu'il n'est pas facile de résoudre d'une manière absolue.

Suivant qu'on a employé tel ou tel agent pour coller le vin, on a plus ou moins d'intérêt à le laisser sur colle. Ainsi quand on a employé le sang, la colle forte, la gélatine, il faut soutirer le vin quand il est clair. Quand, au contraire, on a employé les blancs d'œufs, on peut le laisser très-longtemps sur colle. Cependant il faut tenir compte des conditions de saison. En été, la colle remonte souvent, ce qui rend l'opération faite inutile et perdue. C'est un accident qu'il faut éviter. En hiver, cela ne se produit pas.

Il faut, autant que la chose est possible, ne pas pratiquer le collage pendant la saison chaude, et ne pas laisser le vin trop longtemps sur colle. En général, au bout de quinze jours, quel que soit le procédé de collage employé, il est bon de mettre hors colle.

Soutirages

Occupons-nous maintenant des soutirages réels, car le premier soutirage n'est à proprement parler que la séparation du vin de sa grosse lie, un travail préparatoire.

Tous les auteurs sont unanimes sur ce point, c'est
que le vin a besoin d'être soutiré souvent et à des
époques très-précises ; mais ces soutirages doivent
se faire dans certaines conditions : par un temps
froid et sec, jamais par des temps mous et orageux ;
on ne doit pas soutirer un vin trouble, c'est peine
perdue.

Pour l'époque, il faut éviter celle où la vigne tra-
vaille, c'est-à-dire au moment de la première pousse,
de la fleur et de la floraison.

On doit en outre employer la mèche avec discernement ;

Éviter de laisser le vin au contact de l'air, ne pas
le laisser tomber d'une trop grande hauteur pour ne
pas le battre ;

Exécuter le travail du soutirage avec la plus grande
propreté ;

Pour les grands vins, les loger après soutirage
dans les mêmes fûts, après les avoir lavés, pour éviter
d'altérer la finesse du bouquet.

Quelques auteurs conseillent de pratiquer des soutirages deux fois par an, au printemps et à l'automne,
pour que le dépôt ne se trouve pas en contact avec
le vin au moment des changements de saison, ce qui
lui est nuisible.

Pour les vins ordinaires, on aura moins de précautions à prendre.

Le soutirage se fera avec des vases de cuivre
étamé, ou en bois, ou bien au moyen du soufflet,
comme je l'ai déjà dit.

Pour les vins rouges, il se fera aussi clair que possible, car on arrivera avec des soins à éviter le collage, ce qui est une bonne chose quand le vin doit
être conservé longtemps en fût.

A mesure que le vin vieillit, on peut reculer les soutirages, et il arrive même un moment où il n'est plus utile de les pratiquer. Le vin est alors fait, comme on dit en terme de vigneron, et il faut le mettre en bouteille, car il ne peut plus que perdre à rester en fût.

Je n'insisterai pas plus sur cette question du soutirage : elle est un peu facultative, selon la nature des vins.

De la cave

Sa construction et son aménagement.

La construction d'une cave exige certaines conditions sur lesquelles il est bon d'insister, car une bonne cave est une chose précieuse au point de vue de la conservation des vins. Il est peu de liquides qui soient aussi impressionnables aux moindres changements de temps ; il faut donc tâcher de se mettre dans des conditions où ces variations se fassent le moins sentir. Dans certains pays on peut y arriver ; dans d'autres, la question rencontre des obstacles presque insurmontables à cause de la nature du sol.

Pour qu'une cave soit d'une température aussi régulière que possible, il faut qu'elle soit profonde, n'ayant de communication avec l'extérieur que par la porte et un soupirail ; sa largeur peut varier de 5 à 10 mètres ; la hauteur des pieds-droits de 1ᵐ 70 à 2 mètres et 1ᵐ 50 de flèche de voûte. Le sol doit être bien battu, uni et aussi sec que possible, avec une légère pente pour l'écoulement des eaux. L'escalier qui y conduit doit être d'un abord facile pour que la manœuvre des pièces s'y fasse aisément, à moins que les fûts n'y soient descendus par un essor au moyen d'un treuil, ce qui est plus commode, mais praticable seulement pour les commerçants ; les propriétaires et débitants ne peuvent avoir un semblable outillage.

La cave doit être entretenue aussi sèche que possible pour éviter la pourriture des cercles des fûts, et pouvoir se ventiler au besoin au moyen de l'escalier et des soupiraux ou **essors**; cette mesure est indispensable à certains moments, lorsqu'on descend les vins nouveaux, qui, fermentant en cave, dégagent de l'acide carbonique qui s'accumule dans le fond des caves et en rend le séjour dangereux.

Les fûts doivent **être rangés** sur de fortes traverses de bois élevées d'au moins 20 à 25 centimètres au-dessus du niveau du sol pour laisser une libre circulation à l'air et empêcher leur contact avec le sol. Si l'on est obligé de gerber les fûts en deuxième ou en troisième, on peut les gerber en fosse, c'est-à-dire dans l'intervalle creux entre deux pièces, ou bien à plat, en mettant des planches sur la première rangée. Le système en fosse est meilleur, car il permet d'ouiller les pièces chaque fois que le besoin s'en fait sentir.

Pour les vins nouveaux qui n'ont pas encor fini de fermenter, on les gerbe la bonde en dessus, en la posant simplement à la main ; pour les vins vieux, on met la bonde légèrement sur le côté, bien fermée, de manière que le liquide la baigne et empêche le contact de l'air. Cette petite précaution a son importance pour les vins de garde.

La plus grande propreté doit présider à cet aménagement, et il faut éviter d'introduire dans la cave tout ce qui pourrait y développer une odeur quelconque, comme légumes et autres objets.

Il faut veiller avec le plus grand soin à ce que les fûts soient toujours bien pleins, bien fermés, et si l'on constate la moindre fuite, y remédier immédiatement.

Quand on pratique les soutirages nécessaires, il faut éviter de répandre l'eau provenant du rinçage des fûts, car cette eau, chargée de matières organiques, se corrompt facilement et répand une odeur nuisible aux vins.

Quand les fûts ont été collés en cave, il faut écrire sur chacun l'opération faite et la date, pour éviter les confusions. Il est bon d'y écrire également l'année et l'époque du dernier soutirage. Tous ces petits détails, qui paraissent minutieux, sont cependant utiles pour la bonne tenue d'une cave.

Le plus grand ordre doit régner dans l'organisation de la cave, tous les fûts doivent être marqués avec du blanc de Meudon délayé dans de l'eau légèrement additionnée d'un peu de gélatine ; cette marque blanche est celle qui se conserve le plus longtemps.

Les vins en bouteilles qui sont destinés à y vieillir doivent être rangés avec soin sur lattes, et chaque tas porter une étiquette relatant le nom du vin et l'année. La confection de ces sortes d'étiquettes est assez difficile pour leur assurer une longue durée. Ce qu'il y a de meilleur, ce sont des étiquettes en faïence qu'on trouve assez facilement chez des marchands d'articles de tonnellerie. A leur défaut, il faut faire des marques sur des planches noires avec du blanc, comme il est dit plus haut. Les soins d'une cave en bouteilles sont assez délicats et exigent une grande surveillance. Pour les personnes qui ont une cave bien montée, le plus simple est de donner des numéros et d'avoir un registre où chaque numéro est indiqué avec la provenance et l'année. Un grand numéro est moins susceptible de s'altérer, puis on peut le mettre en plomb.

Du reste, nous reviendrons sur ce chapitre des vins en bouteilles en cave à l'article : *Mise des vins en bouteilles*.

CHAPITRE III

Des bouteilles. — Leur choix. — Leur rinçage. — Mise en bouteilles. — Bouchage. — Goudronnage des bouteilles. — Des
bouchons. De la cave, sa tenue, son organisation.

Du choix et du rinçage des bouteilles

Avant de traiter la question de la mise en bouteilles
des vins rouges et des vins blancs, il est bon de donner
quelques indications pratiques sur le choix et le rinçage des bouteilles.

Le choix des bouteilles, quant à leur forme et leur
contenance, est un peu dirigé par la provenance des
vins ; chaque cru a sa forme spéciale. Les bouteilles
bordelaises, les bourguignonnes, les bouteilles à madère, sont chacune d'une espèce différente, et qui est
d'une importance majeure dans la consommation.
Du Lafitte mis dans des bouteilles bourguignonnes
perdrait aux yeux du public toute sa valeur. Pour ce
qui est du choix des bouteilles au point de vue de leur
bonne fabrication et de leur contenance, c'est l'affaire
du maitre de chaix.

Quand les bouteilles arrivent de la fabrique, elles
doivent être vérifiées avec soin une à une. Le verre
doit être d'une nuance bien égale, ni trop clair ni
trop foncé. On doit examiner si elles n'ont pas trop
de bulles de soufflage, et surtout si les embou-
chures sont bien faites, la bague convenable et
régulière, le goulot ni trop grand ni trop petit, car
alors les bouchons entrent mal. Du reste, au chapitre
des Vins mousseux, nous donnerons des indications
détaillées à ce sujet.

Le choix des bouteilles est, en somme, une chose toute de soins et d'attention.

Dans les maisons bourgeoises, la question est plus simple ; seulement il faut, autant que possible, n'employer que des bouteilles qui s'appliquent aux provenances des vins. Pour ce qu'on appelle le vin ordinaire de table, on peut employer n'importe quelles bouteilles, cela n'ayant pas d'importance.

Pour le rinçage, tant qu'il ne s'agit que de rincer des bouteilles neuves, la question ne présente aucunes difficultés. On peut employer indifféremment des machines tournantes munies d'une brosse dite tête de loup ou des perles de verre ; voire même des perles d'étain, quoique ce dernier système ait des inconvénients, car si par hasard il reste une perle d'étain au fond de la bouteille, le vin sera perdu par la raison que l'étain contenant toujours du plomb, ce métal sera attaqué par le vin et lui communiquera non-seulement un goût des plus désagréables, mais encore le rendra dangereux, l'absorption des sels de plomb, même à faible dose, produisant rapidement des phénomènes d'intoxication graves.

Dans les grandes maisons de commerce, on doit préférer les machines tournantes et les brosses, ou les appareils à perles. Dans les petits ménages, les chaînes, armées de petits disques en étain, sont suffisantes.

Quand les bouteilles ont été rincées, il faut les mettre la tête en bas pour qu'elles puissent s'égoutter facilement et se sécher ; l'eau qui pourrait rester dedans troublerait les vins. Il a été imaginé pour cela différents instruments que nous ne décrivons pas : ils sont trop universellement connus, et il est plus simple de retourner les bouteilles à l'envers dans de grandes corbeilles qui servent à les transporter.

Maintenant, s'il est question de rincer de vieilles bouteilles qui ont contenu du vin pendant longtemps, et qu'elles soient tapissées de dépôts, il y a un procédé rapide et facile de les laver : c'est d'employer une lessive chaude de carbonate de soude, appelée vulgairement carbonade. On fait dissoudre 2 kilogrammes de carbonate de soude dans 10 litres d'eau tiède, et on lave les bouteilles avec ce liquide ; le dépôt est enlevé instantanément.

Il est bon, lorsque ces vieilles bouteilles ont été lavées à la carbonade, puis à l'eau froide et égouttées, de les sentir, car il peut arriver qu'elles conservent un goût de vin gâté.

On ne saurait prendre trop de précautions dans le rinçage des bouteilles, car le vin est un produit d'une grande délicatesse, et qui s'empare rapidement des moindres odeurs au contact desquelles il est exposé à se trouver.

Mise en bouteilles

Cette opération se pratique à différentes époques selon les pays. En Belgique, on pratique la mise en bouteilles des vins un an après leur récolte ; dans d'autres pays, deux ou trois ans après. N'insistons pas sur ce point, car il doit être laissé à l'appréciation des propriétaires ou des maîtres de chais. Il faudrait, pour établir des règles certaines, faire un traité spécial pour chaque pays, ce qui est hors des limites d'un travail général sur la matière.

Le vin, avant la mise en bouteilles, doit être parfaitement clair, ou sinon collé avec soin ainsi qu'il est expliqué dans le chapitre spécial à cette opération.

La mise en bouteilles s'opère au moyen d'un petit
robinet ou cannelle soit en cuivre, soit en bois.

Quand on a une longue série d'opérations à faire,
il faut employer un robinet à deux bras, ce qui accélère beaucoup la besogne (*fig.* 5).

Dans les grandes maisons, on peut se servir de
tireuses, ainsi qu'il est expliqué aux *Vins mousseux*.

La plus grande propreté doit présider à cette opération, pour éviter de communiquer au vin le moindre goût.

Les bouteilles une fois pleines jusqu'à 2 ou 3 centimètres en-dessous de la bague, on procède au bouchage.

Le bouchage

Le bouchage se pratique de différentes manières,
soit simplement en enfonçant le bouchon à la main,
puis le tassant avec une batte, soit au moyen d'une
machine à levier, soit encore avec une machine à forte
pression comme pour les vins mousseux.

Le choix de ces systèmes est laissé à la convenance
des consommateurs et dépend des éléments qu'on a
sous la main. La seule précaution à prendre, c'est
que le bouchon soit solidement enfoncé, de manière
que le vin ne puisse sortir de la bouteille.

Dans les pays où l'on produit de grands vins, on
emploie un mode de bouchage dit bouchage à l'aiguille, qui présente de grands avantages comme garantie de bonne garde

Le bouchage à l'aiguille, qui est un des meilleurs
pour les vins rouges et blancs non mousseux qu'on
veut garder longtemps, se pratique de la manière
suivante :

On remplit les bouteilles jusqu'à 3 centimètres environ du goulot, puis on place dans la bouteille un petit instrument en fer appelé aiguille à boucher, qui est une tige de fer de 6 à 7 centimètres de long sur 2 à 3 millimètres de large, pointue, plate d'un côté, ronde de l'autre avec une rainure dans la partie plate qui est appliquée contre le goulot de la bouteille. L'extrémité supérieure est munie d'une charnière qui se replie sur la bague de la bouteille. On introduit le bouchon et à l'aide d'une machine on l'amène à toucher le vin ; l'air s'échappe par la rainure. Cela fait on retire l'aiguille ; le liége en se dilatant comble le vide, et la bouteille reste bouchée, le liquide mouillant le bouchon même quand elle est debout.

Ce bouchage est fort coûteux, mais est fort utile pour les vins fins qu'on veut faire voyager, car il évite le ballottage du liquide.

Goudronnage des bouteilles

Quand on a mis une pièce de vin fin en bouteilles, il est une bonne précaution à prendre pour conserver les bouchons et les mettre à l'abri soit de la moisissure, soit des insectes : c'est le goudronnage.

Cette opération se fait très-simplement de la manière suivante :

On achète chez les fournisseurs d'articles de manutention pour les vins, de la cire rouge, verte ou bleue, ou du goudron en plaque, préparé pour cet usage ; on le fait fondre à feu nu dans un petit chaudron ou une vieille casserole, et l'on trempe dedans le bouchon et la bouteille jusqu'au-dessous de la bague, on laisse égoutter un instant et l'on pose les bouteilles à terre. Cette opération se fait rapide

ment, elle a pour avantage d'assurer pour un temps
assez long la conservation des bouchons ; c'est une
bonne précaution à prendre si l'on veut laisser le vin
vieillir en cave.

Il existe différentes formules pour préparer la cire
et le goudron, mais le plus simple est de les acheter
tout faits ; le commerce en livre de très-bons, et leur
fabrication entraînerait à une foule de manipulations
longues et qui peuvent ne pas réussir.

Des bouchons

Le choix des bouchons n'est pas indifférent, car ils
peuvent donner aux vins un goût pernicieux.

Les bouchons neufs qu'on achète à l'industrie doivent être lavés à l'eau chaude avant d'être employés,
et s'ils prennent des nuances foncées ou singulières,
il faut les rejeter, car ce sont de vieux bouchons qui
ont été blanchis et nettoyés aux acides. On ne sait
plus alors ce qu'on fait, et l'on est exposé à employer
des bouchons défectueux.

Pour bien boucher il faut faire tremper les bouchons
dans de l'eau douce ; le liège devient plus souple, les
bouchons entrent mieux, et, ayant moins besoin d'efforts pour les faire descendre dans le col de la bouteille, on est moins exposé à briser ces dernières.

Vieux bouchons. — Dans les ménages où l'on a
intérêt à économiser les bouchons, on peut employer
les vieux bouchons, mais il est bon de leur faire subir une petite préparation qui leur rend toutes leurs
qualités.

Les vieux bouchons sont mis dans un grand chaudron avec de l'eau et portés à l'ébullition pendant une
bonne heure, puis égouttés et séchés à l'air libre. Ils

sont alors sales et noirs; pour leur rendre leur belle nuance, il faut les passer dans un bain composé de :

        Eau............................ 10 litres.
        Acide chlorhydrique............ 200 grammes.
        Acide oxalique................. 100   id.

On passe rapidement les bouchons dans ce bain, puis on les lave à grande eau et on les fait sécher, soit au soleil, soit dans un grenier. Ils redeviennent blancs comme s'ils étaient neufs. Si l'on a un four, il est préférable de les y faire sécher à une température de 70 à 80 degrés centigrades.

Ce petit procédé pratique permet d'employer les vieux bouchons sans aucun danger.

De la cave

Dans un chapitre précédent, nous avons déjà donné quelques indications sur la tenue de la cave; nous allons les compléter au point de vue de la cave bourgeoise.

Quand le vin est mis en bouteilles, il faut procéder à son installation en cave. Pour les grandes quantités, nous donnons à l'article *des Vins mousseux* le mode d'entreillage des vins; mais pour une cave bourgeoise on ne peut procéder de la sorte; le manque de place et la difficulté de main-d'œuvre s'y opposent. Voici le moyen le plus simple. On installe dans la cave, le long des murs, des casiers au moyen de fortes planches ou de pierres minces, chaque casier disposé de manière à recevoir de 200 à 300 bouteilles. Les bouteilles y sont rangées tête-bêche, sans lattes, et économisent ainsi beaucoup de place. Le premier rang ne doit pas être en contact immédiat avec le sol; on le pose sur des traverses en bois qui l'isolent et permettent à l'air de circuler.

Quand on ne recule pas devant une petite dépense première et qui devient une économie pour l'avenir, on peut se procurer les porte-bouteilles de M. Bardou et autres; ils sont tous également bons et remplissent parfaitement le but qu'on se propose.

Chaque casier doit porter une étiquette indiquant le nom du cru, l'année de la récolte et la date de la mise en bouteilles. Nous avons déjà parlé de ces étiquettes, mais nous avons omis d'en indiquer une d'une solidité inaltérable par l'humidité. On se procure du tube de verre de 2 centimètres de diamètre, on le coupe en morceaux de 12 à 15 centimètres : au moyen d'une lampe à l'esprit-de-vin on ferme un des bouts, puis on introduit dedans un petit carton portant les indications nécessaires et l'on ferme l'extrémité ouverte comme la première. Cette opération est d'une pratique très-facile.

Le tube étant parfaitement fermé, l'étiquette se gardera indéfiniment. On le fixe dans la case au moyen d'une attache quelconque et l'on est assuré de ne plus commettre de mélanges.

La cave doit être tenue avec une certaine propreté, et l'on doit éviter d'y mettre tous les objets susceptibles de se décomposer et de donner une mauvaise odeur.

Règle générale, c'est le maître de la maison qui doit avoir les clés de la cave, et y descendre lui-même pour pouvoir en surveiller chaque jour la bonne tenue.

DEUXIÈME PARTIE

CHAPITRE PREMIER

Maladies des vins. — Goût de terroir. — Verdeur, Acidité. —
Vins aigres, échauffés, piqués. — La pousse. — Fleurs du
vin, ascessence. — Vins amers. — La graisse. — Altérations
diverses.

Maladies des vins

Les vins, comme tous les produits de la consommation, sont susceptibles d'altérations plus ou moins
nombreuses, qui en modifient le goût, la finesse et
même les détériorent entièrement.

L'étude de ces altérations est à tous les points de
vue fort intéressante et d'une utilité incontestable.

La description des causes qui produisent ces maladies, et les soins à leur donner pour les guérir, offrent de grandes difficultés, car bien des points sont
encore fort obscurs, et ceux même les plus étudiés
donnent lieu à des controverses du milieu desquelles
il est fort difficile de distinguer la vérité et de tirer
des conclusions positives.

Je vais cependant tâcher de résumer les opinions
des plus savants viticulteurs, et d'indiquer les moyens
conseillés, tout en me réservant d'émettre mes opinions, basées sur de longues et délicates expériences.

Je traiterai dans ce chapitre spécialement des maladies des vins rouges, car, dans la seconde partie de ce travail, je traite à fond les maladies des vins blancs, qui ont un caractère tout-à-fait spécial.

Goût de terroir

Le premier vice que nous trouvons chez certains vins, dans les qualités communes, bien entendu, c'est un goût de terroir trop prononcé, qui souvent le rend désagréable au consommateur. Ce défaut qui, dans certains cas, est un inconvénient, est une qualité dans beaucoup d'autres.

Cependant, dans les vins communs, il se présente souvent ce cas, que le vin a un goût propre au pays qui domine par trop. Chercher à le lui enlever, comme certains auteurs le conseillent, par de vigoureux collages, a un inconvénient grave, c'est d'énerver le vin.

Le moyen le plus logique pour éviter cet accident est de l'empêcher de se produire ; pour y arriver, il n'y a qu'un moyen vraiment pratique, c'est l'emploi des cuvages rapides, du fractionnement des vins dits de goutte et de pressurage, puis des soutirages fréquents dans les premiers âges du vin, pour empêcher un contact trop prolongé avec les lies.

Les vins de goutte ont en effet peu de goût de terroir, tandis qu'il est très-dominant dans les vins dits de presse : cela se comprend rien qu'en raisonnant, car c'est dans la grappe qu'il existe en plus grande quantité.

Conclusion naturelle : cuvage le plus court possible, fractionnement des différents vins, soutirages fréquents ; dès les premiers froids passés, collage éner-

...ique aux blancs d'œufs. On n'enlèvera pas tout le
...oût de terroir, mais il sera fortement atténué et sou-
...vent modifié, de manière qu'il n'ait rien de désagréable pour le consommateur.

Le vin est vert, dit le vigneron ; pour nous, cela se
traduit par ceci : c'est qu'il contient de l'acide en excès.

Verdeur, acidité

Peut-on, sans danger pour le vin, le priver d'une
partie de cet excès d'acide ? La réponse est malaisée :
on peut dire oui et non. Le vin vert et acide sera de
bonne garde, le vin mou et plat sera sujet à une foule
d'altérations. Il faut rester dans un juste milieu qui
est le point délicat à atteindre. La cause de la verdeur est assez simple ; elle provient d'une vendange
dont la maturité était imparfaite : inutile de chercher
autre part la cause. Modifier ce titre acide élevé par
l'emploi de matières alcalines, n'est pas chose facile : l'emploi des sous-carbonates de chaux, de
soude ou de potasse, présente des inconvénients. La
poussière de marbre est, de toutes les matières alcalines, celle qui présente le moins de dangers.

Mais le seul moyen pratique est celui indiqué en
1826 par Jullien, moyen pas nouveau, car déjà Chaptal, Parmentier et l'abbé Rozier en avaient fait mention : c'est l'emploi du tartrate neutre de potasse.

L'introduction du tartrate neutre de potasse dans
le vin a cet immense avantage de ne pas en changer
la nature, car on y introduit un produit qui s'y trouve
déjà à l'état de bitartrate : c'est donc une simple
question de calcul. Etant donné le titre acide d'un
vin, on peut facilement trouver la quantité d'acide

qu'on veut neutraliser, et la somme de tartrate neutre nécessaire pour arriver à ce résultat.

Ce calcul se fait sur les bases suivantes : le tartrate acide de potasse contient deux équivalents d'acide tartrique pour un de potasse ; le tartrate neutre, au contraire, est combiné à équivalents égaux. C'est donc un équivalent d'acide tartrique qu'il faut neutraliser. Étant connu le titre acide du vin, on peut facilement calculer le poids d'acide à neutraliser, sachant que le poids d'un équivalent de potasse 47,11 neutralise exactement un équivalent d'acide tartrique égalant 66.

Jullien, dans ses *Conseils aux viticulteurs*, donne une marge assez grande, de 200 à 450 grammes de tartrate neutre de potasse par barrique de vin. Il est évident, du reste, que la dégustation doit jouer un grand rôle dans cette opération. On commence par faire une première addition de tartrate neutre, puis après repos on déguste. Si le vin a encore trop de dureté, on ajoute une nouvelle dose, et l'on arrive ainsi par le tâtonnement à un dosage plus convenable que celui basé sur le calcul, car on n'a pas toujours affaire à de l'acide tartrique libre ou à des bitartrates. La pratique est un grand maître ; il faut toujours en tenir compte.

La dureté du vin peut encore venir d'un principe âpre, qui est bien également un acide, mais d'une autre nature. Il faut examiner avec soin si l'on doit en priver le vin, car c'est un élément conservateur des plus puissants. En effet, l'âpreté peut provenir de la présence d'un excès de tannin, et l'on sait que c'est un principe conservateur par excellence.

Cependant, si cette âpreté est poussée à un tel excès que le vin en soit désagréable, on peut la modifier. Le tannin est facilement précipité par la gélatine ; un collage modéré à la gélatine blanche, dissoute dans de l'eau tiède, sera le remède le plus pratique et le plus sûr. Il faudra même en user avec le plus grand ménagement, car si l'on privait le vin de la totalité de son tannin, il pourrait subir de nouvelles influences fâcheuses ; la couleur elle-même aurait à en souffrir, accident grave dans les vins rouges où elle joue un rôle si important qu'il faut lui sacrifier la plus grande partie de ses imperfections.

Vins aigres, échauffés, piqués

Il est rare qu'un vin quelconque, si bien fait qu'il soit, ne contienne pas un peu d'acide acétique ; mais quand sa présence est à faible dose, elle n'a aucun inconvénient. Il arrive cependant que par suite du manque de soins au cuvage, lorsqu'on a laissé le chapeau s'aigrir par trop, le vin prend un goût d'aigre et d'échauffé qui en altère entièrement la qualité.

Vouloir corriger ce défaut nous semble chose à peu près impossible ; en ne peut après de grands soins qu'arriver à le modifier légèrement, car le vin ne se prête pas aux réactions chimiques susceptibles de neutraliser les principes acides formant des sels solubles. On peut à le grande rigueur essayer l'emploi du tartrate neutre de potasse et un collage énergique, mais le résultat qu'on obtient n'est pas toujours bon, car souvent il énerve le vin, ce qui a de graves inconvénients.

L'emploi des alcalins a un autre inconvénient non moins grave, c'est la formation de sels qui restent en suspension dans le liquide et en modifient le goût. La chaux forme des sels peu solubles avec l'acide tartrique ; mais avec l'acide acétique les sels formés y sont très-solubles. Le carbonate de magnésie, préconisé par quelques auteurs, forme avec les acides tartrique et acétique des sels solubles qui, restant en dissolution dans le vin, en modifient le goût et les propriétés. Une dose un peu élevée d'un sel quelconque de magnésie lui donne des propriétés légèrement purgatives.

Vouloir guérir un vin aigre, échauffé ou piqué, est une illusion ; on ne peut avec des soins que le modifier, mais non le guérir, car le principe restera toujours, et nous condamnons l'emploi des alcalins comme le dénaturant.

La pousse

La pousse des vins, dans les vins rouges, est un accident fréquent dans les mauvaises années et d'une certaine gravité, car il entraîne sa perte totale si l'on n'y apporte pas un remède.

Là, nous nous trouvons en présence d'un mal connu. La cause a été étudiée et parfaitement déterminée ; nous pouvons donc agir avec plus de sûreté que dans la plus grande partie des maladies de notre sujet si délicat par lui-même, même en bonne santé.

La pousse du vin n'est autre chose qu'une nouvelle fermentation lente qui se produit longtemps après sa mise en cave.

Il y a des années où les vins rouges n'achèvent pas d'une manière absolue leur fermentation, et ils conservent un principe sucré qui plus tard se mettant à fermenter, le trouble et produit un léger dégagement de gaz acide carbonique.

Si cette fermentation se bornait à la conversion du

sucre en alcool, le mal serait peu de chose ; il suffirait de donner de l'air aux fûts pour éviter qu'ils ne
fassent explosion sous la pression produite par le dégagement de gaz. Mais malheureusement cette fermentation tardive ne se manifeste pas sous cette forme
simple, elle est toujours accompagnée de fermentations secondaires qui favorisent la production d'acide
acétique ; aussi le tonnelier qui voit du vin qui pousse,
dit-il qu'il pique en même temps.

Mais ce mal peut se modifier assez facilement par
l'emploi d'antifermentescibles.

Le premier soin à prendre quand un vin commence
à pousser, c'est de le soutirer dans un fût fortement
méché, puis le coller et le laisser reposer. Un mois
après on le colle de nouveau et on le soutire pour lui
enlever le goût de mèche. Il est rare que ce traitement n'arrête pas de suite la pousse.

On peut encore employer pour combattre la pousse
certains conservateurs, tels que le conservateur Martin-Pagis n° 2, qui est un antifermentescible assez
énergique. La présence de l'acide borique dans cet
agent en explique les propriétés, et son emploi peut
être recommandé en toute confiance.

Là encore revient se placer la question du chauffage
des vins qui arrête immédiatement toutes les maladies
provenant des fermentations secondaires. (Voir le
chapitre *Chauffage.*)

Fleurs du vin ascescence.

Quand du vin nouveau est mal logé, c'est-à-dire
que les fûts ne sont pas en bon état, et qu'ils ne sont
pas entretenus pleins, il se forme sur la surface en
contact avec l'air une pellicule blanche qui s'épaissit

rapidement. Cette pellicule n'est formée d'autre chose que d'un nombre immense de cryptogames appelés *mycoderma vini* ou fleur du vin.

Ce parasite donne au vin un goût désagréable, mais à la longue seulement, et il suffit pour le chasser de remplir le fût avec excès; comme les mycodermes sont plus légers que le vin, ils seront entrainés par le peu de liquide qui débordera. C'est une petite perte, mais qui remédie immédiatement à cet accident et évite un soutirage qui est plus long et présente plus d'inconvénients.

La formation de la fleur du vin ne serait qu'un accident léger si elle ne se compliquait de la présence d'un ennemi bien plus dangereux, c'est la naissance du *mycoderma aceti*, qui, lui, une fois qu'il a pris naissance, se développe dans la masse du vin, tandis que l'autre ne vit qu'à la surface.

Dès qu'on a constaté la formation du *mycoderma aceti*, ou ascescence du vin, il faut agir rapidement et combattre par tous les moyens possibles cet ennemi redoutable.

Plusieurs procédés se trouvent en présence pour arriver à ce but, le méchage suivi d'un collage et d'un soutirage, et le chauffage.

Ces deux procédés sont les seuls qui donnent quelques chances de succès, et il ne faut pas hésiter à les employer.

On peut encore employer avec quelques chances de succès une neutralisation par le tartrate neutre de potasse pour enlever l'excès d'acide fermé, puis l'addition d'une forte dose de conservateur Martin-Pagis n° 2 à base d'acide borique. Quand le mal n'est pas trop avancé, on est presque sûr d'arriver à un bon résultat.

Cependant il ne faut pas se faire une bien grande illusion : du vin piqué est bien rarement ramené à une qualité passable et il est bon, quand il a été traité par le tartrate neutre de potasse et le conservateur, de le recouper avec un vin très-riche de goût, car ces traitements l'ont un peu énervé et il a besoin d'être remonté.

Vins louches, perdant leur couleur, vins tournés

Il arrive souvent, quand les vins rouges sont faibles en alcool et en acides, qu'ils ne conservent pas leur couleur et que malgré les froids, ils n'éclaircissent pas. Ils prennent une couleur plombée, gris terne, et n'ont pas ce reflet d'un rouge vif qui caractérise les vins en bon état. Ce phénomène est dû à une fermentation secondaire parfaitement décrite par M. Pasteur. Les principes qui constituent cette maladie du vin tourné sont des filaments d'une extrême ténuité, qui ont souvent moins de $\frac{1}{1000}$ de millimètre de diamètre.

C'est une nouvelle fermentation qui non-seulement rend le vin trouble, mais encore en altère la couleur, que nous avons à combattre. Pour y arriver, nous nous baserons sur les principes qui nous ont guidé jusqu'à présent, l'emploi des antifermentescibles, le conservateur et le méchage, le tout suivi de collages et de soutirages. Mais avant toute chose, il sera bon d'amener les vins à un titre alcoolique voisin de 10 degrés et d'un titre acide de 5 grammes d'acide par litre. Ces 5 grammes correspondent à 5 grammes d'acide sulfurique monohydraté. Nous avons du reste expliqué, au chapitre *Acidité des moûts*, la valeur de ce nombre.

En un mot, voici le traitement : viner le vin à 10 degrés, puis l'additionner de 5 à 6 grammes de tannin en poudre par hectolitre de vin, et 25 à 50 grammes d'acide tartrique ; 24 heures après, coller ; 15 jours après, soutirer dans un fût fortement méché. On peut avantageusement remplacer l'acide tartrique par de l'acide citrique, mais à la dose de 10 à 20 grammes seulement ; cet acide est même préférable ; j'en explique la raison au chapitre spécial *des Maladies* dans la partie consacrée aux vins mousseux.

Le chauffage vient encore prendre ici sa place ; il est infaillible, mais il ne peut s'appliquer à tous les vins et dans toutes les circonstances. Le petit propriétaire, entre autres, ne peut pas l'employer, car tout le monde n'a pas à sa disposition les appareils nécessaires qui sont coûteux.

Il est à remarquer que beaucoup de vins rouges doivent leur manque de tenue à l'absence de tannin, et souvent au peu d'acide tartrique qu'ils contiennent. Cela se présente souvent quand, à la vendange, le raisin est atteint de la pourriture. L'acide tartrique est détruit ; il faut le remplacer dans le vin pour en assurer la bonne tenue.

L'analyse chimique est d'un grand secours dans l'étude de la conservation des vins, et il est à regretter que beaucoup de maîtres de chais n'aient pas des connaissances plus approfondies sur ce sujet. Déjà M. Pasteur nous a enseigné les avantages et les ressources énormes qu'on peut tirer des études microscopiques ; tous nos efforts doivent donc tendre à élargir le cercle de nos connaissances dans cette voie, car nous y trouvons à chaque pas des enseignements utiles, dont le commerce peut tirer le plus grand parti. Le chauffage des vins en est un exemple frappant, car c'est par ses études que M. Pasteur est arrivé à résoudre une partie des problèmes qui régissent les maladies si nombreuses des vins.

Vins amers

L'amertume des vins rouges est une affection qui atteint surtout les vins délicats. Les vins de la Côte-d'Or y sont particulièrement sujets, ainsi que les vins de Bouzy en Champagne.

L'amertume est de deux sortes, dit M. de Vergnette-Lamotte : celle qui se manifeste dans les vins de deux à trois ans, et celle qui n'apparaît que dans les vins très-vieux.

Ces deux altérations sont également dues à la pré-sence d'une nouvelle fermentation produite par des parasites d'une forme spéciale, forme corail. En effet, les ferments de l'amer ressemblent à des branches de corail entrelacées les unes dans les autres.

Dès que les premiers symptômes du mal se manifestent, les ravages de la maladie marchent avec une rapidité extrême; il est souvent alors trop tard pour les arrêter; cependant il est quelques phénomènes avant-coureurs qui doivent attirer l'attention du maître de chais : le vin devient légèrement louche, au goût il est fade, il doucine, comme disent les Bourguignons. C'est le signal de l'apparition de la maladie ; en effet, quelques jours après, ce goût doucereux se change en une amertume prononcée.

Il est alors trop tard : le mal est fait et irréparable. Du vin amer, quel que soit le traitement qu'on lui fasse subir, ne redeviendra jamais bon. C'est donc dès l'apparition des premiers symptômes du mal qu'il faut agir.

Mais avant d'indiquer les moyens d'action, exposons les quelques signes extérieurs qui doivent mettre le vigneron en garde contre cette maladie. Lorsque le vin rouge a mal accompli sa fermentation, qu'il a conservé un peu de douceur, qu'il est faible en alcool et en tannin, il y a menace de maladie. Si le vin est plat, même agréable, mais faible en acide, il y a encore penchant vers le mal. Il faut donc, dans ce cas, viner, tanniser et acidifier immédiatement le vin, le suivre de très-près, et si l'on constate le moindre symptôme indiqué par les Bourguignons, c'est-à-dire si le vin *doucine*, il faut agir rapidement.

Le chauffage conseillé par M. Pasteur est le seul remède qui agisse sûrement. Pratiqué avec intelligence, il peut ne pas avoir d'influence grave sur la nature du vin et en assure la conservation.

Je le conseille donc et renvoie au chapitre spécial sur ce sujet pour le moyen de le pratiquer.

La graisse

La maladie de la graisse est assez rare dans les vins rouges ; cependant elle s'est présentée quelquefois sous une forme de viscosité qu'il est facile de corriger par une addition de 5 à 6 grammes de tannin par hectolitre, suivie d'un bon collage.

Je ne m'étendrai pas davantage sur cet accident qui, comme je l'ai déjà dit, est très-rare dans les vins rouges.

Pour les vins blancs, la graisse est très-fréquente, et au chapitre *Maladies des vins* destinés aux vins mousseux, je traite à fond la question.

Altérations diverses

Il se présente encore dans la manipulation des vins une foule de petits accidents qui sont à peu près irremédiables, tels que le goût de fût, goût de lie, fermentation putride.

Je ne m'étendrai pas sur ces différents sujets, car les vins qui en sont atteints sont perdus, et il n'y a aucun moyen de leur enlever les goûts fâcheux qu'ils ont pu contracter.

Il est cependant un procédé empirique conseillé par les plus vieux auteurs, que je ne puis laisser passer sans en parler.

Lorsqu'un vin a pris un goût de fût, de lie ou de fermentation putride, nos anciens maîtres recommandaient de l'additionner d'un à deux litres de bonne huile d'olive, franche de goût, de bien battre, laisser reposer, puis soutirer. L'huile absorbe tout le mauvais goût, et le vin peut être consommé immédiatement.

Je n'insisterai pas sur la valeur de ce procédé, dont les effets me semblent assez problématiques ; mais dans un cas grave, l'essai n'en est pas coûteux et il peut être pratiqué, ne serait-ce qu'à titre d'expérience.

Nous voici, à peu de chose près fixés, sur les principales maladies des vins ; nous pouvons donc continuer notre étude par le chauffage des vins.

CHAPITRE II

Le Chauffage des vins.

Nous allons toucher à un chapitre délicat, car il a
donné lieu aux controverses les plus violentes. Nos
savants se sont dit les choses les plus dures, et chacun a réclamé avec énergie sa part dans cette grande
question : quel est l'inventeur du chauffage des vins ?

Je crois assez difficile de répondre catégoriquement
à cette question, car une foule d'auteurs s'en sont occupés à des époques parfaitement distinctes et déjà
fort éloignées.

Je ne crois pas que la facture de ce manuel comporte
l'analyse de cette question, et qu'il soit bien instructif
pour le public de savoir si ce sont M. A... ou M. B...
qui les premiers ont chauffé du vin, d'autant plus
que beaucoup de maisons l'ont fait longtemps sans
rien dire, gardant ce procédé comme un bien précieux.

Je connais une maison fort ancienne qui pratique
depuis de longues années ce procédé pour ses vins
d'exportation et qui n'a jamais rien dit, car elle trouvait un avantage marqué sur ses concurrents par cette
pratique.

En 1864, M. Pasteur, de l'Institut, commença à
l'Académie des sciences une série de communications
relatives aux maladies des vins, sur leurs causes,

leurs remèdes Ce travail établissait un classement systématique de toutes les modifications de la masse vineuse et jetait un jour nouveau sur bien des phénomènes restés jusqu'à ce jour inexpliqués.

Cette publication souleva dans le monde savant un véritable orage, car elle tombait au milieu du champ de bataille des générations spontanées, et l'on en était au plus fort de la discussion. Bien des objections furent soulevées, mais l'habile chimiste micrographe, sortit vainqueur de ces différents engagements.

Mais là ne devait pas s'arrêter la lutte qu'il soutenait. Un savant œnologue, M. de Vergnette-Lamotte, vint soulever une tout autre question, c'est la question de priorité. Là, la lutte n'eut rien de scientifique, elle devint personnelle, elle fut acerbe, désagréable, et il en ressortit des documents aussi curieux qu'intéressants.

Les deux savants firent assaut d'érudition et de connaissances, le monde savant put profiter de cette lutte, qui toujours présenta un grand intérêt pour la science.

Cependant, je dois le dire, c'est M. Pasteur qui a vraiment vulgarisé le chauffage des vins eu publiant ses études sur les vins. C'est là que l'industriel a pu trouver des documents sérieux et utiles qui lui ont permis d'en faire une application profitable.

Malgré cela, il faut être juste et laisser à chacun ce qui lui appartient. Quoique nous soyons grand admirateur des travaux de M. Pasteur, nous devons dire que M. de Vergnette-Lamotte a fait pour cette question de grands travaux, et qu'il peut à juste titre réclamer une large part dans ce nouveau mode de traitement des vins.

Du reste, M. de Vergnette-Lamotte a publié un ouvrage institulé : *le Vin*, que nous considérons comme l'ouvrage élémentaire le plus complet et le plus à la portée de tous que nous connaissions ; nous ne saurions trop le recommander aux viniculteurs.

M. Pasteur, à la suite de nombreuses observations, constata que toutes les modifications qui viennent altérer les vins sont dues à la production de cryptogames que l'observation microscopique permet de classer par familles très-distinctes, et il n'est même pas nécessaire d'être un observateur bien habile pour faire soi-même ces classements.

Ainsi, l'amertume, le tour, l'acescence sont dus à la production dans le vin d'individus différents, tous de la grande famille des cryptogames. Ce fait bien établi, il fallait trouver le remède. Pour lui, rien de plus simple ; ses longs travaux sur l'éthérogénie lui en donnaient le secret. En effet, il avait constaté qu'un liquide fermentescible renfermé en vase clos et exposé pendant une heure à une température de + 75 degrés n'était plus susceptible de fermenter tant qu'il était à l'abri de l'air.

Il mit donc du vin susceptible de fermenter dans des bouteilles bien bouchées, les porta au bain-marie à + 75 degrés pendant une heure, et les exposa à une température de + 30 degrés pendant un mois.

Rien ne bougea ; il ne se manifesta pas la moindre fermentation, et le vin conserva toute sa fraicheur, sa vigueur et son arome.

Le problème était donc résolu. Il posa alors l'axiome suivant :

Un vin quelconque, conservé en vase clos et porté à une température de + 75 degrés pendant une heure est susceptible de se conserver indéfiniment, et est à l'abri de toutes les fermentations capables d'en altérer soit le goût, soit la couleur.

Cette vérité fut confirmée par une série d'expériences aussi longues que minutieuses, et les commissions nommées à statuer sur leurs résultats furent unanimes pour constater ce fait.

Le chauffage des vins, non mousseux, bien entendu, peut se pratiquer de différentes manières et suivant leur destination.

Pour les vins communs destinés à être expédiés en fûts dans les pays d'outre-mer et même en Europe, il existe une foule d'appareils tous plus ou moins perfectionnés, qui permettent de pratiquer cette opération à des prix minimes ; car il ne faut pas perdre de vue que ce sont les vins du Midi qui ont le plus besoin de cette pratique, et que leur prix varie de 15 à 20 francs l'hectolitre; on ne peut donc guère les surcharger de grands frais.

M. Terrel-Deschênes, MM. Vinas et Giret, etc., etc., ont tous fait des appareils continus, permettant de pratiquer le chauffage à des prix extrêmement réduits. Je n'entrerai pas dans la description de leurs appareils ni de leurs procédés : je conseille seulement de prendre leurs ouvrages et de suivre leurs indications.

De longues expériences, pratiquées sur une vaste échelle, ont démontré l'usage qu'on pouvait tirer de leurs appareils; je n'insisterai donc pas, cette question étant toute spéciale. Je n'aborderai que la question des vins en bouteilles, pour les consommateurs qui ne peuvent posséder des appareils perfectionnés, car ils n'en ont pas l'emploi.

Le négociant qui vend des vins en bouteilles sait ce qu'il a à faire, tandis que le consommateur peut, faute d'une très-simple précaution, perdre un vin fin.

Quand vous avez dans votre cave des vins fins ou ordinaires en bouteilles qui passent, qui tournent ou qui s'absinthent, voici ce qu'il faut faire :

On s'assure si les bouchons sont en bon état et bien assujétis ; on prend ensuite les bouteilles, qu'on met dans un panier en osier en les maintenant droites avec du foin, de manière à éviter les chocs ; puis on plonge ce panier dans un chaudron d'eau à 75 degrés. On les y maintient pendant une heure, en ne laissant pas la température s'abaisser. Après ce laps de temps, on redescend les bouteilles en cave, on les couche. Le vin, ainsi traité, se conserve indéfiniment Cette opération est fort simple et peu coûteuse.

Étudions maintenant le parti qu'un fabricant de vin mousseux peut tirer de ces observations.

Il arrive souvent, dans les mauvaises années, que le vin est trop faible en alcool et trop riche en matières étrangères, qui portent le vin à tourner soit au jaune, soit à la graisse. Nous avons bien vu, dans le chapitre spécial aux maladies des vins, les remèdes qu'on peut apporter à ces deux maladies ; mais il est constant que si la nécessité nous force à garder ces vins pour l'année suivante, il peut se produire des fermentations peu favorables à leur conservation ; il est donc urgent d'avoir sous la main un procédé qui permette de garder en toute sécurité ses provisions.

Le chauffage seul me parait remplir convenablement ces conditions ; aussi conseillerai-je son emploi. Le chauffage rend le vin impropre à la fermentation, il est vrai, mais en le recoupant l'année suivante avec des vins nouveaux, cet inconvénient est évité, et l'on

a eu l'avantage immense d'en assurer la parfaite conservation.

Du reste, pour me résumer, et ne voulant pas traiter
à fond cette question du chauffage, voici les ouvrages
que je conseille aux industriels de consulter quand
ils voudront se fixer sérieusement sur cette question:

1° L'ouvrage de M. Pasteur sur les vins ;

2° L'ouvrage de MM. Giret et Vinas ;

3° Les nombreux mémoires de M. Terrel-Deschênes ;

4° Le Vin, par M. Vergnette-Lamotte.

L'étude de ces différents ouvrages sera plus que
suffisante pour fixer le lecteur sur cette grave question.

CHAPITRE III

Amélioration des vins. — Amélioration des moûts. — Congélation
des vins. — Plâtrage des vins. — Vins salés.

Amélioration des vins.

Cet énoncé peut se comprendre de différentes manières ; aussi faut-il traiter cette question un peu en détail, car elle embrasse toute une série de pratiques qui méritent une étude sérieuse.

Commençons par le procédé le plus rationnel, celui qui consiste à améliorer le vin fait, par les coupages. Puis, reprenant la question de plus haut, c'est-à-dire du traitement des moûts et des vins nouveaux dans le but d'arriver à leur amélioration successive, étudions soigneusement les avantages et les inconvénients de cette pratique.

Il est incontestable que dans certaines années le vin est médiocre, tandis que celui des années précédentes est de bonne qualité. Quel sera donc le soin des négociants ? Ce sera, par un coupage avantageux de vins vieux de différents crus, de remédier à la pauvreté du vin de l'année, qui, par son prix minime, leur offrira un bénéfice à la vente. Je n'ai pas la prétention, comme certains auteurs, de leur donner des conseils. Le commerce de Bercy, par exemple, est arrivé par les coupages à livrer à la consommation parisienne des vins d'une régularité de goût vraiment remarquable. Ce problème est résolu par des coupages savants de vins du Bordelais, du Mâconnais et du Midi, dans des proportions telles, que l'ensemble est vraiment fort agréable.

Mon avis est qu'il est impossible dans un ouvrage de décrire exactement les vins qu'il est utile de recouper ensemble pour arriver à avoir un vin d'un goût déterminé.

La seule chose que je crois bonne en fait de coupage est la suivante : Quand vous avez un vin plat ou mou, il faut l'additionner d'une certaine quantité d'un vin où l'acide domine. Si le vin manque de force, on peut ou l'additionner de bon alcool ou d'un vin fort et plus vieux ; mais il faut toujours éviter l'emploi de l'eau-de-vie, qui donne aux vins un goût qui n'est pas agréable. L'emploi d'un alcool, le plus neutre possible, est ce qu'il faut toujours préférer.

Il a été publié une foule de recettes pour améliorer les vins par l'emploi de vins exotiques plus ou moins purs ; nous condamnons cette méthode.

Amélioration des moûts.

Dès le moment de la vendange, le vigneron sait, à peu de chose de près, à quoi s'en tenir sur la qualité du vin qu'il va faire. En effet, si le raisin est d'une maturité imparfaite, pourri, ou tourné, sa longue expérience lui dira bien vite quelle qualité il espère obtenir. C'est à ce moment qu'il pourra pratiquer les différentes opérations que nous allons décrire.

Quand le raisin est d'une maturité imparfaite, il est évident que le vin sera pauvre en alcool et riche en acide.

Le premier défaut a un remède tout trouvé, c'est de produire artificiellement de l'alcool au moyen d'une addition de sucre. J'ai déjà exposé ce fait : c'est que pour élever le titre des vins de 1 degré, il faut environ 1,600 grammes de sucre raffiné par hectolitre de moût ; rien n'est donc plus simple et plus facile. Il suffit de peser le moût ; par les tables déjà données, on sait ce qu'il se produira d'alcool ; on ajoute donc autant de fois 1,600 grammes de sucre par hectolitre qu'on veut obtenir de degrés alcooliques dans le vin.

On a encore la ressource de viner le vin quand il est fait ; mais les nouvelles lois sur les alcools mettent un obstacle énorme à cette pratique, qui cependant serait si utile dans le Midi, où souvent les vins ont besoin d'être remontés.

Quand on a à traiter des vins fins, le sucrage à la cuve peut avoir de graves inconvénients, car le sucre produit bien de l'alcool, mais il ne développe pas le bouquet absent du vin.

Je crois donc que je ne puis conseiller le sucrage des moûts que pour les vins de qualité moyenne, car, pour les vins communs, les frais sont trop élevés.

Quand le vin est trop acide, il y a à cela un remède, c'est de saturer une partie de l'acide du vin. Pour les vins de bonne qualité, on peut employer le tartrate neutre de potasse ; pour les vins communs, le marbre blanc pulvérisé et lavé.

Voici le mode d'opérer : on procède à un essai acidimétrique, comme je l'indique dans mon *Manuel d'analyse chimique des vins*, et dans la deuxième partie de ce travail, relative aux vins mousseux ; puis, le titre acide connu, on additionne le vin d'une quantité de tartrate neutre de potasse suffisante pour neutraliser l'excès de cet acide. Le calcul est facile à faire; du reste, on peut l'expérimenter sur un litre de vin et établir sa proportion.

Quand c'est pour des vins communs, on ne peut employer le tartrate neutre de potasse, dont le prix est trop élevé, il faut avoir recours au marbre; mais cette opération exige les précautions suivantes : Prenez du marbre blanc pulvérisé, lavez-le avec soin à grande eau pour lui enlever son goût fade. Laissez sécher le résidu, puis employez-le. Je ne puis donner les proportions : elles sont trop variables, et différentes doses de 2, 3 et 4 grammes additionnées à 1 litre de vin donneront rapidement la quantité nécessaire par hectolitre.

Généralement 75 à 100 grammes par hectolitre seront largement suffisants pour améliorer un vin d'une acidité même excessive.

Quand le vin aura été bien brassé avec le marbre, qu'on aura laissé tomber le gros dépôt, il sera bon de l'additionner de 1 à 2 litres d'alcool à 90 degrés par hectolitre pour précipiter tout l'excès de tartrate de chaux, qui est parfaitement insoluble dans l'alcool et très-peu soluble dans un liquide riche à 10 p. 100 d'alcool en volume.

Il est une précaution bonne à prendre dans les années où la vendange se fait par des temps pluvieux : c'est d'additionner le vin de 3 à 4 grammes de tannin par hectolitre, puis vingt-quatre heures après, de 50 à 100 grammes d'acide tartrique ou mieux encore de 50 à 75 grammes d'acide citrique.

Ce dernier acide a une action très-énergique sur le vin et est un des meilleurs remèdes pour éviter les accidents du tour et des vins bleus. L'expérience m'a prouvé tout le parti qu'on pouvait en tirer,

Pour les vins rouges et blancs destinés à être consommés tels quels, le meilleur de tous les procédés à employer pour assurer leur conservation, une fois qu'ils sont faits et qu'on veut les soutirer, c'est de les additionner d'une dose moyenne du conservateur Martin-Pagès, nᵒ 2. Cette addition s'oppose à toute fermentation, le vin devient entièrement muet, mais il reste ce qu'il est. Cette addition grève le vin d'une dépense légère.

J'ai vu des vins qui commençaient à tourner, entièrement remis par cette addition, que je conseille aux propriétaires de vins rouges.

Tous ces petits moyens sont peu de chose, mais ils peuvent sauver le propriétaire récoltant d'une perte totale ; seulement il faut les employer avec une extrême réserve, on peut encore employer l'acide salicylique à la dose de 10 à 15 grammes par hectolitre.

Pour les vins très-fins, je ne connais pas encore les résultats d'avenir qu'on pourrait en obtenir, mais c'est une question à étudier.

Nous terminerons ce chapitre par quelques résultats obtenus par l'analyse de moûts de vins de 1864. Ces chiffres pourront servir de renseignement sur la valeur de quelques chiffres que nous avons donnés. Ces analyses, que j'ai faites avec le plus grand soin, m'ont servi de base pour des essais faits sur les vins de cette année, année ordinaire du reste.

PROVENANCE DES MOUTS	DENSITÉ	SUCRE PAR HECTOLITRE		TARTRE et ACIDE PAR HECTOL.
		d'après la DENSITÉ	d'après l'analyse	
Verzy. raisin blanc...............	1067	12^{k}400	12^{k}450	2^{k}800
Id. id.	1080	15.700	15.610	2.900
Epernay, raisin noir............	1085	16.750	16.660	2.600
Id. id.	1083	16.400	16.600	2.650
Id. id.	1081	16.500	15.700	2.750
Id. id.	1083	15.740		
Id. id.	1083	15.740		
Verzy, id.	1080	15.700		
Ay, id.	1083.5	15.759		
Id. id.	1083	15.740		

Congélation des vins.

La congélation des vins peut se compter, parmi les moyens d'amélioration de ce liquide, comme un des plus sérieux et des plus actifs. En effet, il vieillit rapidement le vin sans altérer en rien la finesse du bouquet et en élève le degré alcoolique sans l'introduction d'alcool étranger. De plus il précipitera l'excès de tartre et de matières peu solubles qui y sont en dissolution.

Cette opération présentera un grand avantage, car elle est économique et d'une pratique facile.

Dans le nord, rien n'est plus simple : il suffit en hiver, par les grands froids, d'exposer le vin dehors, dans de petits fûts de 60 à 75 litres, et de le laisser saisir par la température, en ayant soin, toutefois, que le vin n'atteigne pas plus de 6 à 7 degrés au-dessous de zéro. Le lendemain on pratique un soutirage rapide, en laissant dans le fût les cristaux de glace formés. Généralement la perte sera de 12 à 14 p. 100 du vin exposé, mais cette perte sera largement compensée par l'amélioration qu'il en ressentira.

Dans le nord, c'est la nuit que se fera cette exposition, et 12 à 15 heures suffisent largement pour que la congélation soit à point. Dans les pays chauds, dans le midi de la France, cette opération sera moins praticable, car il faudrait avoir recours à une immense solution de glace, ce qui élèverait trop le prix de revient de l'opération.

Du reste, le procédé de la congélation proprement dite ne peut guère s'appliquer que sur des vins déjà assez riches en alcool et d'une qualité supérieure.

Pour les vins communs et bon marché, il n'y faut pas songer. La seule chose qu'on puisse faire, c'est d'exposer les vins nouveaux au froid pour les faire éclaircir plus vite. L'action du froid précipite les matières en suspension, et le vin en peu de jours devient brillant. C'est un moyen simple et économique de le purger. Il est bon également pour les vins rouges et blancs sans distinction de crus. Partout où il pourra être appliqué, j'engage vivement les vignerons à le pratiquer.

La congélation proprement dite devra s'employer avec une extrême prudence, et, avant de l'appliquer, il sera bon de faire quelques essais sur une faible quantité, car j'ai vu des vins que ce procédé privait de leur tartre et qui, lorsque les chaleurs revenaient, souffraient du manque de cet élément conservateur.

Cependant, m'appuyant sur l'opinion de M. de Vergnette-Lamotte qui fait autorité en pareille matière, je conseillerai l'emploi de la congélation quand les vins sont mous et ont une tendance à tourner.

Le chauffage obtient bien le même résultat, mais l'application du froid n'entrainant à aucune dépense, je crois qu'il faut commencer par s'en servir.

Plâtrage des vins.

Le plâtrage des vins est d'un usage fort ancien dans le Midi et surtout dans les Pyrénées; il a été exécuté de différentes manières, soit à la cuve avec la vendange, soit dans le vin nouveau après l'avoir séparé du marc.

Le plâtrage se pratique à la cuve de la manière suivante : au fur et à mesure qu'on remplit la cuve de vendange, on verse dedans un litre à un litre et demi de plâtre par hectolitre de vendange, et on laisse le tout bouillir ensemble.

Cette addition a deux buts bien distincts : premièrement, de neutraliser les acides en excès du vin; deuxièmement, d'aviver la couleur. Ces deux résultats sont évidents, mais ils ont aussi un résultat fâcheux, c'est de rendre le vin malsain. Dans beaucoup de pays on refuse les vins plâtrés, et les administrations hospitalières et militaires le rejettent pour cause d'insalubrité, car elles considèrent cette opération comme une fraude.

M. le comte Odartt, dans son grand *Traité des vins*, condamne cet usage.

M. Chancel, le savant professeur de Montpellier, qui a été chargé par la Chambre de Commerce de cette ville de faire des études sur le plâtrage des vins, en arrive à la conclusion suivante :

1° Il fait passer du marc dans le vin la moitié de l'acide tartrique qui, sans son intervention, resterait dans le marc à l'état de tartre.

2° Il augmente le degré acidimétrique du vin, en avive la couleur et en assure la stabilité.

3° Il introduit dans le vin, sous forme de sulfate, la majeure partie de la potasse qui se trouve dans le marc à l'état de bitartrate.

Il y a dénaturation du produit, et par conséquent fal_sification.

Dans mon *Traité d'analyse chimique des vins*, j'arrive, à la suite d'essais nombreux, à une conclusion identique : c'est que le plâtrage est une fraude.

« En effet, que se passe-t-il lorsqu'on introduit dans
« un vin ou dans un marc de raisin du plâtre ou sul-
« fate de chaux plus ou moins riche en carbonate ?

« Le plâtre se trouve en présence d'un excès de bi-
« tartrate de potasse, qui est immédiatement décom-
« posé ; il se forme un sulfate neutre, ou quelquefois
« un bisulfate de potasse et un bitartrate de chaux,
« qui, vu son peu de solubilité, se dépose. Si le plâ-
« trage a été opéré sur du vin très-nouveau, et par
« conséquent très-chargé en bitartrate de potasse et
« en acide tartrique libre, tout le plâtre est en partie
« décomposé ; il se précipite du tartrate ou du bitar-
« trate de chaux, et le vin reste chargé d'un grand
« excès de bisulfate de potasse. La couleur rouge y
« gagne ; mais par contre, ses propriétés hygiéniques
« y perdent énormément, car on se trouve en présence
« d'un vin qui contient de grands excès d'acide sulfu-
« rique à l'état de bisel.

« L'introduction dans l'estomac de ce bisulfate de po-
« tasse a de grands inconvénients, qui déjà ont été, à
« maintes reprises, constatés par les médecins mili-

« taires, car ce sont eux qui ont eu le plus l'occasion
« de rechercher l'origine de certaines affections de
« l'estomac, remarquées chez les soldats. Le vin plâ-
« tré doit donc être considéré comme malsain et par
« cela même comme falsifié. »

Une circulaire du Ministre de la Justice à Messieurs
les Procureurs Généraux en date d'Août 1880 déclare
que tout vin contenant plus de 2 grammes de sulfate
de Potasse devra être poursuivi comme vin falsifié
et dangereux. Nous avions donc raison il y a dix ans
quand nous condamnions cette méthode de traiter les
vins.

Vins salés.

L'emploi du sel dans les vins remonte à une origine
fort ancienne, et même à l'antiquité. Beaucoup de viniculteurs, entre autre Cazalis-Allert, l'ont conseillé.
En effet, l'introduction du sel dans le vin n'a aucun
inconvénient, il n'en altère pas le goût, et favorise
considérablement l'opération du collage. Nous avons
vu en effet plus haut que, lorsqu'on colle du vin rouge,
on ajoute toujours à la colle une assez forte proportion
de sel marin.

CHAPITRE IV

Vins artificiels. — Vins de raisins secs. — Vin de groseilles. —
Vin de framboises. — Vin de feuilles de vigne.

Vins artificiels.

J'aurais dû éloigner de ce traité la question des vins artificiels; mais elle m'a été demandée et je vais la traiter sérieusement à un seul point de vue, celui de l'augmentation du rendement d'un poids déterminé de raisin.

Les pays vignobles ont traversé des périodes malheureuses où le rendement des vignes était tellement minime que, malgré l'augmentation énorme du prix de vente du vin, le propriétaire ne rentrait pas dans ses frais. Force fut donc de chercher des moyens pratiques de remédier à cela.

Un grand nombre de savants ont étudié la question à différents points de vue; mais Gall en Allemagne et Pétiot en France se rencontrèrent sur le même terrain, c'est-à-dire qu'il reste dans les marcs de pressurage encore assez de sucre et de matière colorante pour qu'il y ait lieu d'en tirer parti.

Plusieurs procédés furent proposés. Les voici : d'abord on conseilla de doubler la quantité de la vendange en ajoutant une quantité en poids d'eau sucrée égale au raisin au moment de la mise en cuve. Cela produisait un vin de toute pièce faible en couleur, mais agréable au goût.

Deuxièmement, on proposa, une fois le vin de goutte

retiré de la cuve, de le remplacer par une quantité égale d'eau sucrée additionnée de tartre.

Les controverses furent nombreuses, je ne les passerai pas en revue, j'émettrai mon opinion basée sur des renseignements pratiques, et voici ce que je conseille, croyant être dans le vrai.

Dans les années mauvaises comme rendement, le vin est rarement de bonne qualité; il ne faut donc penser qu'à faire de l'ordinaire. On fait le vin comme d'habitude, puis, lorsque la cuve est bonne à pressurer, on se borne à prendre le vin de goutte et l'on remplace celui-ci par un sirop de sucre fait selon la formule donnée plus loin.

C'est-à-dire qu'on fait un liquide artificiel composé d'eau, de sucre et de tartre, de manière à avoir un vin qui, après fermentation, vous donne 9 p. 100 d'alcool. Pour cela on se sert des proportions indiquées par le tableau suivant :

Densité.	Sucre dans 100 litres d'eau. kil.	Alcool produit.
1010	2.300	1.56
1020	4.500	3.05
1030	6.700	4.54
1040	9.	6.09
1050	11.300	7.65
1060	13.500	9.14
1070	15.700	10.65
1080	17.800	12.05
1090	20.	13.54
1100	22.300	15.10
1110	24.500	16.58
1120	26.700	18.06
1130	28.800	19.49
1140	31.	20.98
1150	33.300	22.54

C'est-à-dire que, pour avoir un vin donnant 9 p. 100 d'alcool en volume, on fait un sirop pesant au densi-

mètre — 1,060, contenant 13 kilog. 500 gr. de sucre
par hectolitre d'eau qu'on additionne de 400 gr. de
tartre.

Ce sirop est versé sur le marc encore chaud et on
l'abandonne à la fermentation, qui ne tarde pas à se
développer. Dès que le liquide marque 0 au densimètre, on le sépare des grappes, on pressure le marc et
on a un second vin qui, sans avoir les qualités du
premier, a encore un goût de vin assez prononcé pour
qu'il soit parfaitement marchand. Seulement, il y a
certaines précautions à prendre pour assurer sa bonne
conservation : c'est, au moment de son enfutaillage,
de l'additionner de 30 grammes d'acide citrique
par hectolitre et de 6 à 8 grammes de tannin en
poudre.

Ce second vin fait dans ces conditions peut présenter des garanties de garde très-sérieuses, et dès que
les froids ont passé dessus, il est très-possible de le
recouper avec le premier vin.

Par ce procédé de dédoublement, on aura évidemment des vins de qualité fort ordinaire, mais ils feront
des vins de consommation très-potables.

Je préfère infiniment ce procédé à celui du mouillage
à la cuve, qui consiste à additionner le moût de son
poids du sirop précédent. Car, dans ce cas, la masse
entière du vin peut être d'une mauvaise garde, tandis
que, dans le second cas, vous ne risquez à l'aventure
que le second vin. M. Pétiot a conseillé ce procédé
après de longues expériences pratiques.

Du reste, en fait de vin, il faut livrer le moins possible au hasard, et s'efforcer de ne marcher que le plus
sûrement possible.

Quand on pratique ce genre de dédoublement, il est
indispensable de bien s'assurer de l'acidité du vin, car

dans le cas où cette moyenne ne serait pas assez forte, il ne faut pas craindre de l'augmenter ; on peut toujours la diminuer au besoin, tandis que le manque d'acide entraîne forcément la perte de la masse vinaire, car les fermentations secondaires s'y produisent rapidement.

La simple étude du tableau donnée plus haut, et cette connaissance que : 1.600 grammes de sucre élèvent de 1 p. 100 le degré alcoolique d'un hectolitre de vin, suffisent pour permettre d'établir sûrement les calculs du sirop à employer.

La pauvreté de nos récoltes de vin pendant quelques années a donné lieu à la recherche de fabrications plus ou moins frauduleuses que j'aurais voulu éloigner de cet ouvrage. Mais je cède à la nécessité, et je vais exposer ces différentes fabrications.

Vin de raisins secs.

Nous classons la fabrication des vins de raisins secs parmi les vins artificiels, parce que, pour nous, ce vin n'est pas un produit naturel, mais un produit de fabrication. Nous ne voulons pas dire pour cela qu'il soit malsain, si on n'y a ajouté aucune matière étrangère ; mais ce ne sont pas des vins faits dans des conditions normales, et ils ne peuvent se vendre comme vins faits avec du raisin frais sans tromper l'acheteur sur la qualité de la marchandise vendue.

Les procédés de fabrication sont assez simples ; cependant il nous paraît utile de les décrire, car nous voulons éviter les lacunes dans ce traité.

Supposons que vous agissez sur 100 kilogrammes de raisins secs : vous les divisez autant que possible

et les jetez dans une cuve; puis on les mouille avec
300 litres d'eau, on les laisse ainsi macérer pendant 36 ou 72 heures, cela dépend de leur plus ou
moins grande sécheresse. Après cela vous constatez
que le raisin a absorbé l'eau et repris presque son volume primitif; il faut alors le passer dans un broyeur
composé de deux cylindres cannelés soit en fonte soit
en bois dur, de manière à bien les écraser et faire du
tout une bouillie liquide qui, par sa composition, se
rapproche le plus possible d'une cuve de raisins
frais.

On jette le tout dans une nouvelle cuve, on y ajoute
environ 100 litres d'eau tiède, et on met à fermenter
dans un local où la température doit être à une élévation constante qui ne doit pas varier entre 28 et 30
degrés en hiver et 24 à 25 en été.

La fermentation se déclare assez rapidement et
marche avec une certaine régularité, il faut avoir
soin de la surveiller de très-près, car si elle se ralen-
tit on devra réchauffer la cuve au moyen de l'instrument que nous avons précédemment décrit.

Quand la fermentation parait arrêtée, on soutire le
vin de goutte et on jette le marc sur un petit pressoir
et on procède comme pour les vins rouges.

Pendant la fermentation il faut employer des cuves
à claies, c'est-à-dire des cuves qui ne permettent pas
au marc de sortir du jus, sans cela on aurait très rapidement des fermentations secondaires.

Si l'on juge que le raisin manque un peu de sucre, on
peut, au lieu d'eau qu'on ajoute après le broyage des
raisins, employer du sirop de sucre, dont le degré sera
toujours calculé sur les bases indiquées précédemment, c'est-à-dire que 1 kilog. 600 gr. de sucre élèvent 1 hectolitre de jus de 1 degré d'alcool. J'ai donné

des tables pour cette opération dans le chapitre *du cuvage des vins rouges.*

Le vin de raisins secs une fois dans les fûts, il faut le laisser en repos pendant quelques jours ; il continue à fermenter lentement, puis s'éclaircit. Quand il est dépouillé de son gros dépôt, il faut y ajouter environ 3 gr. de tannin et 30 gr. d'acide citrique par hectolitre en le soutirant, le laisser reposer 24 heures, puis le coller à la colle de Flandre.

On a alors un vin pâle, sans couleur caractérisée, assez agréable au goût et pouvant très-bien se couper avec des vins rouges riches en couleur.

100 kilogr. de raisins secs donnent environ 350 litres de vin ; si on emploie des sirops pour le mouillage, on peut pousser la quantité jusqu'à 500 litres. Cela dépend du reste beaucoup de la qualité des raisins secs que l'on emploie.

Les résidus de la fabrication, les marcs peuvent être avantageusement distillés et donnent un alcool d'une qualité très-passable, qui, suffisamment rectifié, peut être employé à remonter les coupages.

Voilà en quelques mots cette fabrication qui pour nous constitue un vin artificiel. L'administration des contributions indirectes la frappe des mêmes droits que les vins naturels; c'est, nous le pensons, dans l'intérêt des consommateurs que cette mesure a été prise ; mais à notre avis, les acquits à caution de ces vins devraient porter une mention spéciale pour que le commerce puisse suivre leur vente avec plus de sûreté.

Vin de groseilles.

La groseille est le fruit qui s'est le mieux prêté à

ce genre de fabrication ; il est simple et d'une exécution facile.

Le jus de la groseille est très-riche en acide, mais pauvre en sucre et en matière colorante ; rien n'est plus facile que de remédier à ces deux inconvénients.

Voici comment il faut opérer quand on veut avoir un vin de qualité passable.

On écrase les groseilles comme la vendange de raisin, et on l'étend d'une assez forte quantité de sirop pesant 1,080 au densimètre ; on abandonne le tout à la fermentation alcoolique, qui se déclare rapidement sous l'influence de l'excès d'acide de la groseille. Dès que le jus ne pèse plus que zéro au densimètre, on pressure, et le jus obtenu est descendu dans une cave fraîche en l'additionnant de 10 grammes de tannin par hectolitre. Au bout de trois semaines à un mois au plus on le soutire, on y ajoute de nouveau 5 grammes de tannin par hectolitre, et l'on colle au blanc d'œuf. On a, à ce moment, un vin légèrement rosé, un peu acide, qu'on peut recouper avec de gros vins du Midi riches en couleur. Le produit qu'on obtient est médiocre de qualité, mais agréable au goût.

Vin de framboises.

Le même procédé peut s'appliquer aux framboises ; mais celles-ci étant moins riches en acide, il est nécessaire d'y ajouter 100 grammes d'acide tartrique par hectolitre.

Le procédé de fabrication est du reste le même.

Vins divers.

Une foule d'autres produits ont été employés pour

arriver au même résultat : les baies d'asperge, de sureau, d'érable, de palmier, de bouleau et même la
betterave ; mais tous ces produits sont tellement infé-
rieurs que je ne crois pas qu'on puisse en tirer un
parti quelconque.

Les prunelles, baies du *Prunus spinosa*, sont celles
qui donnent le meilleur résultat ; on peut, en effet, les
faire fermenter avec du sirop de sucre et obtenir un
liquide alcoolique très-astringent, qui supportera admirablement le coupage avec de gros vins rouges généralement plats et de mauvaise garde. Seulement je
crois que le résultat ne couvrirait pas à les frais de
main-d'œuvre, excepté dans quelques pays comme le
Poitou, où cet arbuste est très-commun.

Tous ces vins artificiels, en un mot, ne sont jamais
que de pâles imitations des vins même les plus communs.

Vin de feuilles de vigne.

Il a été tenté de faire des vins avec un sirop de sucre à 1,080 de densité, qu'on faisait fermenter avec
des feuilles de vigne pilées. Il est incontestable que le
résultat s'est assez rapproché du vin. La feuille de
vigne a un goût qui lui est particulier et qui a une
grande analogie avec le vin. De plus elle est très-riche
en acide tartrique et en tartrates doubles ; rien n'est
donc surprenant si elle communique au liquide fermenté une saveur qui a une grande analogie avec le
vin. Mais, en somme, on n'obtient jamais qu'une boisson très-médiocre de qualité et d'un goût souvent peu
agréable.

CHAPITRE V.

Procédés pratiques pour déterminer les fraudes dans les vins.
Coloration artificielle. — Le plâtrage. — L'alun. — Le plomb.
— Le cuivre. — Le zinc. — L'acide tartrique. — L'acide sulfu-
rique. — Vins piqués.

Procédés pratiques pour déterminer les fraudes dans les vins.

Le vin, plus qu'aucun autre objet de consommation,
a été étudié par les fraudeurs, et cela s'explique facilement, car c'est un des produits de l'agriculture les
plus répandus dans la consommation, et qui est absorbé par le plus grand nombre des consommateurs
ignorants; de plus, il se prête admirablement à la
fraude, qui a toujours pour but d'augmenter le bénéfice
des vendeurs.

Il est utile cependant de pouvoir, dans une certaine
proportion, s'assurer de la nature de la fraude et de
son importance.

Dans mon *Manuel d'analyse chimique des vins*, j'ai
déjà longuement traité cette question, l'envisageant
sous toutes ses faces, autant que possible; mais j'ai
dû laisser de nombreuses lacunes, car, malgré les recherches des savants, il y a encore bien des points à
élucider.

Je ne crois pas qu'il soit ici opportun de publier un
travail complet sur les falsifications des vins ; cependant je crois indispensable d'en donner un exposé à
la portée de tout le monde et qui puisse guider l'acheteur.

Les fraudes commises sur le vin sont de différentes natures, les unes sont répréhensibles, les autres sont parfaitement légales vis-à-vis du commerce, tels que le vinage. Je laisserai donc entièrement de côté cette question, car je ne crois pas qu'un commerçant ou un consommateur puisse se plaindre de ce qu'un producteur aura viné son vin pour en assurer la bonne tenue.

Le vinage ne pourrait être considéré comme fraude que s'il avait pour but de masquer une addition d'eau basée sur la richesse en matière colorante; mais dans ce cas, au point de vue du commerce, il perdrait une grande partie de sa valeur. En effet, qu'est-ce qui fait la valeur de certains vins communs du Midi? C'est leur richesse colorante. Si donc, on vine le vin pour l'additionner d'eau, on diminue sa richesse colorante, et par ce seul fait on diminue sa valeur industrielle.

D'un autre côté, si un vin est trop faible en alcool pour supporter un long voyage, on ne peut considérer comme fraude le fait d'en élever le titre alcoolique au moyen d'une addition d'alcool, pourvu toutefois que ce dernier soit d'une bonne qualité et non un alcool d'industrie, comme cela arrive malheureusement trop souvent.

Nous allons donc étudier successivement toutes les fraudes qui peuvent se produire dans les vins, en laissant de côté la question scientifique et ne traitant que la question pratique.

La coloration artificielle.

La fraude la plus généralement pratiquée sur les vins est la coloration artificielle. Il est assez facile de constater cette fraude; le seul point délicat est de déterminer la nature du produit employé. Cependant, au moyen de quelques essais assez simples, on arrive à faire ce classement dans de bonnes conditions et sans crainte d'erreurs bien grosses.

Le premier point à établir est de déterminer exactement si le vin a été oui, ou non, coloré artificiellement. Cet essai peut se faire de différentes manières.

Le vin suspect est additionné de quelques gouttes d'une solution de tannin, agité, puis mélangé avec une solution de gélatine, et jeté sur un filtre. Si le liquide passe presque entièrement décoloré, c'est-à-dire jaune paille ou vert sale, on peut dire qu'il est pur. Si au contraire le liquide filtré conserve de la couleur, on peut être sûr qu'il y a eu addition d'une matière colorante quelconque.

Cette expérience n'est pas d'une vérité absolue, mais une première base qui guide les recherches.

Le docteur Facon, lui, base son procédé de recherche sur l'action du peroxyde de manganèse pulvérisé sur la matière colorante du vin. Il mélange 50 grammes de vin et 50 grammes de superoxyde de manganèse, agite le tout, filtre, et si le liquide est décoloré, il conclut à la pureté du vin. On peut encore employer l'ammoniaque qui colore les vins nouveaux en vert et les vins vieux en couleur verdâtre.

Un réactif extrèmement sensible est le protoniarure de mercure qui avec les vins naturels donne un précipité gris perle et avec les vins colorés artificiellement un précipité rose violet.

Ce dernier procédé est celui que je préfère à tous pour m'assurer si un vin est pur oui ou non.

Je n'entrerai pas dans l'étude de toutes les matières colorantes frauduleuses du vin ; en voici une première nomenclature ; ce sont :

Les baies d'Hièble, les mûres, le bois d'Inde, le bois
de Pernambouc, le Tournesol, les baies de Troëne,
le Phytolacca, le coquelicot, les bois de Myrtille, le
bois de Brésil, les baies de sureau, puis enfin la fuchsine. Tous ces produits se déterminent au moyen de
précipités obtenus par des réactions chimiques assez
simples. M. Gautier vient de publier un grand travail à ce sujet, auquel nous voudrions faire un large
emprunt ; mais cette étude est un peu compliquée, et
fait plutôt partie d'un travail d'analyse chimique que
d'un examen industriel. Nous passerons donc sur ce
chapitre.

Le seul point qui intéresse le négociant et le
consommateur, c'est de savoir si un vin est naturellement coloré ou frauduleusement. Voici un petit tableau qui donnera les différentes réactions obtenues
sur du vin naturel par les réactifs les plus communs.
Dans le cas où le vin ne donnerait pas ces résultats,
c'est qu'il serait fraudé et par conséquent devrait être
rejeté par l'acheteur.

Réactif.	Coloration du vin naturel.
Carbonate de soude.....	Coloration vert bleuâtre.
Bicarbonate de soude...	Gris foncé avec pointe de vert quelquefois de lilas.
Ammoniaque...........	Gris bleu verdâtre.
Hydrate de baryte.......	Jaune sale avec pointe verte.
Borax	Liqueur gris bleu ou verdâtre, fleur de vin.
Alun	{ Précipité vert bleuâtre. { Liquide vert bouteille clair.
Acétate de plomb.......	Précipité bleu cendré verdâtre liquide décoloré.
Acétate d'alumine.	Liquide lilas vineux.
Aluminate de potasse...	Lilas faiblement rosé, tendant à se décolorer.
Bioxyde de baryum.....	Liqueur à peine rosée.

La fuchsine employée comme matière colorante des

vins, qui est très-fréquemment appliquée en ce moment, a donné lieu à de nombreuses recherches.

Des procédés simples et pratiques sont sortis de ces expériences ; et l'on a constaté que la pyroxyline (fulmi-coton) plongée dans un vin naturel prend la couleur du vin ; mais celle-ci disparaît à la suite d'un bon lavage, tandis que si le vin contient la moindre trace de matières colorantes, de l'anilline, de la fuchsine rouge, par exemple, la pyroxyline reste colorée en rouge ou en rose, selon la proportion de matière colorante.

De la laine blanche à broder peut remplacer la pyroxyline ; mais il faut la faire bouillir dans le vin jusqu'à réduction de moitié du liquide ; les mêmes effets de teinture se produisent comme avec la pyroxyline.

Nous ne pousserons pas plus loin la recherche des matières colorantes dans le vin, car cela nous entraînerait à une étude complète de cette falsification, étude beaucoup trop spéciale pour un traité pratique des vins.

Le plâtrage

Le plâtrage des vins a été longtemps considéré comme tout-à-fait inoffensif au point de vue de la santé publique ; mais les travaux récents de Poggiale, d'Henri Marès et de Chancel ont complètement changé ces idées.

Dès 1854, M. Chancel, dans son rapport fait à la Chambre de Commerce de Montpellier, avait démontré tout ce que le plâtrage du vin à la vendange avait de nuisible pour le vin au point de vue de l'hygiène, et en 1865, MM. Buisset et Buignet, dans un nouveau rapport, arrivaient aux mêmes conclusions.

Nous n'entrerons pas dans la démonstration théoriques des phénomènes de double décomposition qui se produisent dans cette opération ; seulement nous constaterons que le vin plâtré à la cuve est riche en bisulfate de potasse, sel peu stable, et nuisible pour l'organisme en général.

Le seul procédé vraiment pratique et à la portée de tous pour la recherche du plâtrage des vins est la calcination. Ainsi, un vin pur ne donnera généralement pas plus de 1 ^{gr} 900 à 2 grammes de cendre par litre, tandis qu'un vin plâtré ne donnera jamais moins de 2 ^{gr} 400 à 3 grammes de cendre par litre.

L'introduction d'autres agents peut modifier le poids des cendres, mais l'opération aura toujours cette garantie, c'est-à-dire que du moment où un vin donne un résidu de cendre supérieur à 2 grammes, il y a présomption pour que le vin soit fraudé par un produit quelconque. Si ce produit n'est pas le résultat du plâtrage du vin, c'est de l'alun qui aura eu pour but de maintenir une addition de matière colorante quelconque. La présence de l'alun est du reste considérée judiciairement comme une fraude, car son ingestion dans les viscères organiques est nuisible à la longue.

L'administration militaire a chargé M. Marty d'établir une formule unique et pratique pour distinguer immédiatement les vins plâtrés et opérer le dosage du sulfate de potasse dont le poids toléré ne doit jamais excéder 2 grammes par litre. Voici comment Il opère :

On prépare d'abord une solution titrée de baryte. On pèse 14 grammes (exactement 14^{g} 0,068) de chlorure de barium pur cristallisé (Ba, Cl $+ 2$ H 0 $= 122$) préalablement réduit en poudre, et pressé entre des feuilles de papier à filtrer; on les introduit dans une carafe jaugée de 1 litre avec 50 centimètres cubes d'acide chlorhydrique pur et concentré, et une quantité d'eau distillée suffisante pour obtenir 1 litre de liqueur à la température de $+ 15$ centigrades. 10 centimètres cubes de cette solution précipitent exactement 1 décigramme de potasse (K, S O^4).

On prélève ensuite, à l'aide d'une pipette jaugée, 50 centimètres cubes de vin à essayer, et on le verse dans une capsule de porcelaine ou un ballon; on y ajoute, au moyen d'une autre pipette, 10 centimètres cubes de la solution barytique titrée, et après avoir de nouveau chauffé le mélange l'ébullition, on jette sur un filtre. On essaye dans le liquide filtré par une nouvelle quantité de solution barytique : si le vin se trouble de nouveau, c'est qu'il renferme plus de deux grammes de sulfate de potasse par litre, et il doit être rejeté ; dans le cas contraire, il se trouve dans la limite de tolérance et peut être admis.

Alun

La recherche de l'alun dans les vins est une opération chimique des plus délicates, et dont l'exposé sortirait trop du cadre de ce travail ; de même que pour le plâtre, il faut se baser sur ce simple fait, c'est que le poids des cendres d'un litre de vin, dans des conditions normales, ne doit jamais excéder 2 grammes. ce qui est la plus forte moyenne.

Le plomb

L'usage des vaisseaux en étain impur, le rinçage des bouteilles au plomb, etc., etc., peuvent amener dans le vin la présence d'une certaine quantité de plomb, ce qui est très-dangereux pour la santé publique. Le vin, en effet, attaque très-rapidement le plomb et forme des sels solubles qui restent en dissolution dans le liquide. Le procédé pour déterminer la présence du plomb est très-simple. Faites évaporer 100 cent. cubes de vin, calcinez le résidu, traitez par l'acide azotique, puis dans le liquide recherchez la présence du plomb, soit par l'iodure de potassium, qui donne un précipité jaune, soit par l'acide chlorhydrique qui donne un précipité blanc, insoluble dans l'ammoniaque.

Le cuivre

Comme pour le plomb, le cuivre qu'on rencontre dans le vin provient de l'action de l'acide acétique sur les vases de cuivre employés pour manipuler les vins. Le cuivre existe dans le vin à l'état d'acétate; son action sur l'organisme est terrible et peut causer des phénomènes d'intoxication des plus graves.

Pour le rechercher, on fait évaporer du vin, on incinère le résidu qui est repris par l'acide azotique, on évapore, on calcine de nouveau, puis le résidu, repris par l'eau, et traité par l'ammoniaque, donne un beau précipité bleu d'ammoniure de cuivre, si le vin contient ce métal. Ce procédé est simple et pratique.

Le zinc

La présence des sels de zinc est aussi très-mal-
saine dans les vins; pour en rechercher la présence,
on calcine le vin, le résidu est repris par l'eau additionnée d'un excès d'ammoniaque, puis soumis à un
courant d'hydrogène sulfuré; on filtre le liquide troublé, puis on ajoute du sulfhydrate d'ammoniaque qui
donne un précipité blanc s'il y a du zinc.

Ces trois procédés, comme on le voit, sont simples
et n'exigent pas de laboratoire.

L'acide tartrique

L'acide tartrique libre peut exister dans le vin na-
rellement, ou par addition, dans le simple but de donner un peu de tenue aux vins qui sont trop plats.
Cette addition n'a aucun inconvénients pour la santé.

L'acide sulfurique

Pour l'acide sulfurique, la question est plus grave;
cet acide a été introduit dans le vin dans le but d'aviver la couleur, mais son ingestion dans l'économie ani-
male a les plus graves conséquences.

M. Lassaigne indique le procédé pratique suivant
pour en déterminer la présence.

Il dessèche à une douce chaleur deux fragments de
papier tachés, l'un de vin pur, l'autre de vin suspect.
Le premier n'est point altéré, le second roussit avant
que l'autre papier ne se colore, et devient friable sous
les doigts.

Le vin pur laisse par l'évaporation spontanée une tache bleue violacée, tandis que le second donne une tache rose hortensia.

Ce procédé quoique un peu empirique, est cependant d'une exactitude suffisante.

Vins piqués

Il arrive parfois que le vin se pique ; comme on le pense bien, le détaillant n'entend pas le perdre, et il enlève le goût de piqué avec de la craie lavée ou du marbre. Cette fraude est inoffensive pour la santé publique, mais n'en est pas moins une fraude. La constatation de cette altération du vin se fait en évaporant du vin à une douce température jusqu'à consistance de sirop. La masse est prise par l'alcool à 90, puis séparée de son dépôt. C'est dans l'alcool qu'on retrouve les preuves de la fraude. En effet, un vin est piqué par suite de la présence d'un excès d'acide acétique ; l'introduction d'un sel calcaire a amené la formation d'un acétate calcaire qui est soluble dans l'alcool. Il suffit donc de chercher dans l'alcool la présence de cet acétate calcaire, ce qui est assez délicat. On évapore cet alcool, on reprend une partie du résidu par l'eau et l'on traite par l'oxalate d'ammoniaque pour déterminer la présence de la chaux, puis l'autre partie est traitée par l'acide sulfurique. L'odeur caractéristique qui se dégage ne laisse aucun doute sur la nature du produit.

Nous terminerons là cet exposé, renvoyant aux traités spéciaux pour ce qui est de l'étude minutieuse des falsifications.

TROISIÈME PARTIE

VINS MOUSSEUX

Notions préliminaires

Depuis le commencement de ce siècle, l'industrie des vins mousseux a pris un tel développement, que non-seulement la Champagne, berceau de cette industrie, mais tous les pays d'Europe et même d'Amérique s'y sont livrés. Il ne faut pas croire cependant que cette fabrication soit aussi simple qu'elle semble l'être au premier examen. Loin de là : peu d'industries exigent autant de soins, autant de surveillance et surtout d'observations.

Si l'on voulait relater toutes les tentatives faites pour arriver à un bon résultat, toutes les écoles plus ou moins heureuses par lesquelles ont passé nos grandes maisons, on pourrait en écrire un fort gros volume. Mais le but qui me préoccupe en ce moment n'est pas de faire une histoire du vin mousseux, mais simplement d'indiquer par quels procédés simples et pratiques on peut faire mousser du vin dans tous les pays.

Le simple raisonnement fait aisément comprendre qu'il n'y a là aucune impossibilité. En effet, quelle est la cause de la production de la mousse dans un vin quelconque? c'est la décomposition du sucre qui y existe ou qu'on y a ajouté par une fermentation qui le transforme en acide carbonique et en alcool.

Le vin se trouvant dans un vase bien clos, le gaz acide carbonique ne peut se dégager; il se dissout dans la masse liquide et la pression s'élève dans le vase en raison de sa production. Si vous venez à ouvrir le vase, la différence de pression tendant à s'équilibrer, le gaz s'échappe brusquement du vin et produit ce bouillonnement qu'on appelle mousse et qui entraîne une partie du vin hors du récipient. L'art de faire mousser du vin consiste donc à mettre dans un vin quelconque une quantité de sucre suffisante pour produire la somme de mousse cherchée sans s'exposer à briser les bouteilles. C'est là le grand point; c'est cette détermination exacte qu'un grand nombre d'hommes fort instruits ont cherchée en vain, et un seul, jusqu'à nos dernières années, était arrivé à donner des indications pratiques d'une exactitude telle, que l'industrie ne marche plus que dans la voie qu'il a tracée. Cet homme simple et modeste est M. François, pharmacien à Châlons-sur-Marne, qui malheureusement est mort trop tôt pour terminer la série de ses recherches sur les vins.

Depuis quelques années cependant, de nouvelles recherches ont été faites et divers autres moyens ont été proposés pour régler la prise de mousse des vins. Mais, avouons-le, toutes ces tentatives n'ont eu d'autre résultat que de confirmer les travaux de François et d'expliquer certains points restés obscurs dans les recherches de ce praticien, qui n'avait pas à sa disposition les éléments nécessaires pour pousser plus loin ses investigations.

La chimie organique, par suite des travaux de MM. Pasteur et Berthelot, Béchamp, Chancel, etc., a permis d'expliquer une série toute nouvelle de phénomènes qui, jusqu'à ce jour, étaient restés dans l'ombre. On a essayé d'en tirer parti et d'en faire profiter la pratique, mais ces essais ont eu peu de succès, car ce n'est qu'avec une certaine prudence et une grande circonspection qu'on doit préconiser les innovations scientifiques dans l'industrie.

Dans ce manuel je me bornerai donc à donner, premièrement, la pratique, puis, quand cela sera possible, l'explication scientifique du fait.

Dans un grand nombre de cas, la science n'a pas encore pu expliquer les phénomènes ; dans d'autres ses explications seront peut-être un peu abstraites, mais elles sont nécessaires pour les personnes qui désirent continuer ce genre de recherches, qui offre un vaste champ aux observations.

CHAPITRE PREMIER

La vendange. — Du pressurage et des pressoirs. — Soins à
donner au pressurage. — Enfutaillage du moût. — Fermentation du moût. — Soins à donner à la fermentation. — Composition du vin.

La vendange

Avant de commencer ce travail sur la fabrication des
vins mousseux, je crois qu'il est utile de faire connaitre les meilleurs procédés à employer pour faire
les vins destinés à être convertis en vins mousseux.

La méthode d'après laquelle a été fait le vin exer-
çant une action qui se continue jusqu'à la fin de la
fabrication, il est important d'en tenir le plus grand
compte. En effet, si le point de départ a été défectueux,
le résultat final le sera incontestablement ; car, jusqu'à ce jour, malgré les conseils des empiriques, on
n'a trouvé que peu ou point de remèdes contre les
maladies auxquelles sont sujets les vins mousseux.

Les procédés pour faire le vin destiné à être converti en mousseux diffèrent essentiellement de ceux
employés pour faire les vins rouges et même les vins
blancs destinés à être consommés tels quels.

Beaucoup de personnes ont de la peine à se per-
suader que ce principe est fondamental ; rien n'est
cependant plus exact, et l'expérience a prouvé que
la plupart des vins blancs dont l'emploi est impossible pour la fabrication du vin mousseux, devien-
draient parfaitement propres à cet usage s'ils étaient
faits dans de bonnes conditions.

Il est malheureusement constaté que la classe agricole des vignerons est la plus rebelle à toute innovation. Il faut des années et une lutte incessante du commerce pour arriver à faire modifier certains usages, aussi déplorables les uns que les autres. Dans la suite de ce travail j'aurai souvent à y revenir, et j'ose espérer qu'on ne m'accusera pas d'amour de la critique, si l'on me voit si fréquemment attaquer des doctrines passées dans les mœurs, mais qui sont en tout préjudiciables au produit qu'on veut obtenir.

Le vin, par sa composition si multiple, est un produit d'une extrême sensibilité : la moindre influence agit sur lui, le moindre corps étranger en dénature le goût et la finesse ; on ne saurait alors l'entourer de trop de soins. C'est un enfant délicat qui a besoin de soins excessifs jusqu'au moment où il sera suffisamment mûr pour être bu.

La science a fait de nobles efforts pour obvier à une foule d'inconvénients occasionnés par la négligence du producteur, mais elle n'est arrivée qu'à de faibles résultats ; c'est donc aux principes puisés dans les meilleurs auteurs et près des plus intelligents producteurs qu'il faut demander les vrais moyens de bien faire.

La première question qui se pose naturellement est la suivante : Quelle espèce de vin veut-on faire ? C'est du vin mousseux.

Nous allons donc commencer par la description des vendanges, la première et une des plus délicates des opérations, car il s'agit de faire du vin blanc avec des raisins noirs le plus généralement.

Le grand point à observer lorsqu'on veut faire du vin blanc avec du raisin noir, est de choisir avec soin l'époque précise de la vendange. La coutume dite du

ban de vendange doit cesser d'exister, et c'est au vigneron seul qu'appartient le droit de juger le moment propice pour cueillir le raisin. En effet, lorsque le raisin
est bien noir, qu'il est arrivé à son degré complet de
maturité, il faut songer à le cueillir avant que les
grains les plus exposés à l'humidité ne commencent
à pourrir, accident qui a les conséquences les plus fâcheuses pour le vin qui est destiné à la fabrication du
mousseux.

Lorsque le raisin est arrivé à son plus grand degré
de maturité, les grappes sont cueillies avec soin, en
évitant d'écraser les grains. Les ouvriers chargés de
ce travail doivent en même temps enlever les grains
verts et ceux qui semblent pourris; puis, les raisins
bien choisis, bien triés sont mis dans de grands
paniers et apportés de suite au pressoir. On ne saurait recommander trop de précautions dans leur
maniement, car s'ils sont froissés ou écrasés, on
aura une peine infinie à obtenir du vin blanc.

Si nous examinons la conformation d'un grain de
raisin, que trouvons-nous ? une première enveloppe
composée d'un tissu fibreux, dur et résistant: c'est la
peau proprement dite ; puis la chair du raisin ou parenchyme, où séjourne le jus sucré qui doit former le
moût. Si nous étudions avec soin ce parenchyme, nous
verrons que la partie qui est en contact avec la pellicule, ou peau du raisin, a les tissus infiniment plus
compactes et que les canaux, au lieu d'être remplis
d'un jus blanc vert, sont chargés de matières colorantes. Toute cette partie du parenchyme est fortement adhérente à la peau, et si vous pressez le grain,
tout le parenchyme chargé de jus blanc vert sort, et
la partie chargée de la matière colorante reste adhérente à la peau. Cette petite observation, toute simple

qu'elle paraît, s'appuie cependant sur la seule théorie à suivre pour obtenir du vin blanc avec du raisin noir.

Passant de la théorie à la pratique, nous nous efforcerons de faire sortir le jus contenu dans le parenchyme non adhérent et de laisser après la peau la partie colorante. Donc il est évident que dans les soins que les vendangeurs doivent donner au maniement des raisins, il faut éviter d'écraser les grains, car, si les pellicules chargées de matière colorante se trouvent en contact avec le liquide, par la rupture des vaisseaux, la matière colorante se dissoudra, et le liquide sera taché. On voit par là qu'il n'est pas superflu de recommander aux vendangeurs d'apporter les plus grands soins dans leur travail.

Il est une précaution qu'il est également important de ne pas perdre de vue, c'est de pressurer le raisin le plus vite possible après la cueillette. Le raisin se trouvant en masse assez volumineuse dans les paniers où il est placé dans les vignes, lorsque la température est élevée, la masse s'échauffe par suite d'un commencement de fermentation ; les cellules les plus voisines de la peau, c'est-à-dire celles chargées de matière colorante, s'échauffent les premières, se déchirent, et la partie colorée se répand dans le jus du grain de raisin.

Il ne faut jamais tarder plus de vingt-quatre heures pour pressurer la vendange, si l'on veut avoir du vin bien blanc, et même, dans les années chaudes, si le raisin contient quelques grains pourris ou grillés par le soleil, il faut pressurer quelques heures après la cueillette. Le raisin, quand il sort du cep, est chaud ; si on le laisse en masse, la température s'élève rapidement et la fermentation se déclare presque immédiatement.

On voit que les soins à donner aux vendanges ne sont pas sans une importance capitale à divers points de vue.

Si au contraire on récolte du raisin blanc, la plus grande partie des précautions indiquées plus haut deviennent sans importance, mais il en est d'autres qui peuvent, si elles ne sont pas observées, amener la perte totale du vin.

Les maladies les plus graves du vin de raisin blanc sont : la graisse et le jaune ; maladies assez rares dans les vins blancs de raisins noirs, s'ils sont faits avec les précautions indiquées plus haut. Quelles sont donc les causes de ces deux affections si graves ?

La graisse se produit dans les vins qui ont été vendangés : 1° pas assez mûrs ; 2° dans une saison tardive et froide ; 3° dans les vins dont la fermentation a été incomplète. Les deux premières causes de cette affection sont du domaine de la vendange ; nous pouvons les combattre dès le principe.

Ainsi, un raisin blanc, vendangé avant sa maturité complète ne contient pas les éléments constitutifs d'un bon vin. Le moût sera acide, pauvre en sucre et en tannin, par conséquent pauvre en alcool après sa fermentation, et par ce fait, sujet à la maladie de la graisse, ainsi que je l'expliquerai plus tard quand je traiterai des diverses maladies des vins.

La seconde affection, le jaune, provient du cas entièrement opposé, c'est-à-dire quand le vin a été fait avec du raisin d'une maturité exagérée et même pourri, comme cela se pratique dans un grand nombre de vignobles, pour ne pas dire la plupart des pays à vins blancs. Du vin qui a été fait dans de semblables conditions, quelques soins qu'on lui donne plus tard, n'évitera pas cet accident qui le rend tout-à-fait impropre à la fabrication des mousseux.

Le vin de raisin blanc exige au moment des vendanges de grandes précautions et une très-juste appréciation du moment où le raisin est arrivé à son maximum de maturité, mais pas encore tourné, c'est-à-dire que la fermentation visqueuse ne s'est pas encore déclarée, fermentation qui entraîne la pourriture.

J'aurai plus tard occasion de traiter ces différentes fermentations, de les étudier avec soin.

Maintenant, en thèse générale, quand on veut faire du vin, soit avec du raisin noir, soit avec du raisin blanc, pour le destiner à la fabrication du vin mousseux, il est quelques observations pratiques dont il faut tenir compte.

Le raisin provenant de vignes hâtivement dépouillées de leurs feuilles, ne fera jamais que du vin médiocre et il faudra lui prodiguer les plus grands soins, car il aura une tendance à tourner au jaune. Il sera du reste peu agréable au palais, plat et cependant acide; il manquera de tannin et aura des tendances à la graisse. Nous verrons plus tard les soins à lui donner.

Les raisins de vignes gelées sont également peu propres à ce genre de fabrication, car ce sont des raisins venus tardivement des seconds bourgeons et ne se trouvant pas dans les conditions normales.

Les vignes grêlées donnent des raisins d'une qualité tout-à-fait inférieure et qu'on doit séparer avec soin des raisins sains. Il se produit souvent plus tard dans le vin des accidents dont on cherche la cause bien loin et qui souvent ne vient que de ce fait.

Il faut donc que le vigneron exerce une surveillance

active et intelligente sur sa vendange s'il veut avoir
un produit correct et de bonne garde, conditions indispensables pour l'avenir de sa récolte.

Du pressurage ; des pressoirs

Le raisin cueilli est préparé dans de bonnes conditions, il s'agit d'en tirer tout le profit possible et d'appliquer pratiquement toutes nos théories.

Nous sommes par exemple en présence de raisins
noirs avec lesquels nous voulons faire du vin blanc.
Nous savons déjà la composition du raisin : 1° une
peau semblable à du parchemin ; 2° adhérant à cette
peau, une partie du parenchyme à tissu serré, formée
de cellules contenant toute la matière colorante ;
3° le parenchyme contenant la masse liquide blanche ;
4° les pépins et enfin la grappe.

Il s'agit d'extraire le jus blanc le plus rapidement
possible pour que les cellules, contenant la matière
colorante, n'aient pas le temps de se briser et de
rougir la masse liquide. De plus, ne pas laisser le
jus un instant avec la peau à laquelle adhèrent les
cellules colorantes, pour qu'il ne se tache pas.

Il faut remplir deux autres conditions : séparer rapidement le jus de la masse charnue du raisin et faire
que ce jus ne traverse qu'une couche de raisin la plus
mince possible, pour abréger son contact avec les
cellules colorantes.

Le problème a été étudié par une foule d'industriels
et résolu, je crois, à la satisfaction de tous.

Il faut des pressoirs à vaste surface, à pression rapide sans être brusque, et d'un maniement facile
qui permette d'accélérer les diverses opérations du
pressurage.

Je n'étudierai pas tous les systèmes préconisés, je me bornerai à les indiquer : sauf quelques détails, ils remplissent tous le même but.

Le plus ancien des pressoirs est l'étiquet ; c'est encore un des meilleurs, et c'est celui le plus en usage en Champagne : il remplit presque toutes les conditions exigées pour ce genre de travail. (Voir la *figure* P, 6, 7 et 8.)

Depuis quelques années, on a introduit une foule de nouveaux modèles qui ont tous plus ou moins d'avantages à côté de quelques inconvénients. Tels sont : le Châtillonnais, le Nantais, le pressoir Mabile, le pressoir Flamain. Ces deux derniers se recommandent par la facilité de leur manœuvre et leur bonne construction. Dans tous on peut faire du vin bien fait, à la seule condition qu'on observera deux principes, marcs très-minces, pression rapide et sans temps d'arrêt.

Tous ces pressoirs, dont il serait trop long de donner ici la description, ont disais-je des avantages et des inconvénients, et je crois qu'il est préférable de laisser le choix aux propriétaires vignerons, car il dépend beaucoup des usages de tel ou tel pays et des emplacements dont on dispose.

L'essentiel dans l'opération du pressurage est de bien observer les indications données dans le chapitre qui suit.

Soins à donner au pressurage

Maintenant que nous avons examiné la question des pressoirs qu'on peut employer, étudions la manière d'opérer.

Le raisin est amené sur la maie du pressoir ou vaste plancher sur laquelle la pression doit s'exercer.

Il faut avoir soin en le versant de ne pas l'écraser,
ni le fouler avec les pieds, car nous ne devons pas
perdre de vue que nous faisons du vin blanc avec du
raisin noir. La couche de raisin ne doit pas avoir
plus de 50 à 60 centimètres d'épaisseur, et dès qu'il
est arrangé en couche uniforme, on commence à
serrer en ayant soin de ne pas pousser la pression
trop rapidement dans les premiers moments, de
manière à laisser le flot de jus s'écouler librement.

Une fois ce premier jet écoulé, on accélère la pression et dès que le jus ne coule plus avec assez d'abondance, on desserre le pressoir, on relève le marc qui
s'est étalé en s'écrasant et l'on recommence à pressurer vigoureusement. Ce second flot écoulé, on
enlève les planches à pression et au moyen d'une
pelle tranchante, on coupe 25 à 30 centimètres de
chaque côté du marc, qu'on remet sur la masse et
l'on serre de nouveau. Cette opération faite deux
fois, on a tout le moût qu'on appelle cuvée, c'est-à-
dire le moût qui doit donner du vin blanc ou légèrement rosé.

Cette opération du tirage de la cuvée doit durer au
plus deux heures, car si elle se prolonge trop le vin
sera taché.

Cette cuvée est recueillie dans une cuve qui se
trouve sous le pressoir et qui s'appelle barlon ou
bélon. Il faut donc l'enlever avant de pressurer le
marc à nouveau, car il est loin d'être épuré. Un bon
pressoir doit avoir deux barlons, un qui reçoit la
cuvée, l'autre les suites, car si l'on opère rapidement
on peut obtenir des suites ou tailles qui sont assez
blanches pour entrer dans des coupages de vins secondaires propres aux mousseux.

La taille ou suite se tire comme la cuvée, en

coupant le marc à deux reprises et en le serrant rapidement et avec énergie.

Le marc se trouve alors à l'état de ce qu'on appelle un marc gras. Il contient encore du jus, mais ce jus ne fera jamais que du mauvais vin taché et dur; il est donc préférable de le mouiller avec des vins vieux de bonne qualité ou de l'eau sucrée et de le laisser fermenter dans des cuves à vin rouge, pour en faire du vin destiné à la boisson des ouvriers. C'est ce vin qu'on boit généralement en Champagne; il se nomme vebiche.

Maintenant, avant de nous occuper de l'enfutaillage de la cuvée et des tailles, entrons dans quelques détails au sujet de ce qui se passe dans le pressurage et expliquons pourquoi nous recommandons la célérité dans cette opération.

Lorsque vous chargez une maie d'une masse quelconque de raisins, les grains dès la première pression commencent à s'écraser et la partie blanche du parenchyme seule donne le jus. Il faut modérer cette première pression pour que le jus qui sort en abondance ne mouille pas trop la peau du raisin et par ce fait ne dissolve pas la matière colorante qui s'y trouve : cependant il faut assez serrer pour obtenir la plus grande partie du jus, car la partie la plus sucrée est celle qui se trouve le plus près de la pellicule du raisin.

Quand le marc est suffisamment abaissé et qu'on doit le relever pour pouvoir continuer à presser, il faut le faire avec de grands soins, toujours dans le but de ne pas donner occasion à la matière colorante de tacher le moût. Ce n'est donc qu'en pratiquant rapidement ces opérations qu'on ne laisse pas au moût le temps de se tacher.

Également, si le moût reste trop longtemps en contact avec les grappes du marc, il peut en prendre le goût qui, plus tard, tourne à l'amer et rend le vin défectueux pour l'usage auquel nous le destinons.

Un vin destiné à devenir mousseux exige, comme on le voit, de grandes précautions dans sa fabrication première, car, plus tard, lorsque la mousse se produit, le moindre goût, qui serait insaisissable, s'il était bu en nature, se développe d'une manière très-sensible et le rend désagréable.

On peut vérifier facilement ce fait par la différence qui existe entre la cuvée et les tailles, quoique ces dernières soient plus riches en alcool que la cuvée ; mais elles ont un goût de grappe qui leur enlève une partie de leur valeur.

Voici en général les quantités de jus en moût qu'on peut extraire d'un poids donné de raisin vendangé dans de bonnes conditions.

1,500 kilog. de raisin doivent donner :

8 hectolitres de vin de cuvée.
1 hectolitre de 1re taille.
1   —   de 2e   —

Soit en totalité 10 hectolitres de moût.

Il reste bien encore dans le marc une certaine quantité de moût qu'on peut extraire, et qui prend alors le nom de *rebêche*, mais ce vin n'est pas susceptible d'être employé pour la fabrication du vin mousseux.

On remarquera qu'on a séparé les tailles en première et deuxième. C'est une opération qu'il est bon de ne pas négliger, car entre le moût qui forme la première taille et celui de la seconde, il y a toujours une différence dont il est bon de tenir compte. On aura toujours plus tard, après la fermentation, le temps de recouper ensemble ces différentes qualités de tailles.

Les proportions de moût à obtenir que j'indique me sont données à la suite de nombreuses observations et d'une pratique de plusieurs années. En effet, si l'on cherche à trop tirer en cuvée, on s'expose à avoir un goût de grappe ou du vin taché; il est donc préférable de tirer une moins forte proportion en cuvée. Du reste, cela est un peu subordonné à la nature du raisin et à sa maturité.

Les proportions que j'indique pour le vin de raisin noir doivent être également observées pour le vin de raisin blanc, car il prend aussi bien le goût de grappe que le premier.

De l'observation de ces indications générales dépend souvent la réussite de toute une vendange.

Enfutaillage du moût

Le raisin est pressuré, nous avons nos deux barlons, l'un plein de la cuvée, l'autre de la taille; examinons les précautions et les conditions dans lesquelles nous allons les loger pour qu'elles effectuent leur fermentation de la façon la plus favorable.

La première opération à faire est de les débarrasser des plus grosses ordures qui s'y trouvent, telles que pepins de raisin, peaux, sable, débris de toute nature. Pour cela, le moût est logé dans des cuves ouvertes, foudres, muids ou barriques où l'on a eu la précaution de brûler préalablement un peu de mèche soufrée, de manière à ralentir la fermentation et lui donner le temps de se reposer. En effet, vingt-quatre heures après, il est bien reposé, on le soutire et on le loge dans les fûts où il doit rester jusqu'à sa complète transformation en vin.

Ces fûts doivent être lavés avec le plus grand soin, car le moindre goût se développerait rapidement pendant la fermentation s'ils n'étaient d'une extrême propreté. Il est même prudent d'y brûler un léger morceau de mèche, mais très-léger, car un excès pourrait empêcher la fermentation de se développer. On sait que l'acide sulfureux exerce une action très-prononcée sur les phénomènes de la fermentation et même les arrête entièrement.

Autant que possible, il est préférable de loger le moût dans des fûts d'une certaine capacité ; ainsi des fûts de 10 à 20 hectolitres sont préférables aux fûts de 2 hectolitres ; le travail s'y opère avec plus de régularité et l'on a moins de perte au premier soutirage.

Le fût est donc rempli jusqu'à une certaine hauteur de manière à laisser au moût une place suffisante pour fermenter et pas trop grande, de manière que lors de l'ébullition, la plus grosse écume puisse être rejetée au dehors.

Cependant il est certains vignerons qui, au contraire, recouvrent la bonde d'un morceau de papier chargé d'une pierre ou d'une brique, de manière à ne laisser que juste ce qu'il faut de place, pour que l'acide carbonique produit se dégage sans rien entraîner.

Je n'ai pas eu occasion d'établir une grande différence dans ces deux modes d'opérer ; je les crois sans grande importance. Le seul point essentiel est de loger le moût dans des fûts parfaitement propres et de les installer dans un cellier chaud à l'abri des courants d'air, et jouissant autant que possible d'une

température régulière. Un courant d'air froid peut
arrêter la fermentation avant son achèvement complet, ce qui est un accident grave qu'il faut éviter.

La fermentation du moût

Nous voici arrivés au point le plus délicat de notre
travail, la fermentation. Avant d'aller plus loin, je
vais exposer les théories connues sur ce phénomène,
le suivre dans ses principales phases, en un mot,
étudier la fermentation sous toutes ses phases et avec
tout le soin possible.

La fermentation du moût de raisin, c'est l'acte par
lequel le sucre de raisin contenu dans le moût se
transforme d'une part en alcool qui y reste en dissolution, de l'autre en acide carbonique qui se dégage.
Je laisse de côté quelques produits accessoires sur
lesquels nous aurons à revenir quand nous ferons
l'examen détaillé de la fermentation. La fermentation
est l'acte par lequel une molécule complexe se transforme en plusieurs avec dégagement de gaz inodore.
C'est ce qui la distingue de la putréfaction où le gaz
dégagé est fétide. La fermentation ne se produit pas
spontanément, elle n'a lieu que sous l'influence d'un
principe azoté appelé *ferment*.

Le nombre de fermentations est très-grand, et à
chacun de ces phénomènes est attaché un ferment
spécial qui a ses formes, ses caractères, et qui forme
une série de familles distinctes.

Nous aurons à en étudier un assez grand nombre.

Les ferments se développent comme les êtres orga-
nisés de l'ordre végétal; on peut les classer dans les
familles des cryptogames de l'espèce la plus élémen-

taire. Ils se multiplient par bourgeonnement et leur composition chimique est à peu près la suivante :

```
Carbone............................  50.6
Hydrogène...........................   7.4
Azote...............................  15
Oxygène. ...........................  ⎫
Soufre.. ...........................  ⎬ 27
Phosphore ..........................  ⎭
                                     ─────
                                      100
```

Leur forme est globuliforme légèrement ovoïde; ils sont transparents et très-réfringents. Nous y reviendrons du reste plus tard. Ce premier point connu, passons à l'étude de la fermentation alcoolique.

La fermentation alcoolique est une transformation qu'éprouvent les sucres incristallisables sous l'influence de la levure de bière ou d'une autre substance azotée pouvant jouer le même rôle. Elle est caractérisée par la formation de l'alcool et par le dégagement d'acide carbonique.

Le moût de raisin ne contient pas le premier principe appelé levure de bière, mais il contient des matières azotées et albumineuses qui jouent un grand rôle dans les actes de la vie chez les animaux aussi bien que les végétaux, et qui sont indispensables aux phénomènes de la production des ferments.

Il est donc admis en principe et au point de vue scientifique que la fermentation alcoolique se produit sous l'influence d'un ferment qui est un être organisé, doué d'une vie qui lui est propre et qui ne se produit que dans des circonstances identiques. Nous n'étudierons pas ici spécialement cet individu; ce sera plus tard l'objet d'un travail spécial : constatons simplement pour le moment sa présence et les conséquences dérivant de son développement dans le mout de raisin, qui en résumé n'est qu'une simple dissolution de sucre plus ou moins chargée de sels et d'acides organiques et inorganiques.

Les premiers auteurs qui se sont occupés de la grave transformation du mout du raisin en vin ont admis une première hypothèse, c'est que tout le sucre contenu dans le mout se transforme en alcool et en acide carbonique suivant l'équation suivante :

$$C^{12}H^{12}O^{12} = 4CO^2 + 2\,C^4H^6O^2$$

Sucre de raisin.   Acide   Alcool.
carbonique.

soit en poids, 100 parties de sucre de raisin donnant :

Acide carbonique............   48,8
Alcool.   51,2
                               ─────
                               100 parties.

Mais cette formule simple n'est pas l'expression exacte de ce qui se passe, et lorsque Gay-Lussac l'a établie, il ne connaissait pas encore la formation de certains produits secondaires qui naissent chaque fois que le sucre de fruit et même le sucre de canne est soumis à l'influence d'un ferment.

Les travaux de MM. Pasteur et Berthelot ont prouvé d'une manière incontestable que, lorsqu'un sucre fermente, il se forme en outre de l'alcool et de l'acide carbonique, de l'acide succinique et de la glycérine.

Devons-nous nous livrer à une étude spéciale de la fermentation? Nous ne le pensons pas, car, au lieu de faire un ouvrage purement pratique, nous tomberions dans le labyrinthe scientifique d'un ouvrage purement théorique et ne laissant que peu d'issues à la pratique; contentons-nous de savoir que, sous l'influence des matières albuminoïdes du moût, il se développe un ferment apporté par l'air qui, décomposant le sucre de raisin, le transforme en alcool et en acide carbonique qui se dégage en partie; en effet, une partie de l'acide carbonique reste en dissolution dans le liquide.

Le point principal pour nous est de savoir, lorsque nous avons déterminé la richesse en sucre de raisin d'un moût, richesse que nous déterminons par le procédé indiqué à la recherche du sucre dans les vins, quelle sera la richesse en alcool du vin qui sera produit par la fermentation.

Constatons en principe que 100 parties en poids de sucre de raisin donnent :

Alcool........................ 51,11
Acide carbonique............. 48,89

Nous avons en volume :

51,11 d'alcool = 64^{lit},29 à la température de + 15° centigrades.

48,86 d'acide carbonique = 26 litres d'acide carbonique sec à + 15° centigrades.

Ces données sommaires nous permettent d'établir immédiatement quel sera, à peu de chose près, le titre alcool du vin provenant d'un moût dont le sucre aura été dosé avec exactitude.

Mais pour simplifier les calculs, nous donnons un tableau établi par M. Payen, qui donne les calculs tout faits en tenant compte, bien entendu, de la différence qui existe entre le sucre de canne et le sucre de raisin.

Ce tableau donne les résultats aussi exacts que l'expérience peut les donner.

| DENSITÉ | DEGRÉS du densimètre | SUCRE DANS | | VOLUME de | ALCOOL PRODUIT par 100 kilog. | |
		100 litres	100 kilog.	100 kilog. de moût	en litres	en kilog.
		kil.	kil.	kil.	lit.	
1.010	1	2.3	2.3	99.01	1.56	1.54
1.020	2	4.5	4.3	98.94	3.05	2.42
1.030	3	6.7	6.3	97.09	4.54	3.68
1.040	4	9 »	8.3	96.15	6.09	4.84
1.050	5	11.3	10.3	95.24	7.65	6.08
1.060	6	13.5	12.3	94.34	9.14	7.26
1.070	7	15.7	14.3	93.46	10.63	8.45
1.080	8	17.8	16.3	92.59	12.05	9.58
1.090	9	20 »	18.3	91.74	13.54	10.76
1.100	10	22.3	20.3	90.91	15.10	12 »
1.110	11	24.5	22.3	90.09	16.58	13.18
1.120	12	26.7	24.3	89.29	18.06	14.36
1.130	13	28 8	26.3	88.49	19.49	15.49
1.140	14	31 »	28.3	87.72	20.98	16.18
1.150	15	33 3	30.3	86.96	22.54	17.92

De ce tableau, nous pouvons de suite établir, par exemple, qu'un moût de raisin qui pèse au densimètre 1.120 contient en poids 24^{kil},300 de sucre par 100 kilog. de moût ou 27^{kil},700 par 100 litres, et donnera approximativement un vin contenant 18^{lit},06 d'alcool par 100 litres de liquide.

Mais ce chiffre est infiniment plus élevé que celui que donne la pratique, car le moût ne contient pas que du sucre; loin de là, il contient en suspension, non-seulement des matières inorganiques, mais des acides organiques, des matières albuminoïdes, du tartre, etc. Il faut donc prendre un poids moyen pour réduire le poids trouvé au poids probable du sucre, poids que nous pouvons trouver par l'analyse, ainsi que nous l'expliquons au chapitre *Dosage du sucre*.

Pour simplifier les choses dans la pratique, il est admis que le moût contient 25 grammes de matières non fermentescibles par litre et qu'il faut les déduire du poids densimétrique trouvé et pour cela réduire le titre du densimètre de 0,012. Soit le moût précédent pesant 1,120 — 0,012 = 1,108, ce qui donnera 16,20 d'alcool au lieu de 18,06. Ce chiffre n'est pas encore l'expression de la vérité, ainsi que je vais le démontrer.

Lorsqu'on pèse un moût à la vendange, on le prend à la sortie du pressoir, on le filtre rapidement pour éviter les décompositions et on le pèse. Mais le moût est loin d'être aussi pur qu'on le pense ; il contient encore une grande partie de matières étrangères qui agissent sur le densimètre et tendent à fausser le résultat qu'on cherche. Nous avons admis, avec M. Payen, le chiffre de 25 grammes par litre de matières étrangères au sucre et qui influent sur le densimètre, mais ce chiffre n'est que fort empirique et il peut varier dans des proportions assez notables dans certains pays.

De plus, dans la fermentation du moût, il se présente un fait que j'ai presque invariablement constaté dans tous les vins nouveaux de la Champagne qui sont fabriqués, comme on le sait déjà, d'une façon spéciale, de même que dans les vins blancs de tous les pays.

La totalité du sucre n'est pas convertie en alcool et en acide carbonique par la fermentation ; le vin en conserve encore, même des quantités assez notables, pour que nous soyons obligés de consacrer une large place, dans ce travail, à sa recherche et son dosage.

De ce qui précède, nous voyons que le premier point à constater dans un moût, c'est sa richesse en matières sucrées et en acides ; car la présence d'une plus ou moins grande quantité d'acide influe beaucoup sur la fermentation, ainsi que nous le verrons plus tard quand je traiterai de la fermentation en bouteilles.

Notre moût est logé, comme je l'ai déjà expliqué, soit dans des fûts de 2 hectolitres, soit, ce qui est infiniment préférable, dans des fûts de 10 et même de 20 hectolitres. Là, la fermentation se développe rapidement et se fait très-régulièrement. L'évaporation est très-faible par suite de la petitesse de l'ouverture donnant accès à l'air, et je conseille même aux vignerons de mettre sur la bonde de la futaille une feuille de gros papier chargée d'une brique ou d'une pierre plate.

Comme le fût n'est pas plein, les écumes et les matières étrangères ne peuvent être rejetées au dehors par la force de l'ébullition produite par le dégagement du gaz acide carbonique provenant de la fermentation, ce qui n'a aucun inconvénient, car dès que la fermentation s'apaise, elles se précipitent au fond du fût, tandis que leur contact avec l'air peut amener une modification dans ces matières, et occasionner la formation du *mycoderma aceti*, qui, se répandant dans la masse sucrée, transformerait une partie de l'alcool produit en acide acétique C⁴H⁴O⁴ et altérerait le vin produit.

Cette production est très-fréquente dans la fermentation des vins rouges, où dans un grand nombre de vignobles on laisse le raisin écrasé fermenter au contact de l'air et où le chapeau ou masse des rafles surnage sur le liquide.

Dans les vins blancs de raisins noirs, où le moût est débarrassé des rafles, il faut éviter cet accident avec le plus grand soin, sous peine d'altérer le vin. Le simple raisonnement fait comprendre combien il faut prendre de précautions pour que la fermentation se fasse dans de bonnes conditions.

Il est un soin qu'on doit également prendre, c'est de loger les fûts à fermentation dans des celliers à l'abri de tout courant d'air, car le moindre refroidissement peut arrêter la fermentation et empêcher tout le sucre du moût de se convertir en alcool et par cela empêcher le vin de se faire entièrement.

Vous avez alors, dans ce cas d'interruption de la fermentation, un vin qui reste doux et sucré et qui ne s'éclaircit pas bien ; de plus, il est sujet à toutes les maladies qui se développent plus tard, au printemps, quand arrive la seconde fermentation.

Nous aurons à revenir sur ces vins doux, soit naturellement par vice de fermentation occasionnée par le froid, ou par suite d'une opération qu'on appelle le mutage, et que nous décrivons au chapitre *Soins à donner aux vins nouveaux*.

Il y a quelques procédés pratiques pour favoriser la vinification des moûts selon les circonstances qui se présentent.

Quand vous aurez un moût qui, par la quantité de sucre qu'il contient, ne vous donnera pas un vin suffisamment riche en alcool pour assurer sa bonne conservation, il y aura diverses manières de remédier à cet inconvénient.

Le plus simple et le plus logique, celui qui donne les résultats les plus satisfaisants, c'est le vinage à la cuve.

Ainsi, si un moût doit donner après fermentation

un vin n'excédant pas 7 pour 100 d'alcool, quantité insuffisante pour le travail des vins mousseux et même une bonne conservation, il est indispensable d'y porter remède. Pour cela il y a différentes manières de procéder, ainsi que nous l'avons expliqué au chapitre du *Cuvage* dans la fabrication des vins rouges. On devra alors appliquer pour le vinage du moût au moyen de l'alcool les règles indiquées dans ce chapitre; il nous paraît donc inutile de les répéter ici, pour éviter un double emploi.

Il y a encore le procédé du sucrage du moût qui présente d'assez grands avantages, car on évite les droits énormes sur les alcools. Ce sucrage se fait dans les proportions suivantes : 1,600 grammes de sucre par hectolitre de moût donnent 1 degré d'alcool; il faut donc en ajouter autant de fois 1,600 grammes qu'on veut obtenir de degrés en plus. Quant au sucrage, il est bon de le pratiquer quand le moût a commencé sa fermentation et de le faire fondre préalablement dans le moins d'eau possible, 2 parties de sucre, 1 partie d'eau. L'emploi de ce sirop est préférable à celui du sucre en nature, qui peut ne pas fondre en totalité.

Dans le cas où le moût n'est pas assez acide, condition essentielle pour une bonne fermentation, on ajoute avec l'alcool ou le sucre de 75 à 100 grammes d'acide tartrique fondu dans de l'eau par hectolitre de moût, ou ce que nous préférons de beaucoup, de 30 à 50 grammes d'acide citrique pour la même quantité de moût et pour cette raison, c'est que tous les citrates sont solubles tandis que les tartrates le sont peu. De nombreux essais nous ont démontré l'excellence de l'emploi de l'acide citrique qui combat avantageusement une maladie assez commune dans les

vins blancs de raisin noir, le bleu. La fermentation,
dans ce cas, marche convenablement et l'on évite
ainsi l'inconvénient grave d'avoir un vin plat et de
mauvaise garde.

Souvent il arrive aussi qu'après la vendange, la
température se refroidit outre mesure, surtout dans
les années tardives; la fermentation alors ne se produit pas, le moût languit et il est à craindre de voir
se produire la fermentation visqueuse, ce qui entraînerait une perte totale du vin. Dans ce cas, il est
bon d'exciter la fermentation, et voici comment on
procède : on fait un sirop à 25 ou 30 degrés de l'a-
réomètre Réaumur, on le porte à une température de
80 à 90 degrés, et on le verse dans le moût dont il
élève la température et favorise la fermentation. Si
cela ne suffit pas, on a recours au chauffage des lo-
caux où sont emmagasinés les fûts, chauffage qu'on
produit au moyen de poëles.

Tous ces accidents sont assez faciles à éviter et
sauvegardent la production du vin. La grande régularité dans la marche de la fermentation est un des
points les plus importants de la bonne fabrication du
vin, et nous ne saurions trop recommander aux propriétaires d'y apporter toute leur attention, car bien
des pays font des vins défectueux faute de soins.

Il en est de même du fait de les laisser séjourner
trop longtemps sur leur grosse lie, précaution facile à
prendre en opérant un soutirage attentif dès que la
fermentation tumultueuse est calmée. Mais c'est au
chapitre suivant que nous donnerons les renseignements nécessaires à ce sujet.

Composition générale des vins

Avant de pousser plus loin l'étude de la fabrication
du vin, je crois qu'il est bon de mettre sous les yeux
du lecteur un tableau donnant l'ensemble des éléments connus qui composent le vin en général, sauf
à l'étudier après ce tableau, qui nous servira dans le
cours de cet ouvrage et qu'il est bon de consulter
souvent pour se rendre compte de certains phénomènes.

Composition générale et moyenne des vins.

Eau, pour un litre...   De 880 à 900 et a20 centimètres cubes.
Alcool de vin ....   De 80, 100 à 120   —   —

Alcools.
- Alcool butyrique.
- — amylique.
- — acéteux ou aldéhyde.
- — propylique.
- — caproylique.

Éthers.
- Éther acétique.
- — butyrique.
- — œnanthique.
- — vinique.
- — tartrique.
- — malique.
- — amylique.
- — propionique.
- — caproïque.
- — caprilyque.
- — pelargonique.

Matières neutres.

- Huiles essentielles.
- Sucre de raisin ou glycos ou glucose.
- Glycérine.
- Mannite (rare).
- Mucilage.
- Gommes.
- Dextrine.
- Pectine.
- Matières colorantes.
- Matières grasses.
- Matières azotées.
  - Albumine.
  - Gliadine.
  - Ferment.

Sels végétaux.

- Tartrate acide de potasse, de 3 à 6 grammes.
- — neutre de chaux rarement acide.
- — d'ammoniaque.
- — acide d'alumine.
- — d'alumine et de potasse.
- — d'alumine et de fer.
- — d'alumine de fer et de potasse.
- Racémates (produits encore peu déterminés).
- Acétates divers.
- Propionates divers.
- Butyrates divers.
- Lactates divers.
- Malates divers.

Sels minéraux.

Sulfates	à base de....	Potasse.
Azotates	—	Soude.
Phosphates	—	Chaux.
Silicates	—	Magnésie.
Chlorures	—	Alumine.
Bromures	—	Oxyde de fer.
Iodures	—	Ammoniaque.
Fluorures	—	

$$\text{Acides libres.} \begin{cases} \text{Carbonique.} \\ \text{Tartrique.} \\ \text{Racémique.} \\ \text{Malique.} \\ \text{Succinique.} \\ \text{Citrique.} \\ \text{Tannique.} \\ \text{Métapectique.} \\ \text{Pectique.} \\ \text{Acétique.} \\ \text{Lactique.} \\ \text{Butyrique.} \\ \text{Valérique.} \end{cases}$$

La simple inspection du tableau précédent fait facilement comprendre combien le produit qui nous occupe est complexe, et avec quelle prudence nous aborderons ce sujet. Je ne puis cependant donner ce tableau purement et simplement sans en expliquer quelques points et surtout son mode de classement.

Nous venons d'assister à ce grand acte par lequel le jus du raisin, sous l'influence d'un ferment, s'est transformé d'un liquide simplement sucré en un produit qui jouit de propriétés si diverses. L'étude de ce produit a fait l'objet de notre premier ouvrage ; *de l'analyse chimique des vins* ; nous n'y reviendrons donc pas, nous nous bornerons à donner ce tableau avec quelques explications qui donnent une idée générale sur la composition des vins.

Le premier produit que nous avons est l'eau, qui en est la base et forme les 9/10 de la masse. Puis vient l'alcool dont la proportion peut varier de 6 p. 100 à 15 p. 100 en volume du vin. Cette proportion varie suivant les crus, les années, et sous une foule d'influences qui seront étudiées dans le chapitre spécial que je consacre à ce corps, l'élément vital du vin.

L'alcool de vin ou vinique n'est pas le seul qu'on

rencontre ; il s'y trouve encore toute une série d'alcools divers, résultats de la fermentation sous des influences variées ; mais ces alcools n'existent pas tous forcément dans un vin, ils y sont même rares et il faut un certain concours de circonstances pour que leur production s'effectue. Je les note seulement comme indication.

Après les alcools, vient toute une série d'éthers, qui sont la conséquence de la réaction des acides sur les alcools dénommés plus haut. Ces éthers sont assez variés, mais leur étude et leur démonstration ne doivent pas nous occuper, car elles ne sont faites qu'au point de vue de la science pure et transcendante.

Vient ensuite toute une série de produits, sur le compte desquels nous aurons à revenir longuement dans le cours de ce travail, car ils sont de la plus haute importance. Il y a des huiles essentielles qui donnent évidemment au vin son goût, son arome ; il y a une variété très-grande dans ces huiles, mais ce point n'a été traité, jusqu'à présent, que d'une façon assez obscure. Vient ensuite le sucre, car la fermentation ne détruit jamais entièrement le sucre naturel du moût de raisin. Un chapitre spécial sera consacré à son étude : la glycérine, corps dont la présence a été signalée par M. Pasteur, et dont le dosage est d'une grande importance, comme on le verra.

La matière colorante, sur laquelle les savants ont fait une série nombreuse d'observations sans résultats bien certains, car les systèmes sont aussi nombreux que les chercheurs. La liste des matières neutres se complète par une série de produits dont l'étude sort complétement du cadre de ce travail.

La quatrième section des produits isolables du vin

est une longue liste de sels végétaux doubles ou simples, dont la variété dépend beaucoup du cru, de l'âge et des conditions dans lesquelles le vin a été fait et conservé.

Après les sels organiques vient une série fort longue de sels minéraux, acides et bases. Leurs proportions sont très-variables, leur dosage est généralement assez facile.

La liste se termine enfin par une énumération assez longue des acides qui existent dans le vin à l'état de liberté.

On voit que cette énorme nomenclature peut jeter une certaine confusion dans l'esprit d'un chercheur; mais on doit tenir compte d'une chose, c'est qu'un vin ne contient pas tout ce qui est énuméré : c'est simplement l'indication de tout ce qui peut s'y trouver, et encore la liste n'est pas complète; mais pour éviter un abus d'énumération, je limite cette liste.

En donnant ces tableaux, je n'ai d'autre but que de poser des jalons pour les personnes qui veulent un renseignement général sur l'ensemble de la composition possible d'un vin.

CHAPITRE II

Soins à donner aux vins nouveaux. — Des coupages. —
Tannisage et collage.

Soins à donner aux vins nouveaux

Nous voici arrivés à la seconde période de la fabrication des vins. Le moùt est à ce moment transformé en vin, dit vin bouru ; cela nous reporte vers le milieu de novembre ou à la fin, selon que la saison a été plus ou moins précoce ou que l'automne a été plus ou moins chaud.

Dès ce moment, le rôle du vigneron cesse presque entièrement et le travail du maître de chaix ou chef de cave commence. L'expérience va jouer un rôle plus grand que la théorie. En effet, il est fort délicat de prescrire scientifiquement les soins à donner à un vin nouveau ; une étude pratique en apprend souvent plus que les théories les plus savantes. Puis, avec chaque pays, les usages changent, les conditions dans lesquelles le vin se trouve sont très-différentes ; cependant il est une série de soins qu'il est indispensable de donner, et c'est sur ceux-là seulement que nous insisterons ; car le plus souvent ils permettent d'éviter des accidents qu'on voit se produire sans motifs apparents dans la fabrication des vins mousseux et qui proviennent de négligences dans les premiers âges du vin.

Dès que le moùt a cessé de bouillir, c'est-à-dire lorsque la fermentation est arrêtée, le vin devient laiteux, la grosse lie et tous les corps étrangers sont précipités au fond des foudres ou pièces où le vin est logé. Il faut alors le soutirer, c'est-à-dire le séparer de ce dépôt qui, à la longue, peut lui donner un goût désagréable et surtout le disposer à tourner au jaune.

Dans beaucoup de pays, on a la fâcheuse habitude, une fois le vin fait, de le laisser sur la lie jusqu'au printemps ; c'est une grave erreur, quand on destine le vin à la fabrication des mousseux. En Touraine, en Dauphiné, dans le Bordelais, cette coutume est généralement en pratique ; aussi trouve-t-on beaucoup de vins blancs qui deviennent jaunes ou qui sont gras.

Jusqu'à un certain point, ces accidents s'expliquent, surtout quand on se reporte à la théorie des fermentations multiples. En effet, lorsque vous avez mis le moût dans les fûts pour le laisser fermenter, vous ne les avez pas remplis pour éviter qu'au moment du plus fort bouillage, ils ne viennent à déborder, ce qui serait une perte de vin inutile. Il reste donc entre le niveau du vin et l'orifice de la bonde un espace vide qui, lors du bouillage, s'est rempli de débris projetés par la violence de la fermentation. Ces débris se trouvant en contact avec l'air peuvent s'acidifier, se corrompre, enfin se modifier de bien des manières. Si, plus tard, quand le vin est fait, vous ouillez, c'est-à-dire vous remplissez vos fûts sans enlever ces détritus, ils se répandent dans la masse du vin et peuvent y occasionner des fermentations de diverses natures ; car, la grosse fermentation finie, tout le sucre du moût n'est pas disparu, il en reste encore une grande quantité qui se convertit en alcool par une fermentation lente qui continue jusqu'au printemps suivant. C'est là, du reste, la base de la prise de mousse des vins.

Il est donc indispensable de séparer le vin de sa

grosse lie et de le loger dans de nouveaux fûts parfaitement propres et qu'on remplit jusqu'à la bonde.
Il faut toutefois éviter de les fermer trop hermétiquement, car la fermentation continuant, un libre passage
est nécessaire à l'acide carbonique produit ; sans cela
le fût pourrait pousser, comme disent les vignerons.

Ce soutirage doit se faire avec le plus grand soin et
le vin doit être laissé dans les celliers, où il est sujet
aux variations de la température. Le descendre en cave
serait une grande erreur, car les froids de décembre et
de janvier arrivent juste à temps pour mettre fin à la
seconde fermentation lente et permettre aux vins de
s'éclaircir.

Le vin contient cependant encore du sucre, mais cela
est loin d'être un inconvénient ; au contraire, cet élément nous sera d'une grande ressource plus tard. Il
ne faut cependant pas qu'il soit en trop grande quantité.

Il est des pays, en effet, où, pour masquer l'acidité
du vin nouveau, on a l'habitude de le muter.

Le mutage du vin se pratique de la manière suivante : après la vendange, quand le vin est arrivé à peu
près aux trois quarts de la fermentation, on le soutire et on le loge dans des fûts fortement méchés.
L'excès de l'acide hydrosulfureux qui se mêle au vin
arrête entièrement la fermentation et reste sucré.

Le mutage se pratique plus généralement comme
suit : dans un fût de 200 litres on brûle un fort morceau
de mèche, puis on introduit 30 à 40 litres de vin, on
ferme et l'on roule le fût de manière à favoriser la dissolution de l'acide hydrosulfureux, dissolution qui
s'opère facilement, l'acide sulfureux se dissolvant
dans 1/40 de son volume d'eau et 1/700 de son volume
d'alcool. Un litre de vin riche à 10 p. 100 d'acool peut
donc dissoudre environ 76 litres de gaz acide sulfureux.

La première addition de vin faite, on brûle un nouveau morceau de mèche, on ajoute encore du vin et ainsi de suite jusqu'à ce que le fût soit plein ; on ferme et l'on abandonne le tout.

Le vin préparé de cette sorte est ce qu'on appelle muet ; il ne fermente plus et conserve le sucre qui s'y trouvait lors de l'opération du soufrage. Mais il a un grand inconvénient, il est saturé d'acide sulfureux et répand une odeur désagréable dont on ne peut le débarrasser que par des soutirages répétés ; ceux-ci à leur tour ont le défaut de favoriser une nouvelle fermentation qui, cependant, ne s'opère plus qu'imparfaitement.

Le plus grave inconvénient du mutage est la formation de l'acide sulfurique dans le vin. En effet, l'acide sulfureux contenu dans le vin se trouvant en contact avec l'oxygène de l'air, ne tarde pas à se transformer en acide sulfurique qui reste en dissolution dans le liquide où il décompose en partie le tartrate de chaux, forme un précipité de sulfate de chaux et laisse l'acide tartrique libre.

De plus, en brûlant une aussi grande quantité de mèche dans les fûts, il tombe dans le vin une foule de détritus et des sulfures de différente nature qui subissent des décompositions diverses tendant à introduire dans le vin des corps étrangers et surtout insalubres. C'est au mutage ou pour mieux dire au méchage qu'on attribue la présence de l'arsenic dans le vin. Ce corps a en effet été trouvé quelquefois, rarement il est vrai. Le mutage, donc est une pratique qu'il faut éviter ; c'est un conseil que nous donnons aux vignerons.

Diverses tentatives ont été faites pour remplacer le mutage à la mèche par d'autres agents, tels que

les sulfites alcalins. Proust a vérifié les essais par le
bisulfite de chaux et n'a obtenu que des résultats
mauvais; il altérait la couleur du vin et arrivait à
avoir les mêmes inconvénients qu'avec la mèche.

La combustion de l'alun a été aussi tentée, mais
a été reconnue aussi dangereuse que coûteuse. Enfin
on a fait une nouvelle tentative en privant le vin de
son oxygène au moyen de l'oxyde de manganèse;
c'est Olivier de Serres qui l'a indiqué, mais les expériences qui furent faites par ce procédé n'ont pas
donné les résultats indiqués par ce savant agronome.

Le mutage des vins peut encore se pratiquer au
moyen de l'acide Borique, qui est un antifermentescible puissant, mais son abus peut avoir de graves
inconvénients pour la santé publique, aussi son emploi doit-il être fait avec une certaine réserve : il entre
dans la préparation de plusieurs poudres qui se ven-
dent dans le but d'immobiliser les vins. Elles sont
bonnes, employées avec discernement. Quant à l'a-
cide salicylique, ce si puissant antifermentescible, nous
l'avons recommandé; mais il faut éviter de s'en servir pour les vins destinés aux vins mousseux, car il
ne peut plus jamais fermenter et est donc perdu pour
cet emploi, et on doit le laisser pour les vins qui se
consomment en nature.

En résumé, le mutage des vins est une pratique
qui, mal exécutée, a de graves inconvénients, mais
qu'on peut éviter, comme je viens de le dire.

De ce qui précède, il résulte que les soins à donner
aux vins nouveaux sont d'une grande importance, et
que la grosse fermentation étant terminée, il est de
toute nécessité de les séparer de leur dépôt sous
peine de leur voir prendre un goût de lie.

Il est encore un fait à observer, c'est que pour

laisser bouillir le moût, les fûts sont restés en vidange ; pour éviter la perte d'une partie du liquide qui eût été projetée en dehors par suite de l'ébullition. Dès que la fermentation est terminée, le liquide reprend son niveau, mais la bondonnière de la pièce reste encrassée d'une foule de détritus qui au contact de l'air commencent une série toute nouvelle de fermentations, telles que les fermentations acétiques, visqueuses et même souvent putrides.

Si le vin se trouvait en contact avec ces nouvelles fermentations, il en résulterait de graves inconvénients, et souvent on cherche bien loin la cause d'accidents qui ne prennent naissance que dans ce moment délicat trop souvent négligé par le vigneron.

Dans le Jura, par exemple, il est d'usage de laisser pendant des mois entiers les vins dans les fûts où ils ont fermenté ; on se contente d'en faire le plein. Naturellement tout les débris qui se trouvaient autour de la bondonnière restent plongés dans le liquide et y répandent des germes de fermentations aussi dangereuses que nuisibles pour les vins. Puis, ce séjour trop prolongé sur la grosse lie, qui renferme tant d'éléments de fermentations diverses, s'ajoute aux causes précédentes et est incontestablement la seule raison qui fait que les vins blancs de ces pays sont généralement jaunes, gras et disposés à tourner à la fermentation acétique. Une observation plus soigneuse des causes de l'altération des vins aurait fait changer de mode d'opérer aux vignerons de ces contrées, mais la routine est bien difficile à vaincre.

La Touraine, la Gironde, le Midi de la France, commettent la même faute dans la confection de leurs vins blancs, et c'est à ce manque de soins intelligents qu'on doit attribuer cette série innombrable

d'accidents qui arrivent aux vins de ces pays. En
Champagne, au contraire, dès que le vin a cessé de
bouillir, il est séparé de suite de sa grosse lie ; aussi
les accidents de la graisse sont-ils fort rares, et souvent une légère addition d'alcool et de tannin suffit
pour les corriger.

Le vigneron ne se préoccupe jamais assez des premiers soins à donner à un vin nouveau ; il ne se per-
suade pas que c'est comme un jeune enfant et que
des premiers soins qu'il reçoit dépendent souvent ses
futures qualités et son existence tout entière. Dans
nos contrées de la Champagne, les soins sont poussés
à l'exagération, mais le vigneron est largement ré-
compensé de ses peines par le prix qu'il trouve de
son produit.

Des coupages

On appelle *coupage des vins*, en terme pratique,
l'opération qui consiste à mélanger ensemble diverses espèces de vin qui doivent composer ce qu'on
appelle les cuvées.

En effet, dans un pays vignoble comme la Champagne, où la propriété est divisée à l'infini, chaque
propriétaire ne récolte qu'une petite quantité de vin ;
donc, lorsque le négociant veut composer une partie
de vin dite cuvée de 1.000 à 2.000 hectolitres pour
avoir un vin identique avant la mise en bouteilles,
il doit procéder à un mélange de vins venant de chez
un grand nombre de propriétaires. C'est ce qu'on
appelle un coupage.

Dans nos pays de Champagne, ce coupage consiste
à mêler ensemble des vins de différents crus de la
contrée pour obtenir un vin présentant les qualités

requises pour le pays auquel il est destiné. Ainsi, lorsqu'on veut faire des vins mousseux destinés, soit à l'exportation anglaise ou allemande, il est évident que les éléments ne seront pas les mêmes. Dans le premier pays, il faut des vins riches en alcool et en goût ; dans l'autre, il faut des vins plus fins, plus légers, plus agréables ; l'opération du coupage est donc laissée entièrement à l'appréciation du négociant, qui l'opère selon les besoins de sa clientèle.

Les coupages doivent se faire, autant que possible, dans de grands foudres munis à l'intérieur d'un agitateur, de manière à bien mêler ensemble les divers vins qu'on y fait entrer.

C'est également à ce moment qu'on ajoute l'alcool nécessaire pour amener le vin au titre alcoolique qu'on désire lui donner. Ce titre alcoolique s'obtient par des essais préalables que nous décrirons au chapitre *Dosage de l'alcool des vins.*

C'est également au moment du coupage qu'on doit lui faire subir les deux opérations appelées le tannisage et le collage.

Nous consacrons un chapitre spécial à ces deux opérations, qui doivent avoir une grande influence sur la suite du travail que le vin aura à subir.

Quand on procède au coupage, il est certaines précautions à prendre sur lesquelles nous ne saurions trop insister. Chaque pièce de vin doit être dégustée séparément pour s'assurer si l'une d'elles n'a pas un goût étranger, goût de fût, goût de moisi ou de piqué. En effet, on comprendra facilement que l'introduction d'une seule pièce de goût défectueux dans un coupage de 100 hectolitres, peut compromettre toute la partie.

Aucun produit n'est plus délicat que le vin, et le

moindre goût se développe avec une rapidité vraiment effrayante.

Il faut également se bien assurer si le vin n'est pas bleu, maladie sur le compte de laquelle nous aurons à revenir; car un vin bleu, s'il n'est pas soigné dès le début de la maladie, peut compromettre une cuvée tout entière sans qu'il soit possible d'y remédier.

Les plus grandes précautions doivent être prises dans le choix des vins qui entrent dans un coupage, sous peine de compromettre le bon résultat de cette importante opération.

Nous recommandons donc aux chefs de maison, aux maîtres de chaix ou de cave d'apporter la plus grande surveillance à cette opération.

Je ne parlerai pas des coupages de vins rouges ; ils ont été décrits dans la première partie de ce travail.

Tannisage et collage des vins

Nous venons de procéder à une première opération qui a consisté à former ce qu'on appelle la cuvée ; nous nous trouvons en présence d'une masse plus ou moins considérable de vin à laquelle nous allons faire subir une des premières opérations préparatoires pour la mise en bouteilles et la prise de mousse.

La première opération à lui faire subir est le tannisage.

Tous les vins blancs de la Champagne, qui, en général, sont obtenus avec des raisins noirs, ne contiennent pas les éléments de conservation suffisants.

En effet, le moût n'ayant eu, pour ainsi dire, aucun contact avec les grappes et surtout les pépins du raisin, les vins sont très-pauvres en tannin ou acide tannique. Par suite de l'absence presque totale de cet agent, ils sont sujets à une foule de maladies, et une entre autres, la plus grave, la graisse du vin.

La maladie de la graisse du vin est produite par la présence dans ce liquide de la gliadine : cette matière est très-abondante dans le blé et dans la vigne, par suite dans le raisin. La fermentation du moût ne la détruit pas, les principes astringents seuls la précipitent.

Dans les premières années de la fabrication des champagnes mousseux, il arrivait souvent qu'après la prise de mousse, on avait des vins lourds et huileux, autrement dit des vins gras. Aucun remède n'avait encore été trouvé pour combattre ce grave accident qui entraînait la perte totale du vin ; car il était impossible de l'obtenir clair et limpide, condition indispensable pour une bonne fabrication.

On avait essayé en vain de le surcharger d'alcool, ce qui empêchait la prise de mousse sans combattre la graisse ; on essaya alors de diverses espèces de colles ; rien ne faisait, et les accidents se reproduisaient toujours.

Vers 1835, M. François, pharmacien de Châlons, introduisit dans la fabrication du champagne un nouvel agent, le tannin. En effet, il avait, à la suite de nombreux essais, constaté que la glutine et la gliadine étaient coagulées et précipitées par le tannin. Il appliqua immédiatement sa découverte aux vins et régla les proportions dans lesquelles on devait employer cet agent, et, depuis, l'accident de la graisse ne se reproduisit plus.

Voici comment nous conseillons de procéder au tannisage des vins.

Une fois la cuvée terminée, au moment de vider le

foudre à coupage dans les fûts où doit s'opérer le collage, vous les remplissez à moitié, puis vous additionnez le vin qui y est contenu de quelques centilitres
de la solution suivante :

Alcool à 90.............................   50 litres.
Tannin à l'alcool....................   5 kilog.

Ce qui représente **1** gramme de tannin pur par
centilitre d'alcool. Cette solution se fait en mélan-
geant dans un petit fût 50 litres d'alcool avec 5 kilog.
de tannin. On roule le fût pendant vingt-quatre heures
environ, puis on met en bouteilles sans filtrer.

Quelques personnes filtrent le liquide, mais je condamne cet usage, car j'ai constaté que la solution
trouble a infiniment plus d'action que la solution
claire.

Il faut mettre environ 4 à 5 centilitres de cette solution par hectolitre de vin nouveau pour avoir un bon
résultat ; ce qui représente 4 à 5 grammes de tannin
par hectolitre. On agite fortement le vin, on finit de
remplir le fût, puis on laisse agir pendant vingt-quatre
heures au moins avant de procéder au collage.

Il nous est arrivé souvent de rencontrer des vins
qui ont exigé de 6 à 7 grammes de tannin par hectolitre. Du reste, comme base, on peut dire d'avance que
ce qu'on appelle les petits vins blancs exigent des
quantités de tannin infiniment supérieures aux grands
vins.

Mais avant de passer à l'exposé de cette opération,
je vais indiquer le mode qu'il est bon d'employer pour
fabriquer le tannin dans le cas où l'on voudrait être
plus sûr de sa parfaite pureté, quoique dans le commerce on le trouve généralement assez pur.

Prenez de la noix de galle, concassez-la de la grosseur de la poudre de guerre, introduisez-la dans un appareil à déplacement et traitez par un mélange à parties égales d'alcool et d'éther. Il faut employer de l'éther parfaitement neutre. On sépare le liquide de l'acide tannique par la distillation et enfin par l'évaporation spontanée à l'air libre. On obtient ainsi une poudre cristalline blanchâtre qui est de l'acide gallotannique. Ce produit peut être employé tel quel.

On peut également traiter la noix de galle pulvérisée par l'alcool pur. Je préfère, du reste, ce procédé, car l'éther n'étant pas toujours très-pur, il peut donner aux tannins divers goûts peu agréables.

Le tannin de la noix de galle n'est pas le seul employé, mais c'est, à mon avis, le meilleur de beaucoup. Quelques personnes ont employé le tannin du cachou et même de la gomme kino, mais je conseille de les rejeter comme présentant des inconvénients.

Le tannin ayant agi pendant vingt-quatre heures sur le vin, il faut procéder au collage du coupage de la manière suivante :

Le fût est mis en vidange de 15 à 20 litres de vin s'il est de grande capacité, de 5 à 6 litres si c'est une simple barrique. Ce vin est mis de côté, puis dans un bassin en cuivre étamé on met un litre de la colle dont nous donnerons la composition plus loin ; on y ajoute peu à peu le vin en battant le mélange avec un paquet de petits osiers, de manière à bien émulsionner la colle. Quand le mélange est fait on verse le tout dans le fût, et au moyen d'un bâton, on agite la masse de manière que la colle s'y divise également. Cela fini, on remplit le tonneau et l'on bondonne légèrement.

Cet exposé primitif du collage, où en quelques mots

j'ai exposé la pratique générale, mérite de longs et
nombreux éclaircissements dans lesquels je vais successivement entrer.

Quel est d'abord le but du collage et son principe ?
pourquoi est-il urgent de coller du vin et qu'espère-t-on
de cette opération ? C'est à ces différentes questions
que je vais tâcher de répondre.

Lorsque vous avez retiré un vin de dessus sa grosse
lie, vous n'avez jamais pu l'obtenir à un degré de
clarté suffisant. Malgré toutes les précautions prises et
un repos même assez prolongé, il reste en suspension
dans la masse une foule d'éléments qu'il est tout-à-fait
impossible d'en éloigner, même par des soutirages
répétés, qui auraient le grave inconvénient de mettre
trop fréquemment le vin en contact avec l'air et par
ce seul fait de favoriser des fermentations nuisibles.

Le *mycoderme*, qui a favorisé et produit la fermentation, est tellement ténu, tellement léger, qu'il reste
en suspension dans le liquide. Il faut l'éloigner à
tout prix, sous peine de le voir, par un fréquent contact avec l'air, se transformer en *mycoderma aceti*,
l'ennemi le plus redoutable du vin. De plus, le vin
retient en suspension une foule de débris qui ne se
déposent pas. On ne pourrait donc en soutirant le vin
qu'en obtenir une faible quantité bien claire et l'on aurait une perte considérable de produit, inconvénient
qu'il faut éviter, vu le prix élevé de la marchandise.

Nous avons, d'un autre côté, introduit dans le vin
une quantité plus ou moins grande de tannin, qui agissant sur la gliadine et la coagulant, l'a troublé. Il faut
précipiter ce nouveau produit et enlever l'excès de
tannin ajouté. Je dis excès, car il est rare que nous
n'en ayons pas introduit un petit excès; excès indispensable pour une bonne fabrication.

Nous devons donc employer un moyen mécanique pour nous débarrasser de tous ces éléments complexes qui peuvent mettre une entrave plus ou moins sérieuse aux opérations auxquelles nous allons procéder.

Les praticiens ont, depuis des temps immémoriaux, employé divers éléments qui, agissant mécaniquement sur la masse, ont obtenu sa clarification parfaite.

Les principaux agents employés furent successivement :

La gélatine ;

L'albumine du blanc d'œuf ;

Le sang ;

Le lait et même la crème ;

Des poudres gélatineuses ;

La colle de poisson ;

Toutes ces matières agissent de la même manière, mais n'ont pas les mêmes propriétés, et quelques-unes présentent de graves inconvénients.

Examinons donc la meilleure, sauf à étudier ensuite les autres, leurs inconvénients et leurs avantages.

Premièrement, ne perdons pas de vue ce principe, c'est que nous agissons sur des vins blancs et que, par conséquent, nous devons rester dans des limites d'action assez restreintes ; de plus, nous agissons sur un vin nouveau, très-nouveau même, car il n'a que quelques mois, et nous devons éviter d'y introduire des éléments qui pourraient provoquer de nouvelles fermentations nuisibles pour le résultat que nous cherchons.

La colle de poisson, ou ichthyocolle, est formée des débris membraneux intérieurs de la vessie natatoire de l'esturgeon. Cette substance, lorsqu'elle est pure, n'a ni odeur ni saveur, et peut se mêler aux liquides les plus délicats sans en altérer le goût, la saveur et la finesse.

La colle de poisson a une double action dans le vin : elle agit premièrement mécaniquement, car elle y forme une immense nappe ou tissu très-serré qui, en se précipitant vers le fond du fût, entraîne tous les corps étrangers qui y sont en suspension; secondement, la matière gélatineuse qu'elle renferme se dissout dans le vin et se trouvant en présence d'un excès d'acide tannique, se combine avec ce dernier, forme un tannate de gélatine insoluble dans l'eau, qui se précipite et clarifie le vin.

Cet élément est donc doublement utile.

Il est une petite considération qu'il ne faut également ment pas perdre de vue.

La colle de poisson cède au vin un excès de gélatine, matière très-riche en azote et qui, plus tard, servira d'élément pour favoriser le développement des mycodermes du vin.

La colle se prépare de la manière suivante : elle arrive d'Asie en plaques assez volumineuses qu'il est impossible d'employer dans cet état.

On la déchire en petits fragments les plus petits possible, on les lave avec soin, puis on les met tremper dans de l'eau pendant douze ou vingt-quatre heures, suivant que la colle est plus ou moins sèche.

L'eau agit sur la colle, la gonfle, la boursouffle et la rend facile à diviser.

Ce premier résultat obtenu, on la sépare de l'eau, on la réunit en pelottes compactes, qu'on pétrit avec le plus grand soin jusqu'à ce qu'il n'y ait plus aucun morceau dur, et qu'elle soit toute transformée en une pâte molle facile à délayer dans du vin. C'est, en effet, ce qu'on fait; on l'étend successivement jusqu'à ce que le liquide représente 5 grammes de colle sèche par litre de liquide. La colle, à cet état, forme un liquide un peu visqueux qu'on conserve dans un fût bien bouché.

Pour préparer 1 hectol. de colle, il faut donc prendre 500 grammes de colle de poisson sèche, soit 5 grammes de colle par litre de liquide.

Lorsqu'on veut employer la colle, on en prend 1 litre par pièce de 2 hectol. de vin à coller, c'est-à-dire la représentation de 5 grammes de colle sèche.

On met la colle dans un bassin en cuivre ou en bois, puis on l'étend de 5 à 6 litres de vin; on bat bien le tout avec un balai d'osier comme si l'on voulait battre des œufs en neige; quand le mélange est bien intime, on verse le tout dans le tonneau à coller, puis on bat fortement. La colle se trouve ainsi répartie dans toute la masse du liquide et son action commence immédiatement.

Dans des conditions normales, l'effet de la colle est produit au bout de dix ou douze jours; du reste, il est à observer que dès que l'effet est produit, il est bon de ne pas laisser les vins sur colle; on a tout intérêt à les soutirer et par cela à les débarrasser de tout ce que le collage a entrainé de dépôt au fond de la pièce.

Maintenant, passons à l'exposé des diverses précautions qu'il est bon de prendre pour coller le vin dans de bonnes conditions.

Lors des premiers coupages, qui se font généralement en janvier, l'opération du collage réussit presque toujours; mais si l'on pratique cette opération vers le mois de mai ou de juin, les accidents deviennent fréquents.

Les fûts à coller doivent être dans un local le moins impressionnable possible aux variations de la température, plutôt frais que chaud. La cave est sans contredit le meilleur endroit. La moindre variation dans la température et dans la pression barométrique changent les conditions dans lesquelles la colle se trouve au sein du liquide, et vous avez alors un accident appelé *la colle remonte*. Ce qui, en effet, se présente quand la température s'élève ou que la pression diminue.

Si donc vous avez à coller des vins dans la saison chaude, il est absolument indispensable de procéder à cette opération en cave.

Un courant d'air dans le local où sont les vins collés suffit également pour faire remonter la cole et par cela annuler entièrement l'opération. .

Dans la saison chaude, quand du vin vient de voyager et que sa température dépasse 15 degrés, il ne faut pas procéder au collage , ce serait peine perdue, la colle ne prendrait pas.

Du reste, malgré toutes ces précautions, il arrive souvent que, même après un collage fait dans les meilleures conditions, un vin reste ce qu'on appelle bleu, c'est-à-dire opalin. Ce vin est évidemment alors dans de mauvaises dispositions ; il est malade, et un collage répété serait impuissant pour lui rendre une clarté suffisante ; il faut le traiter, mais nous parlerons de cela au chapitre *Maladie des vins*.

Quelques négociants emploient pour le collage des vins la colle de poisson modifiée comme suit : au lieu de faire une simple émulsion de colle de poisson dans du vin, ils additionnent la colle d'une certaine quantité d'acide tartrique. Ils en mettent environ 5 grammes par litre de colle, ce qui équivaut à 500 grammes

de colle de poisson et à 500 grammes d'acide tartrique
pour 100 litres de vin. Chaque litre de colle contient
donc 5 grammes de colle, 5 grammes d'acide tartrique.
Ce procédé, que j'ai eu occasion d'essayer à diverses
reprises, m'a souvent donné de bons résultats, surtout lorsqu'on a affaire à des vins pauvres en acides et
plats. Quand le vin a une tendance à devenir bleu,
c'est un des remèdes les plus efficaces.

Le collage est une des opérations qui exigent le plus
de soin et une grande attention, car il y a inconvénient à le répéter si la première opération a été faite
sans succès.

Nous concluons de ce qui précède que la colle de poisson est le meilleur agent à employer. Passons maintenant à l'étude des divers autres procédés de collage.

La gélatine. — Ce produit est fait souvent avec des
vieilles peaux, des tendons, qui ne sont pas toujours
d'une entière fraicheur et qui, le plus souvent, ont
déjà subi un commencement de putréfaction ; on en
connait principalement deux, la *colle de Flandre* et
la *colle de Givet*.

La gélatine peut introduire dans le vin des éléments
de putréfaction fort dangereux et lui donner un goût
désagréable ; de plus, elle donne en se précipitant un
dépôt floconneux, très-léger et volumineux, des lies
très-légères, ce qui rend le soutirage extrêmement
délicat et augmente la quantité des *bas vins* ou vins
troubles qui restent au fond du fût, ce qui est une perte
assez considérable, surtout quand on opère sur des
vins chers, cas fréquent en Champagne, où généralement le prix des vins est fort élevé.

Je recommande donc d'éviter ce procédé de collage
pour les vins destinés à la fabrication des vins mousseux.

Cependant, dans certains cas, il ne faut pas être absolu, et j'ai vu parfaitement réussir la gélatine Lainé pour des vins, pauvres en alcool, qui ne s'éclaircissaient pas.

Voici comment il faut l'employer. Procéder premièrement à un fort tannisage 6 à 7 g^es par hectolitre puis 24 heures après coller avec la dite gélatine.

Ce traitement énergique peut donner de bons résultats, mais je crois qu'il ne faudrait pas en abuser pour nos vins de Champagne déjà si délicats.

Les blancs d'œufs crus se rapprochent infiniment plus de la colle de poisson qu'aucun autre procédé de collage ; seulement, le prix en est assez élevé, ce qui est une considération à noter.

L'albumine du blanc d'œuf est aussi inaltérable que la colle de poisson, et, pour l'employer, comme elle est extrêmement soluble dans l'eau, on l'additionne d'une certaine quantité de sel marin (chlorure de sodium), 125 grammes environ pour dix œufs, ce qui la rend moins soluble et favorise sa coagulation dans le vin. Le sel, lui, se précipite dans les lies, car il est presque insoluble dans l'eau alcoolisée.

Cependant le collage au blanc d'œuf a quelques inconvénients : il dépouille trop énergiquement le vin, et je crois qu'il faut réserver ce procédé uniquement pour les vins rouges. De plus, c'est un procédé long et délicat, inconvénient grave pour une fabrication en grand.

Le sang de bœuf a été également employé par divers praticiens. On commence par le faire sécher et on le réduit en poudre. Pour l'employer, on délaie cette poudre dans de l'eau ; il se forme une émulsion de la partie soluble ou sérum, et il reste une masse rougeâtre qui est la matière colorante du sang. Cette matière est un absorbant énergique, qui réagit assez fortement sur le vin, peut l'appauvrir et abandonner à la masse liquide une certaine quantité de matière colorante.

L'albumine du sang agit comme l'albumine du blanc d'œuf; seulement il est à observer que le sang se conservant très-difficilement, on n'est jamais bien sûr du produit qu'on emploie et cette considération rend ce collage très-dangereux.

Toutes les poudres que livre le commerce pour le collage des vins, telles que la *pulvérine Appert*, etc., la poudre de Jullien ne sont autre chose qu'un composé de sang desséché, plus ou moins bien préparé.

Nous conseillerons aux praticiens de se tenir en garde contre l'emploi de ces agents pour les vins blancs; pour les vins rouges, l'inconvénient est moindre.

Il est enfin un dernier procédé, qui a été prôné par bien des praticiens, c'est le collage au lait.

Le lait s'emploie de deux manières, soit écrémé, soit non écrémé. Son action a une grande analogie avec celle du blanc d'œuf; en effet, il contient un principe appelé caséine (caseum) qui est coagulé par l'alcool et qui, se précipitant rapidement, opère également la clarification des vins.

Le lait peut être employé pur ou additionné de sel marin; mais dans ces deux cas son action est identique, de même que lorsqu'il est écrémé ou non.

Le grand inconvénient de l'emploi du lait est facile à saisir quand on se rend compte de la composition de cet agent.

Le lait contient une assez grande proportion de sucre de lait et d'acide lactique, deux agents qui se décomposent facilement et qui donnent lieu à des fermentations très-diverses. Il y aurait de la part du maître de chaix une grande imprudence à introduire dans son vin de semblables éléments, car tous les deux restent en dissolution dans la masse, n'étant nullement entraînés par la caséine qui se précipite. De plus, le lait contient des corps gras également très-solubles dans l'eau alcoolisée, ce qui serait encore un inconvénient grave pour l'avenir.

Comme on le voit, le lait doit être rejeté comme procédé de collage quoique ce soit un agent peu coûteux et facile à se procurer en bon état.

Il est un procédé peu connu et peu usité pour le collage des vins, que nous ne pouvons cependant passer sous silence : c'est le collage au moyen de l'alumine à l'état de gelée. Ce procédé, quoique peu pratique, est cependant assez intéressant pour que nous en donnions la description.

Pour coller une pièce de vin de 2 hectolitres, prenez :

1 kilogramme d'alun, faites-le fondre dans 20 litres d'eau, puis additionnez de 10 litres d'eau dans laquelle vous avez fait dissoudre 1 kilogramme de carbonate de soude cristalisé.

Il se forme immédiatement un précipité blanc floconneux d'alumine ; on laisse déposer, on décante, on lave l'alumine à plusieurs eaux, puis on filtre sur une toile fine ; cela fait, on recueille l'alumine et on la délaie dans le vin. Très-peu de temps après, l'alumine se coagule et se précipite en plaques minces et le vin est parfaitement clarifié.

Par ce procédé, vous n'avez rien introduit dans le vin, car les acides attaquent assez difficilement l'alumine, et le peu qui aurait pu être transformé en sels doubles par les acides forme des bisels insolubles qui se précipitent. Leur présence, dans le vin ne présente du reste, aucun inconvénient.

Mais le côté faible de ce procédé est sa complication et sa longueur, puis son prix de revient trop élevé.

Je conclus de nouveau que le collage à la colle de poisson est le plus pratique et le meilleur sous tous les rapports et celui que je conseille aux praticiens.

Le collage des vins étant opéré dans de bonnes conditions, dès que ceux-ci sont clairs, il est urgent de procéder au soutirage, c'est-à-dire à leur séparation du dépôt qui s'est formé par suite de l'opération du collage.

Cette opération, je ne la décrirai pas au point de vue matériel, car c'est un détail qui regarde l'ouvrier tonnelier, qui connait les précautions à prendre pour ne pas troubler le vin ni faire remonter le dépôt et, par ce fait, détruire les bénéfices du collage.

Je me bornerai à indiquer quelques précautions à prendre.

Les fûts qui doivent servir au soutirage doivent être d'une entière propreté, bien francs de goût et dans un état parfait. Les tampons et les bondons destinés à les fermer doivent également être neufs ou bien lavés. De plus, il est préférable, quand on a soutiré la première pièce, de la bien laver et de s'en servir pour soutirer la seconde et ainsi de suite ; on est assuré, par cela, de ne pas avoir à redouter de changer le goût ou la finesse du vin, car il se trouve mis dans un fût imprégné du même vin, et le rinçage n'a d'autre but que d'enlever le dépôt qui pourrait y rester malgré l'égouttage le plus soigné.

Cette opération doit se faire rapidement et les fûts remplis jusqu'à rase bonde et scellés avec force pour que l'air ne vienne pas altérer le vin.

Les pièces une fois pleines doivent être descendues
en cave si le collage a été fait au cellier, et placées
sur des chantiers qui les élèvent de 15 à 20 centimètres du sol, car le contact d'un fût avec un sol
humide peut lui communiquer un goût de moisi que
rien ne peut enlever sans l'altérer fortement.

Le vin à cet état est prêt à être employé; nous allons donc procéder aux essais qui vont nous guider
pour convertir ce vin bien franc et bien clair en vin
mousseux.

CHAPITRE III

Maladies des vins. — Le bleu, — La graisse. — Fleurs. — Vins
piqués. — La pousse. — L'acescence des vins (acide acétique).
— Le tour. — Le jaune. — Vin amer.

Maladies des vins en cercle

Le vin, comme on le voit par ce qui précède, est un
liquide d'une grande délicatesse, par cela même sujet à une foule d'accidents et de modifications que
nous appellerons maladies.

Nous allons les exposer successivement sans nous
préoccuper de la nature du vin à traiter, embrassant
dans ce résumé toutes les maladies en général.

Le bleu

La première maladie que nous étudierons est le
bleu. C'est un accident qui se produit assez fréquemment dans les vins blancs.

Ainsi un vin qui est assez clair dans le fût où il a
fermenté, mais qui n'a été ni soutiré, ni tannisé, ni
collé, est soutiré pour le séparer de sa grosse lie; il
est tannisé et collé. Au lieu d'avoir un vin vif et
clair, les trois opérations ont obtenu un résultat diamétralement opposé. Le vin, comme disent les ton-
neliers, n'a pas pris la colle, il est trouble et par
transparence a un reflet bleuâtre. Cet accident, fort
grave, se produit dans diverses circonstances qu'il
faut examiner avant de se faire une opinion sur la

cause déterminante de ce phénomène et les préservatifs qu'on peut y apporter.

La maladie du bleu se produit principalement
dans les vins pauvres en alcool et en acide, en un
mot dans les vins dits plats. Si vous évaporez un litre
de ce vin, il ne vous donnera qu'un faible résidu
comparativement à un vin dans de bonnes conditions.

Le bleu des vins a été attribué à diverses causes;
nous allons les relater, puis nous donnerons notre
avis que nous espérons faire prévaloir, nous basant
sur les travaux de M. Pasteur.

M. Maumené attribue la formation du bleu dans
les vins à ce que le ferment devient subitement soluble et reste en suspension dans la masse liquide.
Nous ne partageons pas cette opinion.

Les soutirages fréquents occasionnent la fermentation du bleu dans les vins; cela est un fait constaté et
qui rentre dans notre manière de voir.

Le bleu du vin, pour nous, est le résultat d'une nouvelle fermentation, c'est une altération. En effet, ob-
servez au microscope un vin bleu au moyen d'un
objectif donnant au moins 1.000 diamètres, vous
apercevrez une foule de vésicules flottantes dans la
masse. Pour nous, c'est un mycoderme nouveau, ayant
une grande analogie avec le *mycoderma aceti* et le
mycoderma croceum, dont nous avons donné la description dans le *Journal d'agriculture pratique* en
1867, p. 250, t. Ier. L'existence de ce mycoderme est
très-éphémère, elle se produit dans certaines conditions toujours identiques.

En effet, les vins où vous voyez se produire cette
maladie sont généralement plus riches que les autres
en matières azotées et pauvres en acides et en alcool.

En effet, la simple élévation du titre alcoolique et du titre acide suffit le plus souvent pour faire disparaître la maladie.

J'ai, à la suite de nombreuses observations microscopiques, faites avec l'objectif n° 10 à immersion de M. Nachet fils, qui donne 1.800 diamètres, pu constater que tous les vins bleus que j'ai pu me procurer contenaient des mycodermes infiniment petits ayant une teinte grise, peu transparents, peu réfringents et se reproduisant par bourgeonnement comme le *mycoderma vini*.

Traitant mes échantillons de vin blanc par des quantités successivement progressives et proportionnelles d'alcool et d'acide, j'ai fait cesser la vie de ces infiniment petits. Un vin de la Marne qui était fortement atteint de ce mal et qui ne contenait que 8 p. 100 d'alcool en volume et un titre acide correspondant à $3^{gr},550$ d'acide sulfurique SO^3, HO a été brusquement additionné d'alcool et d'acide tartrique de manière à contenir 12 p. 100 d'alcool et l'équivalent en poids de 5 grammes d'acide sulfurique. Laissé au repos sans tannisage ni collage dans un cellier où la température variait de 12 à 15 degrés, après vingt-deux jours de repos il était parfaitement limpide, tannisé et collé sans qu'il redevînt malade; on put l'employer avec succès.

Le mycoderme qui produit le bleu du vin ne peut donc se produire que dans des vins pauvres en alcool. La question de l'acide est moins certaine, cependant je crois que toutes les fois qu'un vin devient bleu il est bon d'en élever le titre acide.

Toutefois, je dois constater que j'ai eu des vins pauvres en alcool et suffisamment riches en acide qui devenaient bleus.

Dans ce cas, il a fallu recourir à la recherche des matières azotées, recherche des plus délicates et des plus difficiles. J'ai pu y arriver, et là j'ai trouvé une règle que je considère comme invariable : les vins riches en matières azotées deviennent bleus presque sans exception.

Mais le simple raisonnement nous fait constater un fait, c'est qu'un vin riche en alcool est presque toujours pauvre en matières azotées, et un vin pauvre en alcool est riche en matières azotées. Ceci s'explique facilement.

La source la plus abondante de matières azotées que le vin contient, c'est l'albumine qui est coagulée par l'alcool; donc, si ce dernier existe dans de certaines proportions, forcément il coagule l'albumine, le précipite et par cela en appauvrit d'autant le vin.

Dans le cas contraire, si lors de la fermentation du moût le vin produit est pauvre en alcool, il reste dans le vin des quantités considérables d'albumine.

Une autre cause vient également favoriser la présence d'un excès d'albumine dans les vins blancs, c'est qu'ils ne fermentent pas en présence des grappes et des pépins de raisin, et que par conséquent il se trouvent très-pauvres en tannin. En effet, l'accident du bleu ne se montre que rarement dans les vins rouges, cependant je classe le tour des vins rouges dans la même section de maladie que le bleu des vins blancs. La glaïadine, ou glutine, est également une matière riche en azote qui se rencontre dans les vins susceptibles de devenir bleus. Cette substance a une grande analogie chimique avec l'albumine et, comme elle, contient beaucoup d'azote. Nous pensons que sa présence est, elle aussi, une des causes qui favorisent la production du bleu.

Le mal connu, mettons donc le remède à côté.

Dès qu'un vin tourne au bleu ou est déjà bleu, il faut élever fortement son titre alcoolique, l'additionner de tannin, 6 à 8 grammes par hectolitre, le laisser reposer vingt-quatre heures, puis le coller à la colle de poisson, préparée avec de l'acide tartrique, ou des blancs d'œufs salés pour le vin rouge, comme je l'ai déjà expliqué. Le vin doit être mis en cave. Il est rare que le mal ne disparaisse pas après ce traitement énergique. Dans le cas d'échec, il faut le soutirer et le laisser en cave dans des fûts pleins. Au bout de quelques mois il redevient clair.

Le vin qui a subi cette préparation, quand il ne devient pas clair immédiatement, s'éclaircit infailliblement au bout de quelques mois quand on le loge dans un lieu frais. L'emploi de l'acide citrique à la dose de 25 à 50 grammes par pièce de 2 hectolitres, est le plus puissant agent qu'on puisse employer pour modifier un vin et celui qui donne les meilleurs résultats. Le bleu, du reste, qui est une des graves maladies du vin, ne résiste guère aux traitements énergiques et au temps. Le froid est également un remède qui agit très-sûrement sur ce mycoderme, et tout en le détruisant le précipite dans les lies. Quand un vin bleu a résisté au tannisage, suivi d'un collage et à l'addition d'acide citrique, il n'y a plus qu'une ressource, c'est l'emploi des colles énergiques. On additionne le vin de 8 à 10 gr^{es} de tannin par hectolitre et vingt-quatre heures après on colle à la gélatine Lainé. C'est un procédé brutal, mais qui donne de bons résultats; cependant je crois devoir conseiller de ne l'employer qu'à la dernière extrémité, car il énerve un peu trop le vin. Il ne faut donc pas s'exagérer les conséquences de cette maladie.

La graisse

La maladie que nous allons étudier et qui, peut-
être, est une de celles qui ont fait le plus de ravages
en Champagne et qui nous occasionne de graves accidents dans les vignobles à vins blancs, c'est *la
graisse du vin* ou *vin gras*.

Cette maladie, rare dans les vins rouges, est très-
fréquente dans les vins blancs de certaines contrées.

Les vignobles de l'Orléanais, de la Loire, du Cher,
du Poitou et quelques vignobles de la Champagne sont
particulièrement envahis par ce fléau.

Chaptal, dans ses remarquables travaux sur les
vins, a décrit avec beaucoup d'exactitude certaines
causes auxquelles il attribuait cette maladie.

M. François, de Châlons, suivant la même route
que Chaptal, est arrivé aux mêmes conclusions, et
M. Maumené, de Reims, n'a pas plus approfondi ses
recherches. Il a constaté le fait et le remède préconisé par ces deux grands praticiens. M. Pasteur, lui,
dans un remarquable travail sur les maladies des
vins, a précisé la maladie et ses causes ; mais malgré
notre modestie, nous ne pouvons admettre comme ab-
solues ses conclusions, et nous allons démontrer les
faits qui font que notre opinion diffère un peu de la
sienne.

Chaptal, François, Maumené, de Vergnette-Lamotte,
Ladrey et une foule d'autres savants dont nous appré-
cions hautement les importants travaux vinicoles, attribuent la maladie de la graisse à la présence dans
le vin de la glaïadine ou glutine, matière mucilagineuse qu'on rencontre dans les vins faits dans certaines conditions.

En effet, se basant sur ce point de départ, ils évitent la maladie en isolant du vin ce corps spécial ; ils ne sont donc pas si éloignés de la vérité que veut bien le dire M. Pasteur : ils sont dans l'erreur seulement pour ce qui a trait au développement du mal.

Tous les chercheurs des maladies des vins sont tombés d'accord sur les faits suivants : c'est que les vins sujets à cette maladie sont des vins faits avec des raisins dont la maturité a été exagérée, c'est-à-dire que les grappes contenaient une assez forte proportion de grains atteints de la pourriture.

Par suite de cette circonstance, tous les grains atteints de pourriture sont pauvres en sucre, et un commencement de fermentation mucique s'est développé : écrasez un grain atteint de pourriture, le jus n'en est plus fluide et sucré, le sucre s'y est transformé en une matière mucilagineuse, la plus grande partie en est décomposée. L'analyse minutieuse donne un résidu glutineux, filant, qui n'est autre chose que la glaïadine ou glutine, matière coagulable par l'alcool et précipitée par le tannin.

C'est ce qui amena la découverte de François, l'emploi du tannin à haute dose pour précipiter ce corps nuisible.

Son mode d'action dans le vin, seul, était inconnu, et c'est à M. Pasteur que nous en devons la découverte. En effet, ce savant a démontré que la graisse du vin est due à une fermentation spéciale.

Mais pour nous, cette fermentation n'est pas due à d'autres causes qu'à la présence de la glaïadine qui fermente d'une manière toute particulière et différente, en tous points, de la fermentation alcoolique ordinaire.

En effet, dosez exactement le sucre d'un moût contenant du jus de grains atteints de pourriture, vous aurez, lorsque la fermentation sera achevée, une perte sensible dans la somme d'alcool produite. Le sucre déjà atteint par la fermentation visqueuse ne se transforme pas en alcool, mais en acide carbonique et en glaïadine qui restera en suspension dans le vin, vu son faible degré alcoolique.

Si vous voulez assurer à ce vin une conservation durable, il faut le débarrasser de cet ennemi par un procédé quelconque. M. Pasteur préconise le chauffage qui, certes, est infaillible pour les vins rouges et blancs non destinés aux vins mousseux, mais il aura aussi pour conséquence de les rendre impropres à la fabrication des vins mousseux.

M. François, qui ignorait les travaux de M. Pasteur par une raison bien simple, c'est qu'ils furent exécutés trente ans après sa mort, trouva un procédé différent et qui cependant n'empêchait pas leur emploi pour la fabrication des vins mousseux. Il appliqua le tannin et obtint des résultats positifs, qui sont encore en pratique et dont la réussite est indiscutable.

En Champagne, depuis l'emploi du tannin dans les vins, la maladie de la graisse n'existe plus que comme un souvenir de désastres anciens.

Nous avons vu au chapitre *de la Maladie du bleu* comment s'emploie le tannin; pour la graisse on suit le même procédé, et l'opération du tannisage suivie du collage est le préservatif contre la graisse.

Nous n'insisterons pas plus sur cet accident; nous nous bornerons à décrire le phénomène qui se produit dans le vin atteint de cette maladie.

Examinez au microscope avec un grossissement puissant une goutte de vin atteint de la maladie de la graisse, que voyez-vous?

D'abord le *mycoderma vini* modifié; les globules du ferment, au lieu d'avoir une forme ovoïde régulière, sont légèrement allongés; ce phénomène n'est qu'une simple modification du ferment; mais à côté de ce ferment vous rencontrez de nombreux chapelets composés de mycodermes infiniment petits (1/1000 de millimètre de diamètre) qui envahissent la masse du liquide; ils sont extrêmement transparents, très-réfringents et forment un vaste réseau qui donne au vin un aspect huileux. Il s'y produit également une matière mucilagineuse, sorte de concrétion formée par le mycoderme de la graisse du vin.

M. Pasteur prétend que cette fermentation spéciale n'est pas produite par la glaïadine; j'ai cependant pu, par suite de nombreux essais, constater que chaque fois que j'ai isolé des vins ce corps spécial, je n'ai pas eu production de la fermentation de la graisse du vin. D'un autre côté, si j'introduis dans le vin une certaine quantité de glutine, j'obtiens cette fermentation assez rapidement.

Que devons-nous conclure en présence d'opinions si contradictoires?

Il nous répugne beaucoup de contester les travaux si remarquables de M. Pasteur; cependant nous arrivons à combattre notre ennemi par des procédés qui diffèrent essentiellement de ses idées.

Un vin pauvre en alcool, en acide, riche en glaïadine, donnera infailliblement un vin gras. Si on le traite par le tannin, on précipite la glaïadine, et le vin ne tourne pas à la graisse. La présence de la glaïadine n'est donc pas indifférente à la production de ce mal.

Il est vrai que M. Pasteur arrive au même résultat en chauffant le vin; mais il le rend, par cette opération, impropre à la fabrication du vin mousseux, car il a détruit les germes de la fermentation.

Examinons un vin traité par le procédé de chauffage de M. Pasteur et cherchons la glaïadine. Là, nous trouvons une preuve nouvelle qui nous confirme dans notre opinion : la glaïadine a disparu, elle est coagulée et n'est plus saisissable, sa nature a entièrement changé, et elle est précipitée à l'état de magma insoluble ; elle jouit des mêmes propriétés insolubles que l'albumine coagulé par la chaleur.

Le plus sage, à notre avis, en présence de cette divergence d'opinion, est de se borner à constater la maladie et de la combattre.

Le tannisage suivi d'un bon collage est le seul remède qui réussira infailliblement.

Fleurs

Il n'est pas de maître de chaix ou de maître tonnelier qui n'ait observé que lorsqu'on laisse des fûts de vin en vidange, il se produit, au bout de peu de temps, à la surface du liquide, ce qu'on appelle des fleurs.

C'est une pellicule blanche, formant un vaste réseau, qui en couvre toute la surface.

Ce réseau examiné au microscope, même avec un grossissement assez faible de 250 à 300 diamètres, fait voir que cette membrane n'est qu'une agglomération de *mycoderma vini* ou fleur du vin.

Le mycoderma vini, ou la fleur de vin, est le même individu que celui qui a favorisé la décomposition du moût et l'a transformé en alcool, en acide carbonique, glycérine, acide succinique, etc. Il en a tous les caractères, la même forme, les mêmes propriétés. Seulement, selon qu'il est plus âgé ou qu'il a pris naissance dans un vin plus ou moins vieux, il affecte quelques modifications de forme, mais peu de chose. Il faut une grande habitude du microscope et avoir fait de nombreuses observations pour bien saisir ces diverses modifications.

Mais, malgré l'opinion de divers auteurs, nous allons émettre une théorie qui, de prime abord, pourra paraître un peu hardie, mais qui pour nous découle d'une série d'expériences positives.

Le *mycoderma vini*, dit fleur de vin, quand il est bien pur, c'est-à-dire qu'il n'est pas mélangé de *mycoderma aceti* ou de *mycoderma croccum*, est identiquement le même que celui qui a pris naissance dans le moût pour transformer ce dernier en vin. Son aspect sous le microscope ne diffère pas sensiblement, il se comporte de la même manière dans les diverses réactions en présence des solutions de sucre ou de glucose, il les transforme rapidement en alcool et autres produits. Seulement, il diffère du mycoderme qui a pris naissance dans le moût, par un poids spécifique.

Tandis que le mycoderme du moût ne peut surnager, le *mycoderma vini*, au contraire, vient immédiatement à la surface du liquide ; de plus, en se générant il ne se sépare pas si volontiers de sa mère, il reste en larges chapelets, ce qui explique le réseau qu'il forme à la surface du vin. Ces quelques différences sont cependant sans grande influence sur son action sur les liquides sucrés.

Sa différence de poids, nous ne savons au juste à quoi l'attribuer. Cependant, en examinant avec soin sous le microscope ces individus, on voit qu'ils ont une forme plus sphérique que le *mycoderma* du moût ; ils ont l'apparence plus ballonnée, de plus l'intérieur paraît moins rempli que dans le *mycoderma* du moût qui, lui, est rempli d'une foule innombrable de granules noires qui sont douées d'un mouvement indépendant dans l'intérieur de la petite vésicule.

L'expérience la plus concluante que nous ayons faite pour nous convaincre des propriétés de cet individu est la suivante. Dans deux flacons de même grandeur nous avons introduit une certaine quantité de sirop de glucose léger. Ces deux flacons sont maintenus pendant 4 heures à une température de 75 degrés, puis bouchés à la lampe d'émailleur. Après un repos de 3 mois dans une étuve à 25 degrés, le sirop avait conservé sa limpidité.

Débouchez alors les deux flacons sur une cuve à mercure pour empêcher l'introduction de l'air et dans l'un introduisez quelques fleurs de vin bien pures, et dans l'autre des *mycoderma* du moût. Refermez les flacons avec soin, puis abandonnez-les dans l'étuve chauffée à 25 degrés. Au bout de huit à douze jours, le liquide se trouble, un commencement de fermentation se déclare et les mycodermes augmentent en nombre. Bientôt il commence à se dégager du gaz acide carbonique par les tubes de sûreté dont sont munis les flacons et l'opération continue à marcher régulièrement. Quand la fermentation fut en pleine activité, j'examinai une goutte de chaque flacon avec un puissant grossissement. Les mycodermes des deux flacons étaient identiquement les mêmes, il était impossible d'établir une différence bien marquée. Je crois donc pouvoir en conclure que c'est le même individu, et que le milieu seul dans lequel il vit peut modifier plus ou moins sa forme, mais ses propriétés sont les mêmes. En effet, dans les deux flacons, il y a décomposition du sucre, production d'acide carbonique et d'alcool dans les proportions indiquées par l'équation scientifique.

Quand un vin est atteint par la pique ou fleur du vin, différentes méthodes se présentent pour y remédier; nous allons les passer en revue, quoique les meilleures rendent le vin tout-à-fait impropre à la fabrication des vins mousseux.

Le procédé le plus simple, et qui donne immédiatement un bon résultat, c'est de faire doucement le plein du fût au moyen d'un entonnoir à bec fin et allongé. Les fleurs surnageant, quand le liquide arrive à déborder, sont entraînées par l'excès de liquide. Ce procédé assez pratique et si simple ne détruit pas le germe de la maladie, il élimine simplement l'excès de fleurs qui se trouvait sur le vin. Le fût se trouvant plein lorsqu'on y pose la bonde, il ne reste plus de place pour l'air, et par ce seul fait, la production du *mycoderma vini* se trouve arrêtée, car la fleur du vin ne se produit que sur des vins au contact de l'air. Ce procédé n'est qu'un moyen empirique de remédier à un mal qui se produit très-fréquemment dans les chaix et caves où les vins ne sont pas ouillés avec soin. Le procédé le plus simple pour entretenir l'ouillage parfait et complet des fûts est l'emploi des bondes hydrauliques; celle de M. Marchand, d'Épernay, nous semble parfaite pour ce genre d'emploi. (Voir *fig*. 5.) Cet accident, du reste, est fréquent dans les vins rouges et est infiniment plus grave pour les rouges que pour les blancs. Arrêté à temps dans les vins blancs, il ne laisse pour ainsi dire aucun mauvais goût; mais dans les vins rouges, le cas n'est pas le même : c'est la couleur la première qui est attaquée et vous voyez le vin devenir d'un rouge terne, puis paille, et enfin se décolorer presque entièrement sous l'influence de la maladie.

La fleur du vin peut encore se combattre par une addition d'alcool et d'acide tartrique, car il est à constater que les vins le plus sujets à ce mal sont les plus pauvres en acide et en alcool, les vins dits plats. Il faut y remédier et le plus simple est le vinage et l'addition, non de tartre comme l'ont indiqué quelques auteurs, mais d'acide tartrique pur, et voici pourquoi :

Un vin est plat et sans acide, on y introduit de la crème de tartre du commerce qui est un mélange de tartrate acide de potasse et de tartrate neutre. S'il se trouve dans le vin une base en excès, tout le tartrate acide se transforme en tartrate neutre; on n'a donc rien gagné en acide, car c'est un excès qu'il vous faut. On peut, il est vrai, ajouter une nouvelle dose de tartre, mais on franchit déjà les limites de sa solubilité et l'on a une perte inutile. Il est donc infiniment plus simple d'ajouter de l'acide tartrique pur et un essai acidimétrique fixera rapidement sur la quantité nécessaire. Puis un point dont il faut encore tenir compte, l'acide tartrique à l'état libre agit très-vigoureusement sur la matière colorante du vin et la révivifie rapidement. Il n'y a donc pas à hésiter entre l'emploi de ces deux agents : leurs avantages et inconvénients sont trop évidents.

Nous avons examiné les deux modes les plus simples, l'ouillage et le vinage ; tous deux ont cet avantage immense de ne pas altérer le vin, surtout si nous voulons le convertir en vin mousseux. Cependant il ne faut pas s'en tenir là, car ces deux moyens ne sont que des dérivatifs et n'ont pas le moins du monde détruit la maladie ; son développement seul est arrêté, mais le mal existe toujours.

M. Bezu a conseillé l'emploi du froid pour détruire le *mycoderma vini*; son procédé est simple, mais je ne crains pas de le dire, sans résultat. Il introduit dans le vin de la glace, 1ᵏᵍ,500 par pièce de 250 litres et bondonne immédiatement. La glace fond très-lentement et il prétend que la fleur du vin ne se reproduit plus. Il est facile de prouver le côté défectueux de ce procédé. Dans un fût plein vous introduisez 1ᵏᵍ,500 de glace qui occupe plus de volume que 1ᵏᵍ,500 d'eau ; donc, dès que la glace sera fondue, votre fût se trouvera en vidange et le *mycoderma* se reproduira presque immédiatement. Puis l'emploi de la glace n'est pas un procédé pratique : le vigneron, le paysan, n'a pas ces moyens-là à sa disposition. C'est donc un procédé à rejeter et qui ne supporte pas une discussion sérieuse.

La congélation des vins est une tout autre chose. En exposant à la gelée un vin pauvre en alcool, en acide et en sels solubles, vous obtenez la production d'une certaine quantité de glace qui est de l'eau plus ou moins pure ; si donc vous retirez cette glace, vous n'avez fait autre chose que de concentrer votre vin sans l'exposer aux dangers et aux inconvénients de la chaleur. M. de Vergnette-Lamotte, le savant œnologue de la Bourgogne, a fait de nombreuses et concluantes expériences à ce sujet. Je vais en donner le résumé, car elles offrent un intérêt très-marqué ; elles sont toutes le résultat de longues observations.

Le vin commence à se congeler vers 6 à 7 degrés au-dessous de 0. La glace qui se forme n'est pas de l'eau pure, loin de là : la glace contient de l'alcool en assez grande quantité. Une partie des sels en dissolution dans le vin se trouve également précipitée, la couleur seule n'est pas entrainée, elle est plus veloutée.

Le goût est un peu modifié, le vin est vieilli, il prend un goût de cuit qui le rend propre à une vente immédiate. Seulement cette opération doit se faire avec de certaines précautions qu'il est bon de faire connaître.

Le vin est exposé au froid dans des fûts débondonnés pour éviter leur explosion, fait qui se produirait infailliblement, car la glace occupe un plus grand volume que le vin. Quand le fût est gelé, on le laisse dégeler jusqu'à ce qu'il ne reste plus que quelques kilogrammes de glace, de 12 à 16 par pièce de 250 litres, puis il est soutiré aussi clair que possible, logé dans des fûts très-propres et laissé dans un cellier aéré. Ce vin est d'un vif admirable et n'a plus besoin d'être collé pour voyager ; il suffit de le soutirer de nouveau.

Dans le fût à congélation, il reste un mélange de glace alcoolique, un abondant dépôt de tartre, tout le ferment du vin et quelques matières qu'on sépare ordinairement par le collage. Le tout est recueilli avec soin, la glace fondue est mise de côté pour être distillée et le tartre séché pour être vendu.

Dans tout ce travail, on a perdu environ 8 à 9 p. 100 du vin, mais il a beaucoup gagné en qualité et surtout est immédiatement propre à la consommation.

M. de Vergnette-Lamotte donne un tableau indiquant les résultats obtenus par la congélation de quelques vins. Ce tableau présente assez d'intérêt pour que nous le donnions ici, car d'un même coup d'œil il fixe immédiatement sur les résultats possibles de cette opération.

182   TRAITÉ GÉNÉRAL DES VINS

ORIGINE DES VINS	RICHESSE ALCOOL		Déchet résultant de la congélation.	Richesse que le vin aurait si la glace était pure.	Perte d'alcool retenu par la glace.	Richesse alcoolique de la glace en volume.
	avant l'exposition au froid.	après l'exposition au froid.				
			p. 180			p. 100
1837						
Premiers crus roug.	11,50	12,12	12	13,07	0,95	7,91
1841						
Premiers crus roug.	12,27	12,61	7	13,19	0,58	8,28
Premiers crus bl...	12,60	13,17	7,5	13.62	0,45	6 »
1842						
Premiers crus roug.	12,70	13,10	7	13,66	0,56	8 »
Premiers crus bl...	13,20	14,65	20	16,50	1,85	9,25
1844						
Grand ordin. rouge	10,97	10,50	8	11,40	0,44	5,50

La congélation du vin, pour détruire la fleur du vin
est un moyen, on peut le dire infaillible, mais peu
pratique. En effet, il faut monter un outillage spécial
et complet pour ce genre de traitement d'une maladie
qu'on peut éviter aisément par quelques soins et
une surveillance soutenue. La congélation n'a donc
d'emploi que lorsque le mal est fait, ne peut le pré-
venir.

M. de Vergnette-Lamotte nous donne encore un
procédé pour combattre ce mal ; nous allons l'exposer, car nous donnerons toujours avec empressement
les travaux de ce savant œnologue, de ce praticien
consommé.

Quand du vin est atteint de la maladie de la fleur du
vin, M. de Vergnette-Lamotte le soutire avec soin en
évitant de mêler au liquide les fleurs surnageantes, puis

il est introduit dans une grande sabotière en cuivre
étamé munie d'un couvercle ; cette sabotière est de
la contenance de 2 hectolitres, on la place dans un
tonneau défoncé dont on remplit les vides par trois
couches successives de glace ou de neige et de sel
marin. Le tonneau est recouvert d'un linge mouillé
et on l'abandonne à lui-même. Après douze heures
on soutire l'eau de fonte et l'on remplace le vide par
une nouvelle charge, soit de glace ou de neige et de
sel.

Douze heures après la congélation est terminée, on
soutire le vin au moyen d'un siphon. Ce vin est immédiatement mis en fût ou en bouteilles ; il est alors
clair, limpide et dépouillé de toutes traces de ferments. La glace formée dans la sabotière est recueillie avec soin et mise à fondre dans un fût défoncé ;
le liquide qui en provient n'est plus guère bon qu'à
être distillé pour en extraire l'alcool. La sabotière
nettoyée peut recommencer immédiatement à fonctionner, et ainsi tant qu'on a du vin à purger de cet ennemi
si dangereux et si tenace.

Le chauffage du vin. — Avant tout, disons que ce
procédé n'est pas applicable aux vins destinés à être
convertis en vins mousseux, car il détruit tous les
germes de fermentation et l'immobilise. De plus, sur
les vins blancs, il a un grand inconvénient, c'est de
les faire tourner au jaune, inconvénient grave qui les
rend impropres à la fabrication des vins mousseux.

Le chauffage du vin est pratiqué depuis assez longtemps ; il consiste à porter le vin à la température de
70 à 75 degrés centigrades pendant deux heures environ, puis à sceller hermétiquement les fûts. Cette
opération a pour but de détruire les mycodermes et
tous les principes qui peuvent concourir à leur forma-

tion; il est donc évident qu'elle détruit immédiatement la fleur du vin, qui n'est autre chose qu'un mycoderme. Ce procédé réussit très-bien pour les vins rouges et est maintenant d'un emploi général dans le Midi ; aussi consacrons-nous un chapitre spécial à cette étude. Constatons simplement qu'il est un remède positif pour guérir la fleur du vin et empêcher son retour.

Vins piqués

Cette maladie a une grande analogie avec la fleur du vin, et en d'autres termes n'en est que la conséquence. En effet, lorsque la fleur du vin est avancée, elle se modifie et le vin devient piquant, acide ; ainsi nous ne classons pas cette maladie à part, mais nous la confondons avec l'acescence des vins ; c'est donc à ce chapitre qu'il faut se reporter pour l'étudier.

La pousse

On distingue sous le nom de *pousse du vin*, un phénomène qui se produit au printemps dans quelques vins.

Les auteurs anciens ont diversement interprété cet état nouveau du vin ; pour nous ce n'est pas autre chose qu'une fermentation nouvelle qui se produit sous l'influence de la chaleur.

En effet, quels sont les phénomènes qui se produisent ?

Au moment où les chaleurs reparaissent, on voit le vin se troubler ; les fûts, quand ils sont bien fermés, commencent à suinter, les fonds se bombent et, si on ne leur donnait pas de l'air, il y aurait infailliblement explosion du fût.

Quelle est la cause de cet état? Elle est bien simple : c'est une nouvelle fermentation qui se produit.

Les vins nouveaux à cette époque de l'année, avril, mai ou juin, contiennent encore un peu de sucre, surtout les vins blancs; il est donc tout naturel que, sous l'influence de la chaleur et du contact de l'air, il se produise une nouvelle fermentation alcoolique. Le vin se trouble naturellement et les gaz ne trouvant pas d'issue, cherchent à rompre les parois du fût : de là le mot significatif de *pousse*.

Quelques savants, entre autres M. Balard, ont attribué ce phénomène à la fermentation de l'acide lactique et, par conséquent, à la production d'une certaine quantité d'acide carbonique.

M. Gleynard, lui, trouve dans le vin production d'acétate de potasse.

M. Pasteur, plus simplement, constate une nouvelle fermentation alcoolique, et c'est lui, nous en sommes convaincu, qui est dans le vrai; en effet, quand un vin pousse, donnez de l'air au fût; peu de jours après il s'éclaircit; soutirez-le et la maladie passe d'elle-même.

Le vin n'est pas altéré, seulement son titre alcoolique est légèrement élevé.

Inutile donc de chercher dans la décomposition des tartrates une explication à cet état fort simple et tout naturel du vin.

En Champagne, où la fermentation du vin nouveau n'est jamais complète, dès que le printemps arrive, tous les vins poussent, et c'est ce moment favorable et désiré qu'on attend pour opérer la mise en bouteilles, car cette fermentation se continue, et, comme on lui a donné des éléments propres à son développement, elle marche activement et c'est ce qui produit la mousse.

Dans nos vins blancs, c'est donc un bien recherché ; pour les vins rouges, c'est autre chose : il faut l'éviter et pour cela pratiquer des soutirages répétés.

L'acescence des vins, ou fermentation acétique

La maladie dite *acescence du vin* est une des suites de la maladie dite *fleurs des vins*. En termes de tonnellerie, le mot *acescence du vin* n'a pas de valeur dans la pratique ; on dit que le vin est piqué ou se pique, c'est-à-dire qu'il tourne en vinaigre. En effet, l'acescence du vin est la période morbide où ce liquide voit se transformer son alcool en acide acétique, et ce, sous l'influence d'un mycoderme spécial appelé le *mycoderma aceti*.

La cause première de cette subite végétation n'est pas spontanée, mais le résultat d'un concours de circonstances favorables à sa production et à son développement.

Lorsque ce vin est couvert de *mycoderma vini* et qu'on ne fait rien pour l'en débarrasser, ces végétaux finissent par ne plus trouver une nourriture suffisante pour leur existance, c'est-à-dire du sucre ; il se produit alors un de ces phénomènes si fréquents dans la nature, la modification des germes et des individus. Les *mycoderma vini* disparaissent, cessent d'avoir une existence propre, et on les voit rapidement remplacés par de nouveaux individus appelés *mycoderma aceti*. Ceux-ci trouvant un milieu favorable à leur développement envahissent toute la masse liquide en quelques jours.

L'acide acétique qui est le produit de ces végétaux a une grande analogie de formule avec l'alcool, et sa formation peut se représenter par l'équation chimique indiquée plus loin.

L'alcool sous l'influence de ce mycoderme absorbe de l'oxygène et il se produit la réaction suivante :

$$\underbrace{C^4H^6O^2}_{\text{Alcool.}} + O^4 = \underbrace{C^4H^4O^4}_{\text{Acide acétique.}} + \underbrace{H^2O^2}_{\text{Eau.}}$$

L'acide acétique n'est donc à proprement parler que de l'alcool suroxygéné et par conséquent transformé en acide.

L'acescence des vins peut se produire sous des influences très-variées et dont toutes les causes remontent à une même origine, le contact de l'air.

La cause première de l'existence de ce mycoderme dans les vins est le peu de soins qu'on prend du moût au moment de sa vinification.

Quand on fait des vins blancs, il est d'usage de laisser un certain vide dans le fût pour qu'au moment du bouillage le liquide ne déborde pas ; la bonde du tonneau est bientôt entourée de détritus rejetés de la masse liquide par l'ébullition produite par la fermentation ; ces déchets, sorte de mousse devenue liquide, séjournent sur la bonde et sur la surface du liquide, de nouvelles fermentations viennent s'y produire et surtout celle du *mycoderma aceti*. Donc si, lorsqu'on soutire le vin, on n'a pas le plus grand soin d'éloigner ces détritus, le vin se charge de *mycoderma aceti,* qui plus tard, quand l'occasion se présentera, se développeront rapidement. Cette occasion favorable sera le contact de l'air, le seul qui permette leur développement.

Dans les vins rouges, le même inconvénient se produit quand on laisse le chapeau trop longtemps hors de la cuve et qu'on le renfonce dans le liquide. Les

parties du marc qui étaient hors du liquide au contact
de l'air se sont couvertes de moisissures et de mycodermes de toutes sortes ; le *mycoderma aceti* domine.
Si vous replongez ce marc, chargé de mycodermes,
dans le vin, il est incontestable que le vin s'en char-
gera et et que dès que l'occasion se présentera, le mal
se développera rapidement et entrainera la perte totale du vin, malgré tous les soins possibles.

Une autre cause, peut-être la plus fréquente, c'est la
vidange des fûts dans un lieu chaud. Quand un fût est
en vidange dans un cellier ou une cave où la température est de 12 à 15 degrés, la maladie de la fleur du
vin se déclare rapidement et l'on sait que, s'il n'y est
pas apporté immédiatement remède, elle favorise le
développement du *mycoderma aceti*, qui, trouvant de
l'alcool d'une part, de l'air de l'autre, marche rapidement et peut en très-peu de jours détruire entièrement le vin et le transformer en vinaigre.

Cet accident redoutable doit donc attirer toute l'attention du maitre de chaix, car il n'y a aucun remède si
le vin est destiné à la fabrication des vins mousseux,
le seul possible étant le chauffage, et comme on le sait,
le chauffage détruit tous les germes de fermentation
et immobilise le vin. Ce mode n'est donc applicable
qu'aux vins rouges ou aux vins blancs qui doivent être
consommés tels.

Le tour

Le tour ou vin tourné est une affection spécialement propre aux vins rouges ; elle est rare dans les
vins blancs, où c'est la graisse qui la remplace.

Chercher la cause de la maladie du tour est inutile,
nous ne pouvons que constater le résultat. La ma-

ladie est la cause ou est causée, comme on voudra l'interpréter, suivant les systèmes et les théories qu'on a adoptés, par un mycoderme d'une forme spéciale et facile à reconnaître. C'est un mycoderme filamenteux ayant de 1/800 à 1/1000 de millimètre de diamètre et une longueur variable même dans d'assez grandes proportions.

Le développement de ce mycoderme est lent, et rien ne l'arrête si ce n'est le chauffage; mais, là encore, il rend pour nous le vin impropre à tout travail; cependant, il est bon de faire observer que ce mal ne se développe que dans les vins placés dans de certaines conditions.

Ainsi dans les années froides et pluvieuses, où la vendange est acide, peu sucrée, où la fermentation en cuve ou en foudre se fait mal, le vin tourne facilement, surtout si le raisin contenait des grains atteints de la pourriture. Dès que ce vin est tiré des cuves ou foudres à fermentation, examinez-en une goutte au microscope; vous constaterez facilement la présence d'un grand nombre de ferments produisant le tour : ils sont faciles à reconnaître à leur aspect filamenteux. Ils voyagent dans le liquide avec les mycodermes de l'alcool si caractérisés par leur forme ovoïde et leurs dimensions.

Vous pouvez être assurés que, si vous apercevez dans un vin ces germes du tour, dès que la chaleur arrivera votre vin se décomposera; il perdra sa couleur, se troublera, deviendra amer et prendra une odeur de putréfaction qui le rend impropre à aucun usage. Il sera alors trop tard pour y porter remède. Dans nos pays de Champagne où, dès la vendange, quand nos vins ne sont pas assez riches en sucre pour donner un degré alcoolique nécessaire à leur bonne conservation, on vine le vin, la maladie du tour est peu connue; du reste, au moment de la vendange, on a grand soin d'éloigner tous les grains pourris, ce qui est encore un des meilleurs préservatifs de ce genre de maladie.

Le mycoderme du tour est, pour ainsi dire, le dernier échelon de la végétation avant la fermentation putride; il en est même tellement voisin qu'il n'est pas bien prouvé qu'il n'en soit pas le premier.

En 1867, je fis une expérience assez curieuse à ce sujet. J'avais en mon pouvoir un échantillon superbe de vin tourné, je voulus voir si les mycodermes spéciaux de cette maladie se développeraient dans un sirop de sucre. Je fis donc la solution suivante :

Eau.	800 grammes.
Sucre candi	20 —
Tartre ordinaire.	4 —
Carbonate de chaux. . .	0gr,25

Je mis le tout dans une bouteille à champagne, j'y semai au moyen de quelques gouttes de dépôt les germes du mycoderme du tour, je bouchai énergiquement et mis dans une étuve à 24 degrés.

Au bout de quinze jours, le sirop était parfaitement clair, mais le dépôt augmentait et il se produisait le même phénomène qui se produit lors de la prise de mousse des vins de Champagne, formation d'une griffe, augmentation de dépôt.

Le vingt-cinquième jour, ne voyant plus mon dépôt se modifier, j'entrepris de déboucher ma bouteille, ce que je fis sous une cuve à mercure. Je pus recueillir la plus grande partie du gaz, mais vu son abondance une partie s'échappa.

Ce gaz, que je soumis à l'analyse, était de l'acide

carbonique, mais infect, répandant une odeur nauséabonde et de pourriture.

Le même phénomène qui se passe dans le vin s'était donc passé dans le sirop. Mais je voulus voir ce qu'il me restait de mes éléments.

Le sirop ne contenait plus que 11 grammes de sucre environ.

Le tartre de 4 grammes était réduit à $2^{gr},750$ environ, mais par contre, j'avais eu production d'acide carbonique et d'alcool.

J'examinai au microscope le dépôt; il se composait de mycodermes alcooliques ovoïdes, bien gonflés et caractérisés on ne peut mieux, et enfin d'une quantité innombrable de mycodermes du tour.

J'avais reproduit artificiellement dans un liquide connu et simple le phénomène de la maladie du tour.

J'entrepris alors un nouvel essai qui, lui, devait être plus concluant et qui me prouvait positivement que la maladie du tour est le premier pas vers la putréfaction.

Dans un sirop identique à celui indiqué plus haut, j'introduisis dans un fragment de poire pourrie divisé le liquide, je bouchai et laissai dans mon étuve. Au bout d'un mois, j'observai presque les mêmes phénomènes. Les mycodermes produits étaient les mêmes, mais en bien moins grande quantité.

La production de l'alcool avait été moins forte, la somme de gaz était moins considérable, seulement il était infiniment plus infect.

Le tartre avait beaucoup plus perdu, il n'en restait plus que $1^{gr},650$ environ ; le sucre n'avait perdu que $6^{gr},45$.

Mais l'observation microscopique m'avait décelé la

présence d'une grande abondance de mycodermes du tour et moins de ceux de l'alcool.

Le mycoderme du tour est donc le premier échelon des fermentations putrides, et par cela un ennemi des plus dangereux.

Maintenant, est-il possible d'y porter remède sans employer le chauffage? Là est la question.

Pour les vins rouges, le chauffage n'a aucun inconvénient, il faut seulement se trouver dans la possibilité de l'appliquer, ce qui n'est pas toujours facile. Mais pour les vins blancs destinés à la fabrication des vins mousseux, il faut repousser le chauffage et chercher un autre mode d'opérer.

Dans un vin où le tour se déclare, il y a un élément qui ne change pas, c'est l'alcool; ce produit n'est pas atteint par ce mal comme dans l'acescence du vin, il est donc sans influence sur ce mycoderme.

Les produits les plus attaqués sont les acides et le tartre; en effet, dans un vin tourné on ne retrouve pour ainsi dire plus de tartre et de faibles doses d'acide.

Il faut, pour combattre cet ennemi, l'isoler complétement du vin, car le méchage lui-même ne l'atteint pas.

Le filtrage est le seul et unique moyen, et encore le filtrage doit-il se pratiquer dans de certaines conditions.

Voici comment on opère : prenez une chausse de laine à filtrer, tendez-la sur un tonneau défoncé, puis dans des vases préparés d'avance vous faites une pâte avec du papier non collé et délayé; cette pâte est additionnée de charbon de bois pulvérisé avec soin et tamisé. Quand le tout est disposé, vous rem-

plissez le filtre en une seule fois, de manière que la
pâte de papier venant se déposer également sur toute
la surface de la chausse, forme un tissu filtrant des
plus parfaits.

Le vin passe alors limpide comme un cristal ; met-
tez-le dans des fûts bien propres et logez-le dans une
cave aussi froide que possible.

Si le mal n'était pas trop avancé, vous avez grande
chance de l'arrêter

Il y a une précaution à prendre avant le filtrage.
Si le vin a trop perdu de tartre et qu'il ne se trouve
pas dans de bonnes conditions de conservation, il est
prudent de l'additionner de ce qui lui manque, car
sans cela il ne se conserverait pas bien. Cette précaution prise, si le filtrage a été opéré convenablement, on a de grandes chances de voir le vin ne plus
se décomposer.

Mais il ne faut pas compter d'une façon trop absolue sur ce mode de conservation du vin tourné ; je
l'ai déjà dit: le seul et unique remède qui soit, je crois,
efficace, est encore le chauffage du vin pratiqué
dans de certaines conditions, c'est-à-dire en ren-
dant au vin tout ce qui lui manque en tartre, en acide
et en alcool. Mais nous traiterons ce sujet au chapitre
Chauffage des vins.

Le jaune

La maladie que j'appelle *le jaune des vins*, a
jusqu'à ce jour été confondue avec le tour du vin ;
rien cependant n'est plus différent, et je vais à ce
sujet entrer dans quelques explications.

Dans le *Journal d'agriculture pratique* de M. Bixio,
j'ai publié dans le numéro du 21 février 1867 un arti-

cle sur cette maladie, que je vais reproduire ici en entier, car c'est, je crois, la meilleure explication à en donner, personne avant moi n'ayant traité ce sujet et l'ayant toujours confondu avec le tour du vin, dont il diffère cependant en tout par ses propriétés et ses conséquences.

Extrait du Journal d'agriculture pratique du 21 février 1867.

« La maladie dite du jaune, dans les vins, est produite par un mycoderme d'une nature spéciale, et qui peut se reconnaitre au moyen d'un microscope très-puissant. Celui que j'emploie me donne un grossissement de 900 diamètres et me permet de distinguer aisément le mycoderme. Il est extrèmement petit, de forme oblongue ; il mesure dans sa plus grande longueur 1/600 de millimètre et dans sa largeur 1⁄900 de millimètre. Son épaisseur est si petite qu'il peut facilement tourner sur lui-même entre les verres minces du porte-objet du microscope.

« Sa production se fait par bourgeonnement comme celle du *mycoderma vini*.

« Il ressemble beaucoup, par sa grandeur, au *mycoderma aceti* ; seulement il en diffère par sa forme, puis par cette différence qu'il vit seul ; rarement on en trouve plusieurs soudés ensemble. Sa production est très-rapide ; il n'altère pas le goùt du vin, mais il est un premier acheminement à une nouvelle fermentation, qui, elle, dénature entièrement le vin.

« Le seul moyen d'arrèter ce mal serait de chauffer le vin ; mais par ce fait seul, il devient impropre à notre fabrication ; il faut donc chercher ailleurs un remède, et c'est ce qui fera l'objet d'une nouvelle série d'études.

« J'ai en vain cherché dans le travail de M. Pasteur, d'ailleurs si remarquable, la description de cet ennemi du vin ; je ne l'ai pas trouvée ; cela vient probablement de ce que ce savant professeur n'aura jamais eu occasion d'examiner des vins atteints du jaune. »

Je n'aurais rien à ajouter à cet exposé de la maladie du jaune si je n'avais pas poussé plus loin mes recherches ; mais heureusement j'ai pu compléter cette étude par une nouvelle série d'observations.

Les vins sujets au mal du jaune sont les vins pauvres en alcool, en tartre, en tannin, en acide tartrique, et riches en acide malique. J'ai pu constater ce fait dans diverses espèces de vin, tels que les vins blancs d'entre deux mers, et Terre-Bourré, vins blancs des plaines du Midi.

Les divers échantillons de vin que j'ai eus, qui étaient atteints de ce mal, ont été traités dès le début de la manière suivante :

Addition d'une forte dose d'acide citrique, puis d'alcool ; quelques jours après, tannisage et collage. Rarement les vins ont résisté à ce traitement.

Pourquoi ? Voici, d'après mes observations, la raison.

Le ferment du jaune, pour moi, n'est autre qu'une fermentation spéciale de l'acide malique libre du vin. Si donc on met obstacle à cette fermentation par une addition d'acide citrique et d'alcool, on arrête le mal incontestablement. On tannise ensuite et l'on colle pour clarifier et débarrasser le vin des mycodermes en suspension.

Le vin se trouvant débarrassé de son excès de bimalate de chaux par l'addition d'alcool qui le précipite, le jaune ne peut plus s'y développer et le mal n'augmente pas ; mais la première nuance acquise ne disparait jamais. C'est, je crois, le seul et unique remède qui existe.

J'ai fait de nombreux essais sur des vins de nature très-différente, et chaque fois que j'ai eu à soigner des vins jaunes, je n'ai pu arriver à enlever la nuance déjà existante, mais j'ai pu arrêter le mal.

Une des principales causes auxquelles j'attribue la tendance des vins à devenir jaunes, c'est lorsqu'au moment de la vendange il y avait dans les grappes de raisin des grains atteints par la pourriture, ou lorsqu'on vendangeait par des temps froids et pluvieux et des vignes défeuillées. Les raisins sont plats et mous, sans corps ni acidité ; ils sont pauvres en alcool, il faut donc remplacer ce que la nature ne leur a pas donné.

Le collage au lait a été préconisé pour blanchir les vins jaunes, mais pour moi le remède est pire que le mal, surtout quand on observe que le collage au lait n'exerce qu'une influence passagère et que la nuance reparait au bout de fort peu de temps.

La coloration jaune des vins peut, du reste, s'expliquer tout autrement que par une nouvelle fermentation, et voici ce qui m'en a donné la preuve.

J'ai pris un échantillon de vin filtré avec le plus grand soin et ne décelant au microscope aucune trace de mycodermes. Ce vin a été mis dans deux fioles de verre parfaitement blanc, l'une bouchée avec soin, le vin touchant le bouchon, l'autre ouverte.

Au bout de quelques heures, la fiole débouchée a commencé à jaunir, c'est-à-dire que la surface exposée à l'air a pris une forte teinte de madère, tandis que la couche inférieure restait blanche ; le mal a marché lentement, mais 48 heures après, le tout était jaune. J'ai examiné une goutte de ce vin avec un microscope donnant 1.800 diamètres, un des plus grands grossissements qu'on puisse obtenir, et je n'ai pu découvrir aucune trace de mycodermes ; seulement l'odeur du vin était entièrement modifiée, il sentait le cidre, l'odeur de l'éther malique dominait : il y avait eu une simple transformation chimique.

La fiole bouchée avec soin a été infiniment plus longue à devenir jaune.

Il est un fait à constater, du reste, c'est qu'un vin est parfaitement blanc dans son fût; en cave, vous le soutirez, c'est-à-dire que vous le mettez en contact avec l'air, immédiatement il devient jaune.

Mon opinion est qu'il y a deux sortes de maladies du jaune.

La première est produite par une fermentation spéciale dont j'ai donné la description plus haut et qui peut se combattre par le chauffage. On arrive mieux par un fort vinage.

La seconde est peut-être le résultat d'une réaction chimique de l'acide malique sur l'alcool du vin. Il se forme de l'éther malique. Si nous prenons la formule de l'acide malique $C^8H^4O^8+2HO$, et que nous mettions en regard la formule de l'alcool $C^4H^6O^2$, nous nous expliquerons facilement la formation d'un éther malique $C^{12}H^9O^4$, phénomène qui se produit par l'action des temps.

Exposons la formule :

Alcool............. $C^4H^6O^2$
Acide malique ... $C^8H^4O^8+2HO$ $\Big\} = C^{12}H^9O^9 + 3HO.$
Éther malique.   Eau.

Mais on me demandera pourquoi la production de l'éther malique fait tourner la nuance du vin vers le jaune. Cela, je ne puis l'expliquer scientifiquement, je me borne à le constater ; on sent facilement que le vin a pris un goût prononcé de cidre qui est l'odeur très-caractéristique de l'éther malique. Cet éther lui-même se décompose peut-être, s'oxyde et prend une teinte brune.

J'ai pensé un moment à attribuer la formation du jaune dans le vin à une réaction de l'éther malique sur le sucre restant dans le vin, car il en reste toujours un peu dans les vins même les mieux fermentés. Mais je n'ai pu, malgré mes recherches, trouver l'équation rationnelle de cette réaction, ni la preuve de sa production.

Dans le cours de ces recherches, j'ai été amené à observer un autre phénomène, c'est la disparition de la glycérine dans les vins qui deviennent jaunes, et la réaction de l'acide malique sur la glycérine.

L'acide malique se combine à équivalents égaux avec la glycérine ; il se forme de l'éther malique, il se dégage de l'acide carbonique et il y a production d'eau. La formule suivante en donne l'explication.

$$\underset{\text{Acide malique.}}{C^8H^4O^8} + 2HO. \ \underset{\text{Glycérine.}}{C^6H^8O^6}.$$

$$\underset{\text{Éther malique.}}{C^{14}H^4O^9} + \underset{\substack{\text{Acide} \\ \text{carbonique.}}}{2CO^2} + \underset{\text{Eau.}}{3HO}.$$

L'acide carbonique se dégage et l'eau reste dans la masse liquide.

Il est évident pour moi que, soit par suite de la réaction de l'acide malique sur l'alcool ou sur la glycérine, il y a formation de nuance jaune dans le vin toutes les fois qu'il y a production d'éther malique.

Je pourrais entrer encore dans une foule de considérations à ce sujet, mais je m'éloignerais trop d'un traité pratique.

Le remède à la production du jaune, c'est-à-dire le remède préservatif, est donc simplement l'alcoolisation et l'acidification du vin.

Depuis quelque temps cependant, il est question de l'emploi d'une foule d'agents antifermentescibles. Leur emploi dans le vin ayant des tendances à tourner au jaune peut trouver une utile application.

Quelques essais ont été faits, avec des chances très-différentes, mais surtout dans les conditions qui ne permettaient pas de tirer de conclusions bien positives, car souvent les expérimentateurs manquaient de l'instruction scientifique nécessaire pour bien observer la nature des résultats obtenus.

Vin amer

L'amertume du vin est une maladie spéciale des vins rouges; nous n'en parlerons donc que comme renseignement. Cependant nous ne pouvons passer sous silence un accident aussi grave que celui-là, car il ne frappe pas seulement les vins communs, mais les vins des plus grands crus de la Bourgogne, et ceux principalement provenant de l'espèce de raisin dit *pineau*. Cette maladie exerce ses plus grands ravages même sur les vins des meilleures années, et ce, malgré les soins les plus attentifs et tous les efforts des chefs de caves.

Cette maladie est produite par un ferment spécial qui affecte la forme de branches noueuses faiblement colorées en rouge et quelquefois parfaitement incolores. Ces filaments sont garnis de sortes de bourgeons, mais il faut se bien garder de les considérer comme étant le produit d'une des végétations de ce branchage; ces bourgeons ne sont autre chose que des nodules de matière colorante qui viennent se déposer sur ces filaments et qui n'en font nullement partie.

Ce nouveau parasite des vins, qui lui donne ce goût amer qui le rend impotable, affecte diverses formes, mais c'est toujours le même. M. Pasteur n'a pas cru devoir le classer et en déduire des affections diverses; loin de là, il les considère toutes comme étant la même et il n'attribue ses formes diverses qu'à l'âge des vins, leur richesse en matière colorante et le milieu où le mal se déclare. Mes impressions personnelles m'ont conduit aux mêmes conclusions. J'ai eu occasion d'examiner avec soin toute une série d'échantillons de vins amers ayant les provenances les plus diverses : Pomard, Volnay, pour la Bourgogne ; deux sortes de bordeaux très-vieux, et enfin le vin de Bouzy et de Cumières, en Champagne. Tous ces échantillons m'ont donné des parasites différents, mais ayant les mêmes caractères, et le résultat de leur développement était le même.

J'ai même semé dans du vin de Cumières des parcelles de ce parasite provenant du vin de Pomard ; ils y ont procréé avec une grande rapidité, mais en modifiant légèrement leurs formes et devenant identiques à ceux que j'avais déjà observés dans un vin de Cumières devenu naturellement amer.

Il n'y a donc aucun doute sur les conclusions de M. Pasteur : ce parasite est unique, mais peut affecter quelques modifications dans ses formes.

Quelles sont les causes du développement de ce parasite? Nous ne saurions répondre à cette question, et nous n'osons même pas l'aborder. M. de Vergnette-Lamotte, le savant œnophile lui-même, ne se prononce pas, il se tient sur la réserve ; nous faisons donc sagement en imitant son exemple.

Peut-on remédier à ce mal et en arrêter les progrès ?

Là, nous nous sentons sur un terrain plus solide, et nous pouvons répondre affirmativement : Oui, on peut y remédier et même éviter le mal.

Le remède est unique, mais aussi il est infaillible : c'est le chauffage.

En effet, il est constaté par tous les travaux de MM. Pasteur, de Vergnette-Lamotte, Henri Marés et autres, que le vin chauffé dans des conditions convenables ne prend plus l'amer, et que, s'il est légèrement atteint de ce mal, il ne progresse plus et reste stationnaire.

Nous ne poussons pas plus loin cette étude de l'amer ; nous renvoyons au chapitre *De l'étude des fermentations vineuses*, où nous donnerons les résultats de nos observations et les reproductions microscopiques de toutes les variétés observées par nous.

CHAPITRE III

Acidimétrie des vins. — Dosage de l'alcool. — Dosage du sucre
naturel du vin.

Acidimétrie des vins

Nous allons commencer les premiers essais qui
nous guideront dans le travail du vin mousseux.

Toutes nos observations doivent être consignées
dans un livre spécial que j'appellerai livre des
cuvées.

Chaque numéro de coupage a sa marque particulière et un compte lui est ouvert pour y consigner
toutes les observations qui nous serviront de guide
dans notre travail futur.

Le vin est tout prêt à être mis en bouteilles pour la
prise de mousse ; il est tannisé et collé, soutiré clair
et conservé dans des caves ou celliers frais.

Le premier point, point essentiel, est de savoir si
l'on a un vin plus ou moins acide, car de la connaissance de ce fait, dépendra beaucoup la plus ou moins
grande disposition qu'il aura à prendre mousse
et par contre la plus ou moins grande quantité de
sucre qu'il faudra y ajouter pour obtenir une mousse
dite marchande, c'est-à-dire donnant environ 5 atmosphères de pression dans la bouteille au moment
du plus grand développement de la mousse.

L'acidimétrie, ou connaissance du type acide du
vin, est une opération assez simple et qui n'exige pas
de grandes connaissances chimiques.

Mais avant tout, fixons-nous une base, un type acide dont nous ne nous départirons pas. Ce type est l'acide sulfurique monohydraté SO^3, HO. Ainsi, si nous disons : tel vin a 6 grammes d'acide par litre, cela veut dire qu'il a fallu une quantité d'alcali pour le neutraliser égale à celle nécessaire pour neutraliser 6 grammes d'acide sulfurique monohydraté SO^3HO.

Ce type de l'acide sulfurique a été choisi de préférence aux autres par suite de la facilité qu'on a de revenir sans peine au type premier, l'acide sulfurique se rencontrant partout à un titre très-régulier, ce qui n'arrive pas toujours avec les autres acides, surtout les acides cristalisés qui contiennent souvent des quantités plus ou moins grandes d'eau et sont plus ou moins purs.

L'acide oxalique se prêtait assez bien cependant à ce genre de type, mais il n'a pas été adopté et je ne crois donc pas devoir changer le type employé depuis longtemps par mes prédécesseurs dans ce genre de travail simple et pratique.

Le premier point, avant de procéder au titrage d'un vin, est donc d'avoir une liqueur alcaline normale d'un titre connu et facile à vérifier.

Le docteur Morh, dans son *Traité d'analyse quantitative*, nous donne un procédé que j'ai adopté en entier à cause de la régularité de ses résultats et de la facilité de sa pratique.

Ce savant professeur emploie une solution de soude caustique (NaO) au titre de $1/1000$ d'équivalent pour 1 centimètre cube de liquide. Pour titrer sa liqueur, il se sert de l'acide oxalique $(C^2, O^3, 3HO)$ à $1/1000$ d'équivalent par centimètre cube.

Voici comment on devra procéder pour préparer les

liqueurs titrées, chose de la plus haute importance, car de leur bonne exécution dépend toute l'exactitude du résultat.

Prenez un flacon de 1 litre ; jaugez-le avec de l'eau distillée à 15 degrés centigrades ; marquez avec soin le point d'affleurement du liquide ; videz le flacon et séchez-le bien.

Prenez de l'acide oxalique bien pur , étendez-le sur des feuilles de papier buvard bien propres ; faites-le sé-cher à une douce température, de manière à lui en-lever toute l'eau qu'il a pu emprunter à l'air ambiant ; pesez exactement 63 grammes de cet acide ; mettez-les dans votre flacon jaugé : introduisez environ 800 grammes d'eau distillée ; agitez fortement pour faire dissoudre.

En hiver, il est bon de faire chauffer un peu l'eau distillée pour activer la dissolution.

Quand le liquide est à la température de 15 degrés centigrades, vous complétez avec soin le volume de 1 litre, et vous avez une liqueur-type contenant exac-tement 0 gr,063 d'acide oxalique par un centimètre cube, soit 1/1000 d'équivalent. L'équivalent de l'acide oxalique est 63.

L'acide oxalique a été préféré à l'acide sulfurique parce qu'il est très-facile de le rencontrer pur, que sa dissolution peut se garder indéfiniment sans altéra-tion, tandis que l'acide sulfurique est d'une manipu-lation dangereuse, très-avide d'eau, et que sa liqueur normale change facilement de titre.

Pour préparer la solution normale (NaO) qui doit servir à doser l'acide, vous faites à un flacon de 1 litre la même opération de jeaugage décrite pour l'acide oxalique. Vous prenez de la soude caustique anhydre (NaO); vous en pesez rapidement environ 32 gram-

mes, car le temps employé à peser suffit pour l'hydra-
ter en partie ; vous introduisez cette soude dans votre
flacon et l'additionnez d'environ 950 centimètres cubes d'eau distillée. Vous avez eu soin de faire préalablement bouillir votre eau pour chasser l'acide carbonique, qui forme immédiatement un peu de carbonate
de soude, vous agitez pour dissoudre, puis vous procédez à la régularisation du titre.

Pour cela, vous mesurez exactement 10 centimètres
cubes de la solution d'acide oxalique normale, vous la
colorez en rouge par quelques gouttes de teinture de
tournesol bien fraiche.

Dans une éprouvette gradée en dixième de centimètre cube, vous mettez 10 centimètres cubes de la
liqueur de soude. Si cette liqueur est à son vrai titre,
elle doit exactement saturer l'acide oxalique de 10
centimètres cubes de la solution normale, et ramener
la teinture de tournesol au bleu.

Si vous n'avez pas dû employer toute votre liqueur
de soude pour cette saturation, c'est la preuve que votre solution de soude est trop concentrée ; vous ajoutez
alors une faible quantité d'eau distillée bouillie ; vous
faites un nouvel essai, et vous procédez ainsi par tâtonnement, jusqu'à ce que 10 centimètres cubes de solution d'acide oxalique normale soient exactement sa-
turés par 10 centimètres cubes de la liqueur de soude.

Vous avez alors un réactif contenant 1/1000 d'équivalent de soude par centimètre cube, soit $0^{gr},031]$ par
centimètre cube. L'équivalent de la soude caustique
(NaO) est 31.

Je conseillerai cependant aux opérateurs industriels
de tenir leur solution de soude normale de 1/000 au-
dessus du titre exigé, parce que cette solution absorbe
rapidement l'acide carbonique de l'air pour former un

carbonate de soude, et fausse d'autant le titre de la solution. Cette légère surforce de la solution normale suffit pour obvier à ce petit inconvénient.

Cette solution normale est, du reste, d'une garde assez difficile ; il faut prendre une foule de précautions, pour y arriver, et je dirai même qu'il ne faut pas en préparer trop à l'avance, car, malgré toutes les précautions elle s'altère rapidement.

Pour obvier à cet inconvénient, il existe un appareil imaginé par Graham, mais, c'est une installation que je ne conseille pas aux praticiens ; pour remplacer cet appareil, je me sers d'un flacon de 200 grammes que je remplis le plus possible, que je bouche avec un bouchon dit à l'émeri, et quand il est bouché, je coule sur le bouchon de la cire rouge fondue. Par ce moyen j'ai pu conserver des solutions de soude plusieurs mois. Cependant j'en reviens à ce que je disais, il est préférable de la préparer fraîchement, on est plus sûr de son résultat. Du reste, chaque fois que je prends un nouveau flacon, j'en fais le dosage avec soin pour m'assurer de son titre.

Nous voici donc possesseurs de notre liqueur normale ; procédons de suite à l'analyse de notre vin :

Prenez 100 centimètres cubes de vin, mettez-les dans un verre à précipité que vous posez sur une feuille de papier blanc, ajoutez au vin 1 centimètre cube de teinture de tournesol, agitez ; puis, avec votre burette divisée en dixièmes de centimètre cube dans laquelle vous avez mis 10 centimètres cubes de soude normale, vous commencez à saturer le vin. Opérez avec la plus grande prudence, c'est-à-dire en versant le réactif goutte à goutte et agitant sans cesse le vin au moyen d'une baguette de verre, car le moment où la teinture de tournesol passe du rouge au bleu est très-

délicat à saisir. Vous ne devez pas perdre de vue que
vous agissez sur des quantités très-minimes, et que la
moindre erreur se multiplie par 100. Il est également
bien entendu que vous opérez sur du vin blanc, car si
vous opérez sur du vin rouge, il faut agir autrement
pour constater le point de neutralisation. Pour cela
munissez-vous de bandelettes de papier de tournesol
bleu et rouge ; après chaque addition de soude vous
essayez si la réaction du vin est alcaline ou acide, et
vous arrêtez quand la neutralisation est parfaite. Le
point exact de neutralisation est, dans ce cas, infiniment plus difficile à saisir, mais avec un peu de pratique on arrive assez rapidement à constater ce point
avec une grande exactitude, chose si essentiel pour
une analyse.

Votre neutralisation terminée, vous lisez alors sur
la burette le nombre de centimètres cubes de soude
employés, et vous n'avez plus qu'à poser la proportion
suivante :

Supposons que, pour le cas présent, vous avez employé 7^{cc}, 5 de soude, vous dites :

7, 5 $\times$ 0,049 1/1000 d'équivalent de l'acide sulfurique $=$ X que je multiplie également par 10 pour
avoir le titre acide du litre. La proposition s'écrit
comme suit :

$$7,5 \times 0,049 \times 10 = X. X = 3.675$$

titre peu élevé pour un vin nouveau.

Notre vin a donc un titre acide qui équivaut en acide
sulfurique monohydraté à 3^{gr}, 675.

Comme nous avons pris l'acide sulfurique pour type,
tous nos essais se feront sur ce même étalon, et nous
inscrivons au compte spécial de chaque cuvée son
titre acide qui, ainsi que je l'ai dit, doit nous guider
pour la prise de mousse.

En passant, constatons qu'un vin, dans de bonnes conditions, ne doit pas contenir plus de 4,50 à 5 grammes d'acide-type par litre; s'il en contient plus, il faut se méfier de la casse au tirage, car elle se produirait rapidement et sans que rien puisse y remédier, ainsi que nous le verrons plus tard au chapitre *Prise de mousse*.

Je pourrais entrer dans de plus longues explications au sujet de cette analyse élémentaire, mais je ne veux pas sortir du cadre d'un travail pratique, et je renvoie, pour plus amples détails, à mon *Manuel d'analyse chimique des vins*.

Dosage de l'alcool

Le second point important à constater et indubitablement le plus essentiel, est le titre alcoolique du vin. Pour arriver à la connaissance de ce degré, il se présente une foule de méthodes, mais nous nous dispenserons de les examiner toutes ; nous ne nous occuperons que de la plus simple, la plus rationnelle, celle qui est basée sur la distillation d'un liquide complexe tel que le vin, et qui sépare les liquides de points d'ébullition différents. Nous laisserons également de côté toutes les considérations scientifiques qui peuvent se présenter, et nous étudierons simplement la pratique pure et simple.

La densité de l'alcool est moindre que celle de l'eau : 0,795 environ; l'eau étant 1.000, il en résulte que leurs points d'ébullition ne sont pas les mêmes, et que si l'on fait bouillir un mélange d'eau et d'alcool, le liquide le moins dense s'évaporera le premier. C'est ce qu'on appelle *la distillation*.

Le nombre d'instruments imaginés pour opérer

cette séparation est considérable, mais je ne m'arrê-
terai pas à les étudier; je me bornerai simplement
à décrire celui que j'emploie avec succès depuis
nombre d'années et qui m'a toujours donné d'excel-
lents résultats.

C'est à M. Salleron, habile opticien et savant praticien, que nous devons un instrument qui remplit toutes
les conditions exigées par la pratique. Il a su éviter
les inconvénients des instruments opérant sur des
quantités trop faibles de vin et la fragilité des instruments de verre.

La description et le dessin (*fig.* 9) feront comprendre la pratique de cet instrument. Nous donnons sa
description telle que son prospectus l'indique.

Cet appareil, renfermé dans une petite boite à charnières, se compose des objets suivants :

1° Une lampe A, alimentée par de l'esprit-de-
vin;

2° Une chaudière en cuivre B;

3° Un serpentin contenu dans un vase C, qui tient
lieu de réfrigérant. Ce réfrigérant est supporté par
trois pieds en cuivre.

Le serpentin communique avec la chaudière au
moyen d'un tube en étain D, terminé par deux bouchons EE' qui s'adaptent au col de la chaudière B, et
à l'ouverture du serpentin par des brides à charnières
et à vis de pression;

4° Une burette L, sur laquelle sont gravées deux
divisions : l'une, *a*, sert à mesurer le vin soumis à la
distillation; l'autre, marquée 1/2, a pour but d'é-
valuer le volume du liquide recueilli dans le serpentin;

5° Un aréomètre F, dont les indications se rapportent à celles de l'alcoomètre de Gay-Lussac;

6° Un thermomètre G' à échelle centigrade ;

7° Enfin un petit tube de verre qui sert de pipette.

Voici, en peu de mots, la pratique de cet instrument.

On mesure exactement, dans l'éprouvette L, une quantité de vin affleurant la ligne *a*. Ce mesurage doit être fait avec une scrupuleuse exactitude; car c'est de là que dépend la plus ou moins grande exactitude de l'opération, puisqu'on opère sur une quantité assez faible (65 centimètres cubes).

Ce mesurage se règle goutte à goutte au moyen de la petite pipette. Une fois obtenu, vous versez tout le vin dans le vase B, puis, au moyen des brides EE', vous le mettez en communication avec le réfrigérant, en fixant le tube D. Vous remplissez le réfrigérent C d'eau froide, puis vous allumez la lampe A, que vous réglez de manière que l'ébullition ne soit pas trop violente, ce qui pourrait amener les projections de liquide dans le tube conducteur D. On pousse l'opération jusqu'à ce que le liquide distillé arrive au point 1/2. On éteint alors la lampe, on retire l'éprouvette et l'on ajoute de l'eau froide jusqu'à ce que le volume primitif de vin soit exactement rétabli, c'est-à-dire que le liquide affleure le point *a*. Vous introduisez alors le thermomètre et l'alcoomètre (*fig.* 11), et vous lisez simultanément les deux degrés d'alcool et de température.

Pour avoir votre titre exact, vous employez la table suivante, qui vous donne les conversions de température et d'alcool toutes faites :

Indications de l'alcoomètre.

Indications du thermomètre.

	1	2	3	4	5	6	7	8	9	10	11	12	13	14	15	16	17	18	19	20	21	22	23	24	25
10	1.4	2.4	3.4	4.5	5.5	6.5	7.5	8.5	9.5	10.9	11.7	12.7	13.8	14.9	16 »	17 »	18.1	19.2	20.2	21.3	22.4	23.5	24.6	25.8	26.9
11	1.3	2.4	3.4	4.4	5.4	6.4	7.4	8.4	9.4	10.5	11.6	12.6	13.6	14.7	15.8	16.8	17.9	19 »	20 »	21 »	22.1	23.2	24.3	25.4	26.5
12	1.2	2.3	3.3	4.3	5.3	6.3	7.3	8.3	9.3	10.4	11.5	12.5	13.5	14.6	15.6	16.6	17.6	18.7	19.7	20.7	21.8	22.9	24 »	25.1	26.1
13	1.2	2.2	3.2	4.2	5.2	6.2	7.2	8.2	9.2	10.3	11.4	12.4	13.4	14.4	15.4	16.4	17.4	18.5	19.5	20.5	21.5	22.6	23.7	24.7	25.7
14	1.1	2.1	3.1	4.1	5.1	6.1	7.1	8.1	9.1	10.2	11.2	12.2	13.2	14.2	15.2	16.2	17.2	18.2	19.2	20.2	21.2	22.3	23.3	24.3	25.3
15	1 »	2 »	3 »	4 »	5 »	6 »	7 »	8 »	9 »	10 »	11 »	12 »	13 »	14 »	15 »	16 »	17 »	18 »	19 »	20 »	21 »	22 »	23 »	24 »	25 »
16	0.9	1.9	2.9	3.9	4.9	5.9	6.9	7.9	8.9	9.9	10.9	11.9	12.9	13.9	14.9	15.9	16.9	17.8	18.7	19.7	20.7	21.7	22.7	23.7	24.7
17	0.8	1.8	2.8	3.8	4.8	5.8	6.8	7.8	8.8	9.8	10.8	11.7	12.7	13.7	14.7	15.6	16.6	17.5	18.4	19.4	20.4	21.4	22.4	23.4	24.4
18	0.7	1.7	2.7	3.7	4.7	5.7	6.7	7.7	8.7	9.7	10.7	11.6	12.5	13.5	14.5	15.4	16.3	17.3	18.2	19.1	20.1	21.1	22 »	23 »	24 »
19	0.6	1.6	2.6	3.6	4.5	5.5	6.5	7.5	8.5	9.5	10.5	11.4	12.4	13.3	14.3	15.2	16.1	17 »	17.9	18.8	19.8	20.8	21.7	22.7	23.6
20	0.5	1.5	2.4	3.4	4.4	5.4	6.3	7.3	8.3	9.3	10.3	11.2	12.2	13.1	14 »	14.9	15.8	16.7	17.6	18.5	19.5	20.5	21.4	22.4	23.3
21	0.4	1.4	2.3	3.3	4.3	5.2	6.2	7.1	8.1	9.1	10.1	11 »	11.9	12.8	13.7	14.6	15.5								
22	0.3	1.3	2.2	3.2	4.1	5.1	6.1	7 »	7.9	8.9	9.9	10.8	11.7	12.6	13.5	14.4	15.3								
23	0.1	1.1	2.1	3.1	4 »	4.9	5.9	6.8	7.8	8.7	9.7	10.6	11.5	12.4	13.3	14.1	15 »								
24		1 »	1.9	2.9	3.8	4.8	5.8	6.7	7.6	8.5	9.5	10.4	11.3	12.2	13.1	13.9	14.8								
25		0.8	1.7	2.7	3.6	4.6	5.5	6.5	7.4	8.3	9.2	10.2	11.1	12 »	12.8	13.6	14.5								
26		0.7	1.6	2.6	3.5	4.4	5.4	6.8	7.2	8.1	9 »	9.9	10.8	11.7	12.6	13.4									
27		0.5	1.5	2.4	3.3	4.3	5.2	6.1	7 »	7.9	8.8	9.7	10.6	11.5	12.3	13.1									
28		0.3	1.3	2.2	3.1	4.1	5 »	5.9	6.8	7.7	8.6	9.5	10.3	11.2	12 »	12.8									
29		0.1	1.1	2 »	2.9	3.9	4.8	5.7	6.5	7.5	8.4	9.2	10.1	11 »	11.7	12.5									
30			0.9	1.9	2.8	3.7	4.6	5.5	6.4	7.3	8.4	9 »	9.8	10.7	11.5	12.3									

Ces tables sont dues à Gay-Lussac. On sait, en effet, que le titre alcool est toujours calculé le liquide étant à plus de 15 degrés centigrades ; si donc le liquide de cette distillation n'a pas ce degré, il faut en faire la conversion, conversion qui se fait facilement au moyen de la table qui précède. On lit en même temps le degré de l'alcoomètre et celui du thermomètre, et sur la ligne des températures, on suit jusqu'à ce que l'on trouve la colonne verticale portant le degré indiqué par l'alcoomètre ; le chiffre trouvé donne le degré exact du vin, c'est-à-dire le tant pour 100 d'alcool pur, ou alcool à 100 degrés qu'il contient, en volume bien entendu.

Exemple : vous avez un vin qui marque 11 degrés à l'alcoomètre ; la température est de + 17 degrés ; l'intersection des deux colonnes donne, comme degré réel, 10°,8. Votre vin contient donc 10°,8 p. 100 d'alcool pur en volume, c'est-à-dire, en terme de commerce, votre vin est au titre de 10°,8.

M. Salleron, pour rendre son opération plus exacte et combattre les effets de la capillarité, qui agissent d'une manière assez sensible sur les alcoomètres, a proposé une modification heureuse à son mode d'opérer. En effet, on sait que, plus un liquide est alcoolique, moins les effets de la capillarité sont sensibles et moins le menisque qui se forme autour de la tige de l'alcoomètre est élevé ; se basant donc sur ce point il opère comme suit :

Il mesure deux fois la quantité de vin destinée à être distillée, les met dans l'alambic et distille jusqu'à ce qu'il ait obtenu une mesure. C'est ce liquide, assez élevé comme titre alcoolique, qu'il pèse ; il fait la réduction du degré selon la température et a un titre double de celui qu'a réellement le vin. Il suffit donc alors de prendre moitié de ce titre pour avoir le titre réel cherché.

En opérant ainsi, il diminue les effets de la capillarité, et diminue les chances d'erreur de moitié. En effet s'il trouve 25 degrés à son liquide, le vin portera 12,50. Supposant qu'il ait une erreur d'un demi-degré dans un dosage, réduction faite elle ne sera par le résultat final que de 1/4 de degré, somme peu importante pour la pratique.

Je recommande vivement ce mode d'opérer, comme infiniment plus exact que le premier. Les alambics de M. Salleron se prêtent très-bien à ce genre d'opération.

Cette détermination peut donc nous guider pour régler la plus ou moins grande force alcoolique que vous voulez donner à un vin.

Nous voici fixés sur un des points principaux qui doivent nous guider dans notre fabrication des vins mousseux. En effet, il est reconnu que les vins destinés à la fabrication des vins mousseux doivent avoir un titre alcoolique qui ne doit jamais être inférieur à 10 degrés; sans quoi l'on s'expose à une foule d'accidents secondaires que nous aurons occasion d'étudier quand nous traiterons des maladies des vins en bouteilles.

De ce qui précède, nous pouvons donc agir en toute connaissance de cause et procéder au vinage selon la surforce que nous voulons leur donner.

Étant donc donné un vin qui titre 10 p. 100 d'alcool, vu l'emploi que nous lui destinons, nous jugeons convenable de porter la contenance en alcool à 12 p. 100. Quelle est la quantité d'esprit à un titre connu qu'il faut y ajouter.

Pour connaître cette quantité X, il faut procéder à

un calcul assez simple dont voici la formule. Vous
établissez : 1° la différence entre le titre trouvé et le
titre demandé, puis vous multipliez la quantité de vin
à surforcer par cette différence ; 2° vous établissez la
différence entre le titre de l'alcool à employer et le
titre désiré du vin. Ce calcul vous donne un chiffre
X. Vous divisez alors le produit de la multiplication
de la quantité de vin multipliée par la première différence des deux titres, celui demandé et celui trouvé
par le chiffre X, produit de la différence entre l'alcool
employé et le titre demandé.

Exemple :

Un vin pèse 10°, je désire le porter à 12° ; la quantité employée est de 200 litres, je destine au vinage
de ce vin de l'alcool à 90°. Je dis donc :

$$12° - 10 = 2$$
$$200° \times 2 = 400$$
$$90° - 12 = 78$$
$$\frac{400°}{78°} = 5,13$$

Je conclus donc de cette série de calculs que je dois
employer 5^{lit}, 13 d'alcool à 90° pour amener mes 200
litres de vin à 12° d'alcool pur.

Comme on le voit, cette série de calculs est fort
simple et permet de se fixer rapidement sur la quantité exacte d'alcool ou d'eau-de-vie qu'on doit employer pour surélever le titre d'un vin quelconque
destiné à ce genre d'opération.

Nous ne saurions, du reste, trop recommander les
plus grands soins dans ce genre de travail, car nous
le verrons plus tard, il est d'une importance considérable dans la suite.

Dans la pratique, lorsqu'on veut opérer rapidement,

ce qui ne permet pas la distillation, surtout si l'on se déplace et qu'on soit chez le propriétaire vigneron, on ne peut employer l'appareil de M. Salleron. Il est bon cependant de se fixer sur le degré alcoolique du vin qu'on achète sans s'en rapporter entièrement au palais, qui peut nous induire en erreur. On peut alors employer un petit instrument imaginé par MM. Musculus Valson et Garecre (*fig.* 10). Cet appareil est basé sur la capillarité d'un liquide plus ou moins chargé d'alcool.

Cet appareil donne des résultats d'une exactitude assez satisfaisante pour la pratique, mais à une condition, c'est qu'on n'opère pas sur des vins trop sucrés ou ce qu'on appelle filants.

Il résulte d'une longue série d'essais comparatifs que j'ai faits de cet appareil avec la distillation, que je me suis toujours trouvé d'accord à quelques dixièmes de degré près entre le liquomètre et la distillation toutes les fois que le poids du résidu de l'évaporation du vin n'excédait pas 30 grammes par litre, ce qui est la somme la plus normale qu'on rencontre.

Nous voici fixés sur la question de l'alcool et à 1 ou 2 dixièmes de degré près, nous pouvons être assurés d'opérer exactement.

Une précaution cependant est à prendre, c'est de bien vérifier les alcoomètres livrés par le commerce ; il n'est pas rare d'en trouver qui donnent des différences de 1, 2 et même 3 degrés.

Il est bon, dans une maison bien montée, d'avoir un alcoomètre-type qu'on a vérifié avec le plus grand soin et qui servira de point de comparaison avec les autres qui sont en usage journalier. Le type ou étalon ne doit, lui, servir qu'à vérifier les instruments qui servent chaque jour et qui sont exposés à se briser.

J'ai souvent observé des écarts assez notables dans ces petits instruments d'une construction, du reste, très-délicate, et ce n'est que par des essais successifs que j'ai pu me créer un type qui a servi à toutes mes expériences.

Nous croyons utile de donner diverses tables de conversion des différents alcoomètres employés.

Conversion des degrés centésimaux en degrés Cartier.

Degrés centésimaux	Degrés Cartier	Degrés centésimaux	Degrés Cartier	Degrés centésimaux	Degrés Cartier	Degrés centésimaux	Degrés Cartier	Degrés centésimaux	Degrés Cartier
1	10.2	21	13.4	41	16.9	61	22.8	81	31.3
2	10.4	22	13.5	42	17.1	62	23.2	82	31 8
3	10.6	23	13.5	43	17.4	63	23.5	83	32.3
4	10.8	24	13.8	44	17.6	64	23.9	84	32.8
5	10.9	25	14 »	45	17.9	65	24 3	85	33.3
6	11.1	26	14.1	46	18.1	66	24.7	86	33.9
7	11.3	27	14.2	47	18.4	67	25.1	87	34.4
8	11.5	28	14.4	48	18.7	68	25.5	88	35 »
9	11.6	29	14.5	49	19 »	69	25.8	89	35.6
10	11.8	30	14.7	50	19.2	70	26.3	90	36.7
11	12 »	31	14.9	51	19.5	71	26.7	91	36.9
12	12.1	32	15 »	52	19.8	72	27.1	92	37.6
13	12.3	33	15.2	53	20.1	73	27.5	93	38.3
14	12.4	34	15 4	54	20.5	74	28 »	94	39 »
15	12.5	35	15.6	55	20.8	75	28.4	95	39.7
16	12.7	36	15.8	56	21.1	76	28.9	96	40.5
17	12.8	37	16.2	57	21.4	77	29.4	97	41.4
18	12.9	38	16.4	58	21.8	78	29.3	98	42.3
19	13.1	39	16.5	59	22.1	79	30.3	99	43.2
20	13.2	40	16.6	60	22.5	80	30.8	100	44.2

Conversion des degrés Cartier en degrés centésimaux.

Degrés Cartier	Degrés centésimaux	Degrés Cartier	Degrés centésimaux	Degrés Cartier	Degrés centésimaux
10	0.0	22	58.7	34	86.2
11	5.3	23	61.5	35	88 »
12	11.3	24	64.2	36	89.6
13	18.4	25	66.2	37	91.1
14	25.4	26	69.4	38	92.6
15	31.7	27	71.8	39	94 »
16	37 »	28	74 »	40	95.4
17	41.5	29	76.3	41	96.6
18	45.5	30	78.4	42	97.7
19	49.2	31	80.5	43	98.8
20	52.2	32	82.4	44	99.9
21	55.7	33	84.3		

Comparaison de l'hydromètre de Sykes avec l'alcoomètre de Gay-Lussac.

S	G	S	G	S	G	S	G	S	G	S	G	S	G
1	0.6	16	9.2	31	17 8	46	26.4	61	35.1	76	43.7	91	52.3
2	1.1	17	9.8	22	18.4	47	27 »	62	35.6	77	44.3	92	52.9
3	1.7	18	10.3	33	18.9	48	27.6	63	36.2	78	44.8	93	53.4
4	2.3	19	10.9	34	19.5	49	28.2	64	36.3	79	45.4	94	54 »
5	2.9	20	11.5	35	20.1	50	28.7	65	37.4	80	46 »	95	54.6
6	3.4	21	12.1	36	20.7	51	29.3	66	37.0	81	46.6	96	55.2
7	4 »	22	12.6	37	21.3	52	29.9	67	38.5	82	47.1	97	55.7
8	4.6	23	13.2	8	21.8	53	30.5	68	39.1	83	47.7	98	56.3
9	5.2	24	13.8	39	22.4	54	31 »	69	39.7	84	48.3	99	56.9
10	5.7	25	14.4	40	23 »	55	31.6	70	40.2	85	48.9	100	57.5
11	6.3	26	14.9	41	23·6	56	32.2	71	40.8	86	49.4		
12	6 9	27	15.5	42	24.1	57	32.8	72	41.4	87	50 »		
13	7.5	28	16.1	43	24.7	58	33.3	13	41.9	88	50.6		
14	8 »	29	16.7	44	25.3	59	33.9	74	42.5	89	51.1		
15	8.6	30	17.2	45	25.9	60	34.5	75	43.1	90	51.7		

Table de comparaison de l'alcoomètre de Gay-Lussac avec l'hydromètre de Sykes.

G	S	G	S	G	S	G	S
1	1.7	16	27.8	31	53.9	46	80 »
2	3.5	17	29.6	32	55.7	47	81.8
3	5.2	18	31.3	33	57.4	48	83.5
4	7 »	19	33.1	34	59.2	49	85.3
5	8.7	20	34.8	35	60.9	50	87 »
6	10.4	21	36.5	36	62.6	51	88.7
7	12.2	22	38.3	37	64.4	52	90.5
8	13.9	23	40 »	38	66.1	53	92.2
9	15.7	24	41.8	39	67.9	54	94 »
10	17.4	25	43.5	40	69.6	55	95.7
11	19.1	26	45.2	41	71.3	56	97.4
12	20.9	27	47 »	42	73.1	57	99.2
13	22.6	28	48.7	43	74.8	58	100.9
14	24.4	29	50.5	44	76.6		
15	26.1	30	52.2	45	78.3		

Tableau de la conversion des degrés de l'alcoomètre en degrés du densimètre.

Alcoomètre	Densité	Alcoomètre	Densité	Alcoomètre	Densité	Alcoomètre	Densité	Alcoomètre	Densité
0	1.000	21	0.975	42	0 949	63	0.909	84	0.854
1	0.999	22	0.974	43	0.948	64	0.906	85	0.851
2	0.997	23	0.973	44	0.946	65	0.904	86	0.848
3	0.996	24	0.972	45	0.945	66	0.902	87	0.845
4	0.994	25	0.971	46	0.943	67	0.899	88	0.842
5	0.993	26	0.970	47	0.942	68	0.896	89	0.838
6	0.992	27	0.969	48	0.940	69	0.893	90	0.835
7	0.990	28	0.968	49	0.938	70	0.891	91	0.832
8	0.989	29	0.967	50	0.936	71	0.888	92	0.829
9	0.988	30	0.966	51	0.934	72	0.886	93	0.826
10	0.987	31	0.965	52	0.932	73	0.884	94	0.822
11	0.986	32	0.964	53	0.930	74	0.881	95	0.818
12	0.984	33	0.961	54	0.928	75	0.879	96	0.814
13	0.983	34	0.962	55	0.926	76	0.876	97	0.810
14	0.982	35	0.960	56	0.924	77	0.874	98	0.805
15	0.981	36	0.959	57	0.922	78	0.871	99	0.800
16	0.980	37	0.957	58	0.920	79	0.868	100	0.795
17	8.979	38	0.956	59	0.918	80	0.865		
18	0.978	39	0.954	60	0.915	81	0.863		
19	0.977	40	0·953	61	0.913	82	8.860		
20	0.976	41	0.951	62	0.911	83	0.857		

Dosage du sucre naturel

Nous arrivons maintenant au point capital de ce travail, c'est-à-dire la connaissance exacte du sucre naturel du vin qui nous guidera pour l'addition, plus ou moins considérable que nous devrons en faire au vin pour obtenir une mousse convenable. Ce travail va exiger de grands soins et une étude sérieuse de la question.

Une foule de méthodes ont été proposées pour arriver à ce résultat assez délicat. Je n'en condamne aucune d'une manière absolue ; aussi je vais les étudier toutes avec le plus grand soin et en exposer de nouvelles qui, je crois, présentent un intérêt pratique qu'il est bon de ne pas négliger.

Le liquide sur lequel nous allons opérer présente de grandes difficultés au chimiste, il est excessivement complexe et d'une grande variabilité dans ses éléments. Chaque fois que nous voudrons faire un essai d'analyse quantitative, nous nous trouverons en présence de divers éléments qui seront autant d'obstacles dans nos recherches, et contre lesquels nous aurons à lutter souvent avec un insuccès des plus constants.

Mais j'aborde de suite mon sujet, en commençant par quelques considérations chimiques indispensables à connaitre pour se rendre compte de la série d'opérations auxquelles nous nous livrerons.

Le raisin, comme la plupart des fruits, contient du sucre ; ce sucre est identique comme formule chimique avec le glucose $C^{12}O^{12}H^{12}$. Il produit par sa décomposition, à la suite de la fermentation, l'alcool du vin et de l'acide carbonique qui se dégage. Mais indépendamment de ces deux produits, il donne naissance à d'autres qu'il sera bon d'examiner plus tard quand nous nous occuperons de doser le sucre restant dans le vin.

Lors des vendanges et de la vinification des moûts de raisin, il arrive souvent que des variations brusques de température s'opposent à ce que cet acte important de la fermentation s'accomplisse d'une manière absolue et il reste dans la masse du vin une quantité plus ou moins grande de sucre non décomposé. Nous avons du reste examiné ce phénomène au chapitre *des Fermentations*. C'est ce sucre qui reste dissous dans la masse vineuse que nous allons avoir à doser.

La présence du glucose ou sucre de raisin peut se démontrer par divers moyens, car ce corps se combine avec une foule d'autres pour former des sels assez complexes, mais dont la formule chimique a pu être établie dans tous les cas. Je n'examinerai pas toutes ces réactions qui m'entraîneraient en dehors du cadre de ce travail ; on peut consulter pour cela les ouvrages de chimie organique qui traitent spécialement de cette matière, et les fabricants de sucre sont ceux qui ont poussé le plus loin ce travail.

Il est une réaction, cependant, que je ne puis passer sous silence, car elle permet de démontrer sûrement la présence du sucre et la nature du sucre auquel on a affaire, soit le sucre de raisin, soit le sucre de canne ou de betterave.

C'est l'action exercée par le glucose sur une solution bouillante de cuprotartrate neutre de potasse, ou réactif de Fehling ou de Barreswil.

En effet, M. Fehling trouva qu'en versant dans une dissolution bouillante de sulfate de cuivre, de tartre et de potasse, une solution de sucre de raisin ou de glucose quelconque, le sel de cuivre se trouve décomposé et le cuivre se précipite à l'état d'oxydule rouge. Continuant ses observations, il constate que le phénomène de la décomposition ne se produirait pas en présence du sucre de canne ou de betterave cristallisé, ce qui permettrait de distinguer les sucres incristallisables. Nous aurons occasion de revenir sur ce réactif qui sert à doser le sucre du vin, quand nous serons plus avancés dans ce travail.

Il est encore un procédé que j'emploie souvent pour déterminer de faibles quantités de sucre dans le vin.

J'évapore rapidement 100 centimètres cubes de vin dans une capsule, le résidu pâteux est repris par l'alcool à 90 degrés; je chasse l'alcool par la distillation pour ne pas le perdre, puis je reprends le résidu sec par l'eau distillée bouillante; j'y ajoute une dissolution de potasse, et la coloration brun foncé qui se produit me démontre la présence du sucre. La chaux vive ajoutée à la dissolution produit le même effet que la potasse et même par la différence des nuances on peut, en se faisant une échelle de coloration, déterminer approximativement la quantité de sucre. On peut encore employer différentes méthodes pour déterminer la présence de ce corps dans le vin, mais je passerai de suite à la question la plus intéressante, c'est la docimasie du sucre.

Je commencerai par les procédés les plus anciens et celui le plus usité en Champagne, je puis dire le seul usité pour régler la prise de mousse du vin. Je veux parler du procédé de M. François, pharmacien de Châlons, qui en 1834 et 1835 dota la Champagne d'un moyen aussi sûr que pratique de doser le sucre dans le vin au moment du tirage. — Voici ce procédé :

Il prend 750 grammes de vin à la température de 15° centigrades ; il les réduit, soit à feu nu, soit au bain-marie, à 125 grammes, c'est-à-dire au sixième, et verse le produit dans une éprouvette. Il l'expose à une température fraîche de + 6° à + 8° pendant 24 heures.

Il se passe alors un phénomène facile à prévoir. Les sels contenus dans le vin ne se trouvant plus dissous dans la même proportion de liquide, se précipitent selon leur degré de solubilité et tombent au fond de l'éprouvette.

C'est alors qu'on introduit le glucoœnomètre dans le liquide.

La quantité de sucre contenue dans le vin est alors déduite du degré de densité indiqué par l'instrument.

M. François considérait un vin pesant, après réduction, 5 degrés, comme ne contenant pas de sucre ; ces 5 degrés représentaient, pour lui, les sels en dissolution dans le vin, la glycérine et autres matières étrangères.

Ainsi un vin pesant 12 degrés, M. François le classe de la manière suivante :

12 degrés représentent 33^{gr},500 de sucre par litre de vin, ainsi que l'indique le tableau page 223 à la 3e colonne, soit 6^k,700 pour une pièce de 200 litres. Si nous déduisons le poids des 5 degrés considérés comme n'étant pas du sucre et donnant 13^{gr},500 par litre, nous avons comme reste : 33^{gr},500 — 13^{gr}500 = 20 grammes de sucre. Cette base connue, il nous est facile d'établir nos calculs pour le dosage du sucre dans un tirage.

Voici le tableau indiquant les poids donnés par

le procédé François; de plus nous donnons les indications au densimètre pour pouvoir faciliter la vérification du glucœnomètre, instrument souvent défectueux par suite de négligence dans la fabrication.

Nous recommandons essentiellement d'opérer cette vérification chaque fois qu'on achète un nouvel instrument.

Degrés du gluco-œnomètre	Densités	Sucre dans 100 litres d'eau sucrée	Sucre dans une pièce de 200 litres de vin	Sucre par litre
		kil.	kil.	gr.
1	1007	1.500	0.500	2.500
2	1014	3.300	1.100	5.500
3	1021	5 »	1.700	8.500
4	1029	6.600	2.200	11 »
5	1036	8.200	2.700	13.500
6	1044	9.800	3.300	16.500
7	1051	11.400	3.800	19 »
8	1059	13.200	4.400	22 »
9	1067	15 »	5 »	25 »
10	1075	16.700	5.600	28 »
11	1083	18.500	6.200	31 »
12	1091	20.200	6.700	33.500
13	1099	22 »	7.300	36.500
14	1108	24 »	8 »	40 »
15	1117	26 »	8.700	43.500
16	1125	27.900	9.300	46.500
17	1134	29.800	9.900	49.500

La pratique a sanctionné le mode de dosage du sucre de M. François; il ne faut cependant pas le considérer comme la dernière expression d'une analyse exacte, et voici pourquoi :

M. François admet pour chiffre de matières inertes dans son calcul le poids de $13^{gr},500$ par litre, c'est-à-dire l'équivalent de 5 degrés du glucœnomètre. Ce chiffre n'a rien de positif; il est le résultat d'une longue série d'observations, il est vrai, mais il n'est

basé sur aucun fait qui puisse le justifier d'une manière absolue, car il est excessivement variable selon
les années, ainsi que je vais le démontrer.

Les années où le vin est très-vineux, il se trouve
chargé de glycérine en raison directe de sa force alcoolique, d'acide succinique dans les mêmes proportions relatives. Je sais bien qu'on m'objectera qu'il
est alors moins riche en tartre, mais cela est une
mauvaise raison, car s'il contient 1 gramme ou
1 gramme 1/2 de tartre de moins, il peut contenir 2 et
3 grammes de glycérine en plus. On voit donc que
s'il perd d'un côté il gagne beaucoup de l'autre. Il est
donc indispensable de nous assurer, par de nouveaux
essais, si l'opération que nous venons d'exécuter est
conforme à la vérité.

Je signalerai en passant un fait qui m'est arrivé
plusieurs fois.

Un vin pesait, à la réduction François, 5 degrés et
même 4 degrés 1/2; il ne devait donc pas contenir
de sucre.

Je pris un litre de ce vin, je le séchai autant que
possible, puis reprenant le résidu par l'alcool, je
l'épuisai, j'évaporai l'alcool, puis étendant le résidu
d'eau, j'essayai, avec le réactif de Felhing ou de Barreswil, s'il ne contenait pas du sucre, et à ma grande
surprise, il m'accusa de 1 gramme à 2 grammes 1/2
de sucre par litre de vin.

Une autre fois, un vin qui donnait 7 degrés à la réduction, traité comme le précédent, n'accusa pas
trace de sucre.

Il y a donc là un point obscur qu'il faut chercher
à éclaircir, et c'est ce que je vais essayer de faire
dans la série d'opérations que nous allons examiner.

J'ai essayé avec un certain succès le procédé suivant qui, sans me donner les résultats rigoureux d'une analyse chimique complète, m'a cependant fourni une somme de résultats qu'il est bon de prendre en grande considération.

J'évapore 750 grammes de vin jusqu'au poids de 100 grammes environ, puis j'additionne ce produit de l'évaporation de 500 centimètres cubes d'alcool à 90 degrés, j'agite fortement et j'abandonne au repos.

Il se passe alors une série de phénomènes faciles à expliquer.

Le tartre, les sels de chaux, l'albumine, les mucilages et autres matières insolubles dans l'alcool à 75 degrés se précipitent. Un repos de vingt-quatre heures est nécessaire pour que l'effet demandé soit obtenu. Je filtre alors avec soin, je lave le filtre avec 100 centimètres cubes de nouvel alcool, puis le liquide clair est mis dans un ballon en verre et soumis à la distillation de manière à recueillir l'alcool qui serait perdu sans cela. Quand mon résidu est réduit à l'état visqueux, j'introduis 100 centimètres cubes d'eau distillée dans le ballon, je chauffe légèrement pour bien dissoudre toute la matière et je réunis le tout dans un vase à précipité, je lave de nouveau le ballon avec soin et j'ajoute cette nouvelle eau à la première.

J'ai alors un liquide contenant le sucre, la glycérine et les acides solubles.

J'élimine les acides solubles par l'acétate de plomb qui forme des sels insolubles, je filtre, je lave le filtre avec soin, je réunis toutes mes eaux qui alors ne contiennent plus que le sucre, la glycérine et l'acide acétique provenant de l'acétate de plomb ajouté.

Je réduis mon liquide à 125 grammes, je ramène à 15 degrés, je pèse au glucœnomètre. J'ai alors un degré qui m'indique d'une manière assez exacte le sucre, mais je dois déduire du poids trouvé la glycérine dont le poids m'est indiqué par la richesse alcoolique et l'acide acétique dont je connais le poids par celui d'acétate de plomb ajouté.

Pour la glycérine, on peut prendre un poids moyen de 7 grammes par litre : ce chiffre vient d'une série d'observations faites par Pasteur et correspond à un vin dont la richesse alcoolique est 12 pour 100.

Pour l'acide acétique, il se calcule par la formule suivante :

100 grammes d'acétate de plomb neutre contiennent 26^{gr},84 d'acide acétique. On multiplie donc le poids d'acétate employé par 26^{gr},84 et l'on divise par 100. Cette formule est, comme on le voit, fort simple.

Il est acquis par ce mode d'opérer une base à peu près certaine pour déterminer le sucre ; cependant il y a une petite cause d'erreur que je vais indiquer.

Lorsque vous additionnez votre produit de la première évaporation d'acétate de plomb, il se forme un composé de sucrate de plomb, par suite de la réaction du glucose sur l'oxyde de plomb naissant ; ce produit se forme en faible quantité il est vrai, mais enfin dans une analyse délicate il serait bon d'en tenir compte ; pour la pratique on peut la négliger.

Le dosage du sucre dans le vin peut s'opérer encore d'une autre manière, c'est en se basant sur la réaction du glucose sur le cuprotartrate de cuivre.

Pour opérer par ce procédé, je me sers des formules de M. Fehling qui a poussé cette étude assez loin. Voici le procédé pour préparer sa liqueur d'essai, mais je fais une légère modification dans son *modus operandi* qui, je le crois, donne des résultats infiniment plus exacts, car il écarte certaines causes d'erreur qui sont du domaine de la chimie pure.

M. Fehling prépare sa liqueur d'essai de la manière suivante :

Sulfate de cuivre pur cristallisé.	35 grammes.
Eau distillée....................	140 —

Faire dissoudre.

Tartrate neutre de potasse.....	139 grammes.
Eau distillée..................	100 —

Faire dissoudre.

Puis dans une grande capsule de porcelaine mettez :

Soude caustique..............	108^{gr},30
Eau distillée.................	500 grammes.

Chauffez, puis ajoutez la solution de tartrate neutre en agitant; enfin finissez en ajoutant la solution de sulfate de cuivre par petites portions, en agitant avec une baguette de verre de manière à bien dissoudre l'oxyde de cuivre qui se précipite. Laissez refroidir le tout, mettez dans une éprouvette de 1 litre, et quand la température du liquide est de $+$ 10 à $+$ 12° centigrades, complétez le volume de 1 litre par l'eau distillée; agitez fortement et gardez dans un flacon bouché en verre, à l'abri de la lumière. La soude caustique étant assez difficile à peser à cause de son avidité pour l'eau, il ne faut pas craindre d'en ajouter un excès; cela est sans inconvénient.

Le seul point important à observer est d'avoir du sulfate de cuivre bien pur, bien sec et exempt d'oxyde de cuivre.

10 centimètres cubes de ce réactif seront entièrement décomposés par 0,05 centigrammes de glucose

ou 0,045 de sucre de canne interverti ou 0,040 de sucre de fécule.

Quand on opère, on se sert de la formule suivante; V étant le poids du vin employé pour décolorer la solution, on dit :

$$V : 0,05 :: 1,000 : x.$$

x est le poids du sucre contenu dans 1 litre de vin.

Quand on veut vérifier sa liqueur d'essai, on prend 5 grammes de sucre de canne bien sec qu'on met dans un ballon avec 2 grammes d'acide chlorhydrique et 100 grammes d'eau, on fait bouillir pendant 10 minutes, on ramène à 10 ou 12 degrés centigrades la température, puis on complète le volume de 1 litre. 10 centimètres cubes de cette solution doivent neutraliser 10 centimètres cubes de réactif. Pour opérer, voici comment je procède :

Prenez 100 centimètres cubes de vin, portez-les à l'ébullition pendant dix minutes, laissez refroidir et reconstituez le volume.

Avec une éprouvette graduée on mesure exactement 10 centimètres cubes du réactif de Fehling, on les introduit dans un ballon de verre de 100 grammes. On ajoute 30 à 40 centimètres cubes d'eau, puis on porte à l'ébullition. A ce moment on ajoute au liquide de 2 à 3 grammes de soude caustique, puis avec une burette anglaise graduée en dixièmes de centimètre cube, on instille le vin bouilli avec précaution de manière à ne pas arrêter l'ébullition, ce qui est très-important.

Peu à peu le cuivre est réduit, et de bleu qu'était le liquide, il passe au brun, puis au blanc jaune; la réaction est alors terminée, tout le sel de cuivre est réduit, et l'on a au fond du ballon un précipité abondant d'oxydule de cuivre d'un beau rouge vif.

On lit alors sur la burette la quantité de vin employée et l'on pose la proportion suivante :

Supposons qu'il ait fallu 12 centimètres cubes 5/10 pour arriver à cette décoloration parfaite qui est le signe de la fin de l'opération. On dit :

$12^{cc}, 5 : 0^{gr},05 :: 1000 : x. = 4$ grammes de sucre par litre de vin.

Ce résultat est d'une grande exactitude quand on a snivi avec soin toutes les recommandations indiquées plus haut. Pour les vins blancs, qui sont les seuls que nous ayons à étudier, il est très-exact et ne nécessite aucune précaution spéciale. Si l'on opère, au contraire, sur des vins rouges, il est bon de suivre les indications que j'ai données dans mon *Manuel d'analyse chimique des vins*, page 65.

Je ne veux pas terminer ce travail important de la recherche du sucre dans les vins, sans donner tous les travaux faits à ce sujet; j'emprunte donc à M. Maumené le procédé suivant, qu'il donne dans son travail si étendu et si scientifique sur la fabrication des vins de la Champagne.

Voici cette méthode :

Faire évaporer, au bain-marie, 200 centimètres cubes de vin dans lequel on ajoute 30 à 40 grammes de bichlorure d'étain cristallisé pur; soumettre le résidu de cette opération à une température de $+ 130$ à $+ 140$ degrés dans l'étuve Gay-Lussac pendant un quart d'heure ou davantage; reprendre alors par l'eau, qu'on peut rendre acide au moyen de l'acide chlorhydrique : on dissout ainsi toutes les parties solubles, excepté le résidu noir appelé *caramélin*. On lave bien cette matière à l'eau acidulée, puis à l'eau pure, et l'on fait passer toutes les eaux de lavage sur un filtre de même poids que celui qui doit retenir le caramélin. On fait sécher les deux filtres ensemble, on les pèse, et le poids du caramélin est représenté par la différence de leur poids.

On connait ensuite le poids du sucre cherché S' par la proportion suivante :

$$S' \quad : \quad P :: 5 : 3.$$

Sucre   Caramélin
du vin.   obtenu.

Ce procédé est fort recommandé par son auteur, mais je dois avouer qu'après un grand nombre d'essais j'ai dû y renoncer.

L'emploi du bichlorure d'étain cristallisé est délicat ; ce réactif se conserve difficilement et est même d'un emploi qui n'est pas exempt de danger.

Il ne reste plus à mentionner que le saccharimètre de Biot, instrument fort délicat, très-coûteux, et qui exige pour son emploi des connaissances un peu en dehors de celles de la masse du public. Il faut en effet des connaissances chimiques et physiques assez étendues pour pouvoir employer utilement cet instrument.

De plus, le vin n'est pas un simple mélange d'alcool, d'eau et de sucre; il contient une foule d'éléments qui viennent influer sur le saccharimètre et fausser les résultats qu'on cherche.

M. Bouchardat a fait de nombreux essais avec cet instrument, mais je me permets de ne pas partager sa manière de voir sur les résultats obtenus par lui.

A la suite d'essais nombreux nous avons cru devoir remplacer le réactif de Fehling au tartrate de potasse par le réactif de M. Violette, au sel de Seignet. Ce réactif cupro-tartrique se conserve mieux.

Nous avons épuisé, je pense, tous les procédés pratiques pour déterminer le sucre dans le vin ; il ne nous reste plus qu'à en faire l'application à la pratique, et c'est là qu'est le grand point et le but principal de ce travail.

CHAPITRE V

Détermination du sucre à ajouter pour faire mousser un vin. —
Description des divers procédés pour cette détermination

Déterminer la quantité de sucre à ajouter à un vin pour le faire mousser

Dans les chapitres qui précèdent, nous avons étudié avec toute l'attention possible les procédés en pratique pour amener un vin quelconque au point convenable pour la mise en bouteille, c'est-à-dire pour le tirage. Nous allons maintenant étudier les meilleurs procédés pratiques pour régler cette délicate opération ; car des soins qu'on y donnera dépendra la réussite de toutes les opérations préliminaires que nous avons étudiées. Le point essentiel, le seul et unique but de ce chapitre est de régler la quantité de sucre qu'il faudra ajouter au vin pour obtenir une somme de mousse nécessaire et possible, c'est-à-dire la production d'acide carbonique indispensable pour arriver à ce résultat. Car qu'est-ce qui fait mousser le vin ? C'est la plus ou moins grande quantité d'acide carbonique qu'il tient en dissolution.

La formation de la mousse dans le vin ou, pour mieux dire, la production de l'acide carbonique dans le vin renfermé dans une bouteille parfaitement bouchée, est une conséquence de la décomposition du sucre en deux éléments connus, l'alcool et l'acide carbonique, décomposition produite par l'acte de la

fermentation. Nous ne reviendrons pas sur les phénomènes de la fermentation, car nous les avons étudiés avec soin et détail dans le chapitre spécial *de la
Fermentation*; nous nous bornerons à en tirer les
conséquences connues.

Le seul point qui nous intéresse dans ce chapitre
est de déterminer avec exactitude la quantité de sucre existante dans le vin et combien il faut en ajouter
pour arriver à la production d'un volume déterminé
d'acide carbonique devant produire une pression fixée
d'avance par l'expérience et en relation directe avec
la force de résistance connue des bouteilles.

Le premier point est donc de nous fixer immédiatement sur le sucre qui existe naturellement dans le
vin.

Dans l'origine de la fabrication des vins mousseux,
à la naissance même de cette immense industrie, nos
ancêtres, peu versés dans les connaissances de la
chimie, qui du reste, à cette époque, était fort peu
avancée sur ces questions, se guidaient un peu au
hasard et par routine. On ajoutait au vin une quantité quelconque de sucre, et la dégustation seule en
réglait le poids plus ou moins grand que l'on pensait
devoir ajouter. De là, vous le comprenez, des erreurs
immenses suivies de désastres qui ne se produisent
plus.

Ainsi, dans les années mauvaises, années où le
vin restait chargé de quantités énormes de principes
acides, les opérateurs ajoutaient de fortes doses de
sucre, car, par la simple dégustation, on n'arrivait à
en sentir le goût que quand il était ajouté en très-
fortes proportions, les principes acides masquant facilement sa douceur.

Il est facile de concevoir qu'un semblable mode

d'opérer devait forcément amener des résultats d'une diversité désespérante ; aussi nos anciens dans l'art de faire le vin mousseux cherchaient-ils en vain un moyen de remédier à cette grave position. L'honneur de la découverte appartient à un modeste praticien, M. François, pharmacien à Châlons-sur-Marne, qui le premier a établi une règle et donné des procédés de dosage, tels, qu'à l'heure qu'il est, on n'en emploie pas d'autre dans toute la Champagne, et c'est par millions de bouteilles que se font les tirages.

La régularité de la mousse obtenue par ce procédé est un fait acquis à l'expérience, et malgré les quelques imperfections qu'on peut y rencontrer au point de vue de l'analyse chimique rigoureuse, il est incontestable qu'en opérant avec soin d'après ses données, on obtient une mousse convenable et l'on évite les désastres de la casse.

Je vais exposer les procédés de M. François et de ses successeurs, et je terminerai ce chapitre par un exposé des calculs nécessaires pour régler la mousse et se rendre un compte exact de la production d'acide carbonique et des pressions résultant de sa formation.

C'est vers 1836 et 1837 que M. François commença à publier ses premiers travaux sur la production de la mousse dans le vin de Champagne.

A la suite d'une longue série d'expériences, il constata les résultats suivants, obtenus avec des vins de diverses années et de divers crus :

Une bouteille contenant 1 gros de sucre (3^{gr},82) donne une mousse extrèmement faible.

Une bouteille contenant 2 gros de sucre (7^{gr},65) donne une mousse demi-marchande.

Une bouteille contenant 3 gros de sucre (11^{gr},47) donne une mousse prononcée et sortant de la bouteille.

Une bouteille contenant 4 gros de sucre (13^{gr},30) donne une mousse sortant par flots.

Une bouteille contenant 5 gros de sucre (19^{gr},72) donne une mousse violente et folle.

Une bouteille contenant 6 gros de sucre (22^{gr},94) donne une mousse extraordinaire.

Ces résultats, indiqués par M. François, ne sont plus actuellement d'accord avec la pratique, ainsi que je le démontrerai plus tard ; mais pour le moment nous les admettons tels pour ne pas déranger l'exposé de son procédé. Nous continuons donc l'exposé de cette théorie, si remarquablement établie, que les personnes mêmes qui la critiquent sont encore obligées de l'employer.

Pour arriver à déterminer la proportion de sucre existante dans le vin et celle à y ajouter, il opérait de la manière suivante déjà indiquée :

Il prenait 750 grammes du vin à doser, il le réduisait à feu nu à 125 grammes par une ébullition modérée, versait le contenu dans une éprouvette qu'il mettait dans un lieu frais, les caves, par exemple, qui ont de 8 à 9 degrés centigrades, et l'y laissait reposer 24 heures. Une fois que tous les sels insolubles, en excès dans ce liquide réduit, étaient déposés, il pesait son liquide au moyen du glucoœnomètre de Cadet de Vaux, et du degré obtenu il tirait les conséquences suivantes :

Si la réduction ne pesait que 5 degrés, il concluait que le vin ne contenait pas de sucre; première erreur. De là il établit les formules suivantes de dosage basées sur la pièce de vin champenoise donnant un veltage de 200 litres, et à la mise en bouteilles, 225 bouteilles; seconde cause d'erreur, car la bouteille ne contenant que 80 centilitres de vin, on obtient au tirage 250 bouteilles.

Mais revenons à ses formules ; il créa le tableau suivant :

Degré du glucœnomètre marqué par la réduction.	*Sucre à ajouter par pièce de 200 litres, soit 225 bouteilles.*		kil.
5° au-dessous de 0.	7 livres de sucre, soit 3,500.		
6° —	6	—	3
7° —	5	—	2,500
8° —	4	—	2
9° —	3	—	1,500
10° —	2	—	1
11° —	1	—	0,500
12° —	0	—	0,00

François admettait que pour un tirage fait dans de bonnes conditions, 12 degrés à la réduction étaient un titre suffisant pour obtenir une mousse marchande ; la pratique actuelle ne l'admet pas.

Son vin sucré et réduit donnant à la réduction exactement 12 degrés, donnait d'après ses calculs 16^{gr},87 de sucre, troisième erreur ; car, en réalité, en calculant la pièce à 200 litres et les bouteilles à 80 centilitres, on n'a que 16 grammes de sucre, quantité insuffisante pour donner une mousse telle que l'exige actuellement la pratique admise en Champagne, qui veut qu'un vin pris sur tas en cave et débouché avec précaution se vide au moins à 10 ou 12 p. 100.

Malgré ces quelques imperfections, ce procédé a l'avantage immense de régler la mousse d'une façon satisfaisante et de mettre l'opération à l'abri de ces casses désastreuses dont les annales de la Champagne conservent le souvenir.

Ce procédé resta donc et reste encore en pratique. Voici les modifications qui y furent apportées par l'expérience des praticiens et les travaux si sérieux et si pratiques de M. Maumené, chimiste de Reims et auteur d'un traité pratique des vins mousseux, traité auquel nous faisons de larges emprunts, car c'est le seul ouvrage sérieux qui soit en usage dans nos pays.

La première précaution à prendre pour opérer par le système de M. François, est de faire la réduction dans une capsule de porcelaine ou de verre et sur un bain-marie chauffé par l'eau bouillante; car en chauffant à feu nu on arrive inévitablement à décomposer certains produits contenus dans le vin, qui plus tard viennent fausser le résultat.

La seconde est l'erreur de pesée commise par M. François qui fait peser sa réduction à la température de la cave, c'est-à-dire de 7 à 8 degrés centigrades, tandis que le glucoœnomètre est basé sur une température de + 15 degrés.

Il est donc indispensable de ramener le liquide à cette température si l'on ne veut pas s'exposer à des erreurs assez graves.

Voici donc le mode actuel d'emploi du procédé François, mode en usage dans toute la Champagne:

On opère la réduction au bain-marie, puis lorsque le liquide est bien reposé pendant vingt-quatre heures et qu'il est ramené à la température de + 15 degrés, on pèse au glucoœnomètre et le degré indiqué donne, d'après le tableau suivant, les indications nécessaires pour un tirage régulier.

Degrés du glucoœnomètre.	Densité.	Sucre ou matière extractive contenue dans une pièce de 200 lit. kil.
1	1,007	0,500
2	1,014	1,100
3	1,021	1,700
4	1,029	2,200
5	1.038	2,700

6	1,044	3,300
7	1,051	3,800
8	1,059	4,400
9	1,067	5,000
10	1,075	5,600
11	1,083	6,200
12	1,091	6,700
13	1,099	7,300
14	1,108	8,000
15	1,117	8,700

On voit facilement combien, au moyen de ce tableau, il est aisé de faire immédiatement les calculs nécessaires pour se fixer sur le sucre existant et le sucre à ajouter.

Nous savons déjà que François a admis que le vin pesant 5 degrés à la réduction, ne contenait pas de sucre et que le poids indiqué par le glucoœnomètre était la représentation des sels solubles contenus dans le vin. Donc, chaque fois que nous ferons nos calculs de réduction, nous aurons à retrancher du poids trouvé 5 degrés, soit $2^{kil},70$ par pièce représentant les corps indifférents pour la production de la mousse.

Donc si nous avons un vin qui, après réduction, nous donne 12 degrés, nous dirons que ce vin égale :

12 degrés, $= 6^{kil},7$ par pièce, — 5 degrés, $= 2^{kil},7$. $= 4$ kilogrammes pour le poids du sucre par pièce ou 16 grammes par bouteille, la pièce contenant 250 bouteilles et non 225, comme François l'a dit par erreur.

Si donc nous admettons que ce chiffre de 16 grammes de sucre par bouteille est exact, nous trouverons qu'après fermentation complète il se sera produit 4 litres 106 centimètres cubes de gaz acide carbonique, ce qui nous permettra plus tard de calculer la pres-

sion produite dans les bouteilles après la fermentation.

Mais revenons au procédé François ; nous nous bornerons aux calculs de la casse probable à la fin de ce
chapitre.

La plus grande erreur du procédé François est, en
dehors de la question de température que nous avons
déjà examinée, le chiffre 5 degrés du glucoœnomètre
indiqué comme ne dénonçant pas la présence de
sucre. Ainsi, il admet qu'un vin qui, à la réduction,
ne donne que 5 degrés, ne contient pas de sucre : là
est son erreur, car l'expérience m'a prouvé le contraire et l'analyse chimique est venue confirmer ce
fait d'une manière indiscutable.

J'ai pris 1 litre de vin indiquant à la réduction à
peine 5 degrés, je l'ai évaporé jusqu'à moitié environ,
puis je l'ai laissé déposer. Une fois bien ramené à la
température ordinaire, je l'ai filtré avec soin, puis
j'ai procédé à la recherche du sucre par le procédé de
M. Barreswil. Le réactif cuprotartrique m'a immédiatement signalé la présence d'un corps réduisant ce
réactif. J'étais en présence d'un glucose quelconque,
mais la preuve ne me suffisait pas, car le vin contient
des corps qui peuvent réduire le réactif cuprotartrique ; j'ai repris mon liquide et je l'ai ramené à un volume de 125 grammes, j'ai ajouté 2 grammes de levûre
de bière fraiche, puis j'ai porté le tout dans une étuve
à 30 degrés. Le flacon de vin communiquait par un
tube à une éprouvette reposant sur un bain de mercure, de manière à recueillir les gaz qui se dégage-
raient. Au bout de 24 heures, un faible dégagement de
gaz a commencé et ce travail a duré environ 8 jours,
après lesquels j'ai légèrement chauffé le ballon où se
trouvait le vin pour chasser l'acide carbonique dis-

sous et le recueillir dans une éprouvette. J'ai alors mesuré la hauteur de la colonne de gaz, puis j'y ai introduit un fragment de potasse caustique qui, absorbant immédiatement le gaz acide carbonique, n'a plus laissé dans l'éprouvette que l'air entraîné ou chassé du ballon en le chauffant. Mesurant ce volume et le déduisant du premier volume obtenu, j'ai eu, sauf une légère erreur, la somme de gaz produit et, par contre, le poids de glucose ou autres matières fermentescibles contenues dans mon vin ne donnant que 5 degrés à la réduction.

J'ai ainsi pu constater dans certaines années de 50 centigrammes à 1 gramme de sucre par litre, tandis que dans d'autres ce poids de 5 degrés ne représentait pas d'une manière exacte tous les corps non fermentescibles contenus dans le vin. Ce phénomène est très-fréquent dans les mauvaises années, où le raisin n'arrive pas à une maturité complète et où il reste chargé d'acide tartrique libre. Dans les bonnes années, c'est le contraire qui se passe : l'alcool se trouvant en assez forte proportion dans le vin, précipite tous les tartrates et les 5 degrés, au lieu de les représenter, représentent aussi une certaine proportion de sucre qui peut varier de 50 centigrammes à 1 gramme.

C'est là qu'est la plus grave erreur qu'on puisse commettre en employant le procédé de François pour doser le sucre d'un tirage ; cette erreur, du reste, est peu de chose et la pratique peut la négliger, car, comme nous l'avons vu au chapitre *des Acides*, c'est leur dosage qui a une grande importance, et quand cette opération nous a fixés sur leur quantité, on peut facilement en déduire la plus ou moins **grande exactitude du chiffre 5 degrés**.

Continuons donc l'étude des divers procédés employés ou proposés pour doser le sucre dans les vins.

Le procédé par le caramélin proposé par M. Maumené peut présenter une grande exactitude, je ne le discuterai pas, mais il est d'une pratique très délicate et dans les mains de maîtres de chaix, de gens peu familiarisés avec les opérations de la chimie, il a, je crois, peu de chances de succès.

En 1866, je proposai une modification au procédé François dans mon *Manuel d'analyse des vins*, mais j'ai dû renoncer à son emploi pour la pratique, car ce mode d'opérer est trop minutieux ; je ne m'en suis plus servi que pour des analyses scientifiques, qui exigent une grande précision d'observation.

Viennent ensuite les procédés basés sur la réaction du glucose sur la liqueur cupro tartrique imaginés par Fehling et Barreswil ; nous les avons déjà donnés page 226, et nous sommes fixé sur leur valeur ; nous n'insisterons donc pas.

Il est un autre procédé fort en pratique en Champagne, d'une rare simplicité et basé sur l'observation faite par un industriel, observation que des études approfondies ont trouvée parfaitement juste. La légende de ce procédé est qu'un marchand ambulant surchargé de pèse-vin dont il ne trouvait pas le débit, imagina de conseiller la formule que nous allons exposer, formule que le calcul a justifiée et qui donna des résultats si satisfaisants, qu'on peut dire qu'à l'heure qu'il est on n'en emploie guère d'autres et que la réduction n'est plus employée que comme contrôle.

Cette méthode si simple et nouvelle consiste à peser directement le vin avec un pèse-vin de Cadet de Vaux, mais à grande échelle, c'est-à-dire que chaque degré du glucoœnomètre est divisé en dixièmes de degré, lesquels sont également divisés en cinquièmes de degré.

Comme on doit le penser, cet instrument est extrèmement sensible, et la moindre variation dans les proportions du sucre est immédiatement indiquée. Aussi, par contre, il est d'une construction extrèmement délicate et il faut apporter le plus grand soin au choix qu'on fait de l'instrument-type. Du reste, soit dit en passant, nous conseillons aux négociants d'avoir toujours par devers eux et soigneusement serré un instrument-étalon qui sert à vérifier ceux que l'on emploie. (Voir à ce sujet le chapitre *Instruments pour l'essai des vins.*

Voici comment on pratique l'essai des vins au moyen de cet instrument. On prend un échantillon de la cuve dans une éprouvette et l'on y introduit l'instrument qui s'y enfonce plus ou moins profondément au-dessus du zéro de l'échelle qui correspond à l'eau. Le degré une fois constaté, on ajoute du sucre dans le vin jusqu'à ce que l'instrument flotte au zéro ; ces additions doivent se faire par de faibles quantités et en agitant vigoureusement. Quand le glucoœnomètre flotte bien au zéro découvert, on peut dire que le vin est suffisamment riche en sucre pour donner une bonne mousse s'il est riche à 12 p. 100 *en volume d'alcool.* Je ferai observer en passant, cependant, que je n'admets pas ce chiffre, mais une modification ainsi que je l'indiquerai.

En effet, sur quelle base repose ce procédé ? C'est bien simple.

11 volumes d'alcool sur 100 volumes de vin abaissent la densité du vin à 0,984.

Mais si j'ajoute au vin une quantité de sucre suffi-

sante pour qu'après réduction du procédé François
j'obtienne 12 degrés, c'est-à-dire une densité de 1,091,
le vin, lui, aura reçu une quantité de sucre égale à 1/6
de l'augmentation de densité, c'est-à-dire, dans ce cas,
de $\frac{91}{6}$ = un peu plus de 15 millièmes. Sa densité
sera alors égale à celle de l'eau. Pour chaque variation du titre alcoolique, le même calcul se reproduira
si chaque fois je veux ramener le vin à la densité de
l'eau, la proportion du sucre sera également variable.
Mais ces calculs sortent un peu de notre programme ;
qu'il suffise de savoir qu'il est indispensable de ramener le vin de tirage au moins à la densité de l'eau.
Voici, du reste, une table qui donne les poids de sucre
nécessaires pour arriver à ce résultat.

Je prends pour unité une bouteille de 80 centilitres
et je donne le poids du sucre à ajouter pour amener
le vin à zéro, le titre alcoolique étant connu, et le vin
ne contenant pas naturellement de sucre et pesant le
poids indiqué par un mélange exact d'alcool dans les
proportions désignées.

Vin riche en alcool.	Sucre à ajouter par bouteille. 0,80 centimètres cubes.
10	13 grammes.
11	14 —
12	16 —
13	17 —
14	18 —

Il ne faudrait cependant pas se baser sur ces chiffres pour doser le vin sans, au préalable, en vérifier
la densité ; car si j'ajoute 16 grammes de sucre à un
vin qui contient 12 p. 100 d'alcool, je risque fort d'a-
voir un poids excédant, car il est rare que le vin pèse
exactement le poids indiqué par l'alcool. En effet, le
plus souvent ces vins, au lieu d'avoir une densité de
0,984, ont des densités qui varient entre 0,988 à 0,995;

cela tient à ce que presque tous les vins destinés à la fabrication des vins mousseux contiennent naturellement du sucre.

Voici donc une échelle que je propose et que je trouve infiniment plus logique et qu'une longue pratique m'a fait établir comme donnant positivement des résultats certains et sur lesquels on peut se baser :

Richesse alcoolique des vins.	Titre acide. SO^3,HO	Degré du glucœnomètre.	Densimètre.
10 %	de 3,5 à 4,5	3/10 de degré	1001,9
11 %	—	2/10 —	1001,2
12 %	—	2/10 —	1001,1
13 %	—	2/10 —	1000,4
14 %	—	0 —	1000.

Il faut encore tenir compte de la température ; l'échelle suivante est basée sur une température moyenne de + 15 degrés centig. La température exerce une grande influence sur la densité des liquides, il est donc bon de pouvoir en tenir compte. Quand on pèse une cuve, il est rare qu'elle soit exactement à la température de + 15, il faut donc pouvoir la peser à n'importe quelle température et faire immédiatement la correction.

Si on se sert d'un densimètre, ce que je conseille, de préférence à un glucœnomètre, instrument rarement juste, la table suivante donne les corrections à faire si la température est au-dessus ou au-dessous de 15 degrés.

Degrés d'alcool pour o/° en volume

Température de la cuve.	10	11	12	13	14	
9	1.1	1.2	1.	1.1	1.1	Degrés à retrancher du titre trouvé.
10	0.7	0.8	0.8	0.9	0.9	
11	0.7	0.7	0.7	0.7	0.7	
12	0.5	0.6	0.6	0.6	0.6	
13	0.2	0.4	0.4	0.4	0.4	
14	0.2	0.2	0.2	0.2	0.2	
15	0	0	0	0	0	
16	0.1	0.1	0.1	0.1	0.1	Degrés à ajouter au titre trouvé.
17	0.2	0.2	0.3	0.3	0.3	
18	0.4	0.4	0.4	0.5	0.5	
19	0.6	0.6	0.7	0.7	0.7	
20	0.8	0.8	0.9	0.9	0.9	

J'ai toujours, au moyen de ce procédé, obtenu de bons résultats, car ces différents degrés correspondent environ à 13 degrés de la réduction François, ce qui est un titre moyen sur lequel on peut se baser. Cependant il faut encore tenir compte d'une observation, c'est du lieu où se fait le tirage. S'il se fait en cave, il faut forcer le degré; s'il se fait au cellier, il faut le tenir un peu plus faible; mais j'ai toujours obtenu de bons résultats par ce procédé fort simple et qui n'exige qu'une chose, c'est un instrument juste; ce qu'on obtient par les procédés que j'indique au chapitre spécial à ce sujet.

Trouvant à la suite d'une expérience de quelques années que le procédé de la réduction François était souvent trop long lorsqu'on veut vérifier rapidement le titre d'une cuve de tirage, j'entrepris d'abréger ce travail de la manière suivante :

Prenez 200 centimètres cubes du vin de tirage, évaporez-les de moitié, à feu nu ou au bain-marie, établissez le volume et ramenez la température à + 15 degrés centigrades.

Cela fait, pesez votre produit au moyen d'un densimètre. Le poids obtenu vous donne avec une précision suffisamment juste le titre de votre cuve de tirage.

Dans cette opération on se sert d'un densimètre talonné dans l'eau à + 4 degrés et cependant on pèse un liquide à + 15 degrés. L'erreur produite par l'influence que la température exerce sur la densité doit être négligée, car cette formule est plutôt empirique que scientifique et c'est sur la base indiquée que ce travail est fait.

Le tableau suivant vous donne immédiatement le résultat cherché.

RÉDUCTION FRANÇOIS		RÉDUCTION ROBINET	
Degrés du glucoœnomètre	Densimètre	Densimètre	Sucre par pièce déduction faite des 5 degr. de matières étrangères
			kil.
9	1067	1011	2.300
10	1075	1012	2.900
11	1083	1013	3.500
12	1091	1014	4.000
13	1099	1015	4.600
14	1108	1017	5.300
15	1117	1018	6.000

Tableau indiquant la quantité de sucre par litre et par bouteille

DENSITÉ de la RÉDUCTION	POIDS TOTAL des MATIÈRES solides	SUCRE par LITRE	SUCRE par BOUTEILLE	DEGRÉ correspondant à la réduction FRANÇOIS
	g.	g.	g.	
1011	26.89	13.39	10.71	9
1012	29.31	15.81	12.64	10
1013	31.78	17.28	13.82	11
1014	34.23	20.73	16.58	12
1015	36.67	23.17	18.53	13
1016	39.12	25.62	20.49	13 1/2
1017	41.56	28.06	22.44	14

Le tableau plus haut donne les quantités de sucre indiquées quand la réduction donne au minimum 1011, comme densité, mais il arrive qu'on a souvent besoin de faire la réduction de la cuve avant d'ajouter les sucres, pour avoir un point de départ pour l'addition à faire. Dans ce cas on se sert de la formule suivante :

Pour calculer le sucre cherché, ramener le liquide réduit à + 15°, peser et multiplier le nombre de degrés trouvés par 2,444, et retrancher de la somme 13,500. Le produit est le sucre cherché, exemple :

Une réduction pèse 1007. Je dis $7 \times 2,444 = 3,608$. J'ai donc 3^g,61 environ de sucre par litre.

Quand on opère sur la cuve toute préparée, on évite les calculs en se servant d'un des tableaux donnés plus haut qui mettent en parallèle les deux réductions ; celle de M. François est celle que je propose comme plus simple et plus rapide.

Ce procédé simple et rapide peut rendre de grands services quand on veut de suite vérifier une opération de tirage.

Nous voici fixés, dès ce moment, sur toutes les méthodes les plus pratiques pour connaitre le sucre à ajouter à un vin; je vais terminer ce chapitre en donnant les formules nécessaires pour calculer les pressions produites dans les bouteilles par la fermentation, selon la composition du vin et la quantité de sucre employée.

CHAPITRE VI

Calcul de la pression obtenue dans une bouteille par la fermentation d'une quantité de sucre.

Calcul de la pression obtenue dans une bouteille par une quantité X de sucre.

Quand on veut procéder au dosage du sucre à ajouter dans un vin pour obtenir une mousse convenable,
il est bon de se rendre compte des résultats obtenus
après fermentation, c'est-à-dire l'effort que le gaz
exercera après achèvement de la prise de mousse,
c'est-à-dire lorsque tout le sucre sera converti en alcool et en acide carbonique.

Nous empruntons une partie du travail suivant à
M. Maumené, qui l'a traité à fond dans son ouvrage
Traité du travail des vins.

Pour procéder à cet essai, le premier point à établir est de bien connaître la quantité de sucre introduite dans la bouteille ; ce point connu, on procède de
la manière suivante :

Supposons que le vin a été dosé, avec du sucre de
canne, à 12 degrés de la réduction François, soit 20
grammes de sucre par litre ou 16 grammes par bouteille, car la bouteille ne contient que 80 centilitres
ou 800 centimètres cubes. Le vin aura 10 p. 100
d'alcool en volume. Ces bases connues, procédons
aux calculs.

Le premier point à chercher est la somme d'acide carbonique produite par 16 grammes de sucre. On sait que 100 de sucre donnent :

Alcool pur 51,11
Acide carbonique............... 48,87

Convertissez le sucre de canne en sucre interverti, état qu'il prend avant de fermenter, c'est-à-dire que le sucre de canne ayant pour formule :

$$C^{12}H^{11}O^{11} = 171,$$

et le sucre interverti

$$C^{12}H^{12}O^{12} = 180,$$

soit différence 9 ou 5 p. 100. Multipliez le poids du sucre 16 grammes par 5 et divisez par 100. Autrement dit, on ajoute 5 p. 100 au poids du sucre trouvé. On pose donc :

$$\frac{16 \times 5}{100} = 0.80 + 16\,\frac{16.80 \times 48,89}{100} = 8^{gr},214.$$

soit $8^{gr},214$ d'acide carbonique. Le poids de 1 litre d'acide carbonique à $+$ 15 degrés et 760 de pression étant $1^{gr},88$, on aura :

$$\frac{8,214}{1,88} = 4^{l}.38,$$

soit 4 litres 380 centimètres cubes de gaz.

Connaissant la quantité de gaz produit, on cherche la puissance dissolvante du vin. Pour cela on se sert des tables de Carius et Bunsen.

Le vin examiné est riche à 10 p. 100 en volume d'alcool, ce qui donne :

Eau..................... 720
Alcool 80
Soit.......... 800

Prenons la température de --|- 15°. Cherchant dans la table, on voit qu'à --|- 15° la puissance dissolvante de l'eau en acide carbonique est de 1,0020 et pour l'alcool 3,1993, on a :

```
Eau, 720 centimètres cubes × 1,0020 = 721,440
Alcool, 80        —        × 3,1993 = 255,944
                               Soit........   977,384
```

La puissance dissolvante du vin est donc, dans cette circonstance, de 977,384, c'est-à-dire que 800 centimètres cubes de vin à la pression ordinaire de 760 millimètres peuvent dissoudre 977 centimètres cubes de gaz acide carbonique.

Pour trouver la pression qu'exercent dans la bouteille les 4ʲ,380 de gaz acide carbonique produit, on pose le problème ainsi en posant la formule :

$$\frac{4,380}{977^{cc}, + 15^{cc}\,(1)} = 4,4,$$

soit 4 atmosphères 1/2 en moyenne.

Ce procédé, quoique un peu long, est d'une grande exactitude, mais il nécessite certaines explications que nous allons donner.

(1) Le chiffre 15 est l'espace vide compris entre le liquide et le bouchon ; ce chiffre est facultatif, mais admis en principe comme exact.

Tables de Carius et Bussen sur la solubilité de l'acide carbonique dans l'eau et dans l'alcool à diverses températures.

Température	Eau	Alcool	Température	Eau	Alcool
0	1.7967	4.3295	16	0.9753	3.1438
1	1.7207	4.2368	17	0.9519	3.0908
2	1.6481	4.1466	18	0.9318	3.0402
3	1.5787	4.0589	19	0.9150	2.9921
4	1.5126	3.9736	20	0.9014	2.9465
5	1.4497	3.8908	21	0.8900	2.9034
6	1.3901	3.8105	22	0.8800	2.8628
7	1.3339	3.7327	23	0.8710	2.8247
8	1.2809	3.6573	24	0.8630	2.7890
9	1.2311	3.5844	25	0.8560	2.7558
10	1.1847	3.5140	26	0.8505	2.7251
11	1.1416	3.4461	27	0.8460	2.6969
12	1.1018	3.3807	28	0.8420	2.6711
13	1.0653	3.3177	29	0.8390	2.6478
14	1.0321	3.2573	30	0.8370	2.6270
15	1.0020	3.1993			

Suit la connaissance du poids du litre d'acide carbonique à différents degrés de température :

gr.

à   0, 1 litre pèse 1,981

à + 5,   —   1,943

à   10,   —   1,915

à   15,   —   1,880

à   20,   —   1,829

Ces données nous sont indispensables pour connaître le volume qu'occupera un gramme de gaz à différentes températures.

La solubilité du gaz dans le vin se calcule facilement, comme nous l'avons vu par les tables de Bunsen et Carius;

La production de l'acide carbonique par la simple formule chimique que nous donnons au commencement du chapitre.

Mais il est une formule générale qui nous paraît

assez simple et bien assez exacte pour la pratique ;
il est convenu que nous calculons à la température
de + 15 degrés.

Étant connu le poids de sucre de raisin, le multiplier par 259 et l'on a le nombre de centimètres cubes
de gaz cherché.

Soit 16 grammes de sucre de canne ; on veut
trouver la quantité de gaz acide carbonique produit
en litre :

$$\frac{16 \times 5}{100} = 0.80 + 16 = 16.80 \times 259 = 4{\scriptstyle lit}.351.$$

Comme on le voit, cela simplifie bien les calculs.

M. Maumené a encore simplifié ces calculs et nous
conseillons de bien étudier la formule que nous
allons donner, évitant, pour ne pas effrayer nos lecteurs, de donner tous les calculs par lesquels
il a dû passer pour arriver à une formule simple et
unique.

La formule est basée sur 1 litre de vin. Il faut en
déterminer la puissance dissolvante du gaz, ce qui se
fait au moyen de la connaissance du titre alcoolique,
puis les tables que nous donnons plus haut.

Ce titre connu, nous posons le problème ainsi :

1 litre de gaz acide carbonique est produit par
3^{gr},917 de sucre de canne et 4^{gr},123 de sucre de
raisin.

Connaissant la pression que nous voulons obtenir,
nous dirons :

$$x = D \times P \times 4.123 \quad \text{ou} \quad x = D \times P \times 3.917.$$

x est le poids du sucre cherché.
D est le pouvoir dissolvant du vin.
P est la pression demandée.

4,123 ou 3,917, sont les poids de sucre nécessaires pour produire un litre de gaz.

Exemple : 1 litre de vin a une puissance dissolvante de 1,430; on veut obtenir une pression de 6 atmosphères. Combien faut-il ajouter de sucre de canne au vin, en admettant qu'il n'en contienne pas ? On aura :

$$x = 1{,}430 \times 6 \times 3^{gr}{,}917 = 33^{gr}{,}607.$$

C'est donc $33^{gr}{,}607$ de sucre de canne qu'il faudra ajouter par litre ou $6^{kg}{,}700$ en chiffres ronds par pièce champenoise de 200 litres.

Ce mode d'opérer est d'une grande simplicité et permet de vérifier si les calculs obtenus par la réduction sont exacts. La seule chose à bien observer, c'est de déduire du poids du sucre à ajouter le poids du sucre existant déjà dans le vin.

Pour cela on peut se servir ou de la réduction François, ou du procédé du réactif cuprotartrique que nous donnons. Quant au titre alcoolique, il faut le déterminer avec le plus grand soin.

CHAPITRE VII

Du tirage ou mise en bouteilles. — Observations générales. —
Liqueur de tirage. — Des bouteilles. — Le rinçage. — Tirage,
ustensiles pour tirer. — Bouchage et bouchons. — Machines
à boucher. — Agrafes et ficelage.

Du tirage

Observations générales

Par ce qui précède nous sommes fixés sur les différents points qui doivent nous guider dans l'importante opération du tirage, expression qui désigne la
mise en bouteilles du vin tout préparé pour prendre
mousse ; nous allons étudier les différentes opérations
qui constituent le tirage.

Étant admis que le vin donne 12 pour 100 d'alcools
et que nous devons l'amener à 2/10 au-dessous du
zéro du glucoœnomètre pour avoir une bonne mousse,
examinons si le vin est dans une situation propice au
tirage.

C'est vers le milieu du mois de mars ou au commencement d'avril qu'on doit procéder à ce travail,
car il faut attendre que la seconde fermentation du
printemps soit déjà en mouvement ; sans cela on s'exposerait à ne pas obtenir le résultat désiré.

Le vin est soutiré avec soin, de manière à en séparer parfaitement le dépôt qui se trouve dans les
fûts. Il est versé dans de grandes cuves munies d'un

agitateur pour opérer le mélange du vin et de la liqueur sucrée qui doit nous servir à le doser.

Cette liqueur est ajoutée au fur et à mesure qu'on verse le vin, pour que le mélange de la masse soit parfaitement intime. Il est bon que la cuve dans laquelle le vin est versé soit fermée, pour que le contact prolongé de l'air ne vienne pas l'altérer. Dans beaucoup d'établissements on remplace la cuve verticale par un grand foudre muni d'un agitateur; ce mode est du reste préférable, car là, le contact de l'air est moins considérable et l'évaporation de l'alcool moins sensible. Il faut se prémunir contre cette évaporation, car le tirage se fait dans la saison chaude et l'alcool, en s'évaporant, enlève incontestablement une partie de bouquet du vin et surtout la partie la plus délicate.

Il en est de même des précautions à prendre en remplissant les cuves ou foudres à tirage : c'est de bien veiller à leur extrème propreté et à l'absence totale de goût de frais ou d'aigre qui peut se produire en une seule nuit par les grandes chaleurs.

La précaution la plus importante pour la parfaite réussite de l'opération est de bien s'assurer de l'état du vin et des conditions dans lesquelles on va le placer pour prendre mousse.

Il y a deux manières de tirer le vin, c'est-à-dire deux situations dans lesquelles on le place pour la prise de mousse, en un mot pour que la fermentation se développe.

Dans certaines maisons, dès que le vin dosé est mis en bouteilles, il est descendu en cave, mis en tas, et c'est là que la fermentation se produit. La température de ces caves varie entre 8 et 9 degrés ; cette condition est peu favorable au développement de la fermenta-

tion, mais le vin sucré étant un liquide essentiellement fermentescible, le travail s'y fait assez régulièrement; cependant ce mode d'opérer n'est pas exempt
de critique, et nous le démontrerons facilement.

Dans d'autres maisons, une fois le vin dosé mis en
bouteilles, il est entreillé dans de vastes celliers,
bien clos pour éviter les courants d'air. Là, la température s'élève, selon la saison, de 15 à 20 degrés,
circonstance éminemment favorable au développement de la fermentation ; aussi se développe-t-elle
rapidement et l'on est immédiatement fixé sur le résultat de l'opération. S'il y a une trop forte addition
de sucre, la casse se produit immédiatement et il n'y
a d'autre remède à y apporter que de descendre le vin
rapidement en cave; en effet, passant brusquement
d'une température de 20 à 25 degrés à une de 7 à 8,
il est comme saisi et la casse s'arrête subitement :
on a alors le temps de procéder à une opération que
nous décrirons plus loin et qui est le seul remède
possible contre la casse quand elle se produit, soit
par un défaut de dosage du sucre, soit par le défaut
de solidité des bouteilles, ce qui arrive le plus souvent.

Dans le tirage en cave, comme on le pense, le développement de la mousse est très-long à se produire :
il faut deux et trois mois pour arriver à ce résultat.
Si par malheur la casse se déclare trop fortement, on
n'a que très-peu de moyens à sa disposition pour y
parer. C'est ce qui nous fait préférer le tirage au
cellier. Je sais bien qu'on va nous objecter que dans
les vins qui ont pris mousse en cave, le grain de
mousse est plus fin, le dépôt plus sec. Je n'admets
pas cela; il y a moyen d'arriver au même résultat,
et cela par un tour de main très-simple et fort connu,

c'est le tannisage et le collage à la cuve de tirage.

En effet, si l'on redoute un dépôt gras et lourd quand on verse le vin dans la cuve de tirage, il faut ajouter par hectolitre environ 2 à 3 grammes de tannin dissous dans l'alcool et environ 5 grammes de colle par 20 hectolitres. Cette addition se fait en versant le vin et la liqueur; le mélange se fait intimement et donne un léger trouble au vin, ce qui n'a aucun inconvénient; au contraire, le dépôt sera plus abondant, mais il ne sera ni gras ni lourd; il sera, comme on dit, léger, mais cela n'est pas un mal.

L'état dans lequel on tire le vin a donc une influence des plus importantes sur l'avenir, et c'est souvent de ce point que dépend la nature du dépôt, considération importante à observer.

Il y a plusieurs faits dont il faut tenir compte et qu'on doit observer avec le plus grand soin. Ainsi, si l'on pratique un tirage précoce, c'est-à-dire si l'on commence à tirer avant l'arrivée des grandes chaleurs et avant que le vin soit entré dans sa seconde fermentation, on ne doit pas soutirer les vins trop fin clair, y il faut ajouter la colle et le tannin trois ou quatre jours avant la mise en bouteilles et avoir la précaution de tenir le vin dans un endroit dont la température soit modérée. Il est prudent, du reste, de ne pas tirer en cave dans ce cas, mais dans les celliers, car dès que les premières chaleurs arriveront, ce vin partira et l'on reconnaitra au dépôt que la fermentation marche régulièrement. Il y a bien à cela un petit inconvénient : outre que le dépôt du vin est abondant, on est plus exposé à la casse que lorsque l'on tire du vin clair. Mais aussi on a l'avantage d'avoir du vin mousseux dès les premiers jours de mai, ce qui est important.

Si, au contraire, on tire en avril, lorsque la seconde fermentation est déclarée, il est prudent de ne pas tirer trouble ; car on s'exposerait à une fermentation trop rapide qui amènerait inévitablement une casse qui dépasserait les proportions admises.

Sur les bords du Rhin, où le vin a une grande tendance à fermenter, on pratique le tirage à des époques on peut dire indéterminées. Il n'en est pas de même en France : le tirage ne peut se faire dans de bonnes conditions que depuis le 1er avril jusqu'au 15 août environ ; passé cette époque, on est exposé à manquer la mousse ou, si l'on tire trop fort en sucre, à avoir une casse anormale ; il faut, dans le cas où l'on veut opérer un tirage tard, descendre les vins en fûts dans des caves très-fraiches avant que la seconde fermentation se soit produite.

Comme je le disais, en Allemagne on fait mousser du vin à des époques indéterminées, et voici comment on procède. Le vin est mis en bouteilles exactement par les mêmes procédés que ceux indiqués dans nos établissements, seulement une fois le vin tiré, les bouteilles sont entreillées dans de vastes étuves où l'on élève graduellement la température sans jamais dépasser 25 degrés centigrades. La fermentation se développe insensiblement et au bout de trois semaines, on a un vin parfaitement mousseux.

La même opération peut se pratiquer en France dès les mois de janvier et de février avec les vins nouveaux ; il faut seulement avoir la précaution de tirer un peu trouble, comme nous l'avons indiqué plus haut.

Liqueur de tirage

La liqueur de tirage doit se faire dans une proportion parfaitement définie et commode à employer pour le dosage des cuves. Ainsi voici comment elle se fait généralement. Dans un fût de 2 hectolitres, on met 100 kilogrammes de sucre candi et l'on remplit le fût de vin. Quand le sucre est parfaitement fondu, on a une liqueur dont chaque litre contient $\frac{100^k}{200^l} = 0^k,500$ de sucre, ce qui est fort commode dans la pratique pour doser les cuves ; car connaissant le poids de sucre à ajouter, on sait de suite le nombre de litres à employer pour arriver au degré désiré.

Maintenant examinons la nature du sucre à employer et du vin destiné à le mouiller.

Il est un préjugé assez répandu dans une certaine classe de petits négociants, que la qualité du sucre employé pour la liqueur de tirage est assez indifférente. Grave erreur ; car, par suite de l'acte de fermentation, le moindre goût que pourrait avoir le sucre se trouve augmenté dans de grandes proportions, loin de se détruire comme il a été dit quelquefois.

A mon avis, le sucre le plus neutre est le meilleur, bien entendu en sucre candi, car je condamne d'une manière absolue le sucre dit en pain.

En effet, ce sucre a toujours une odeur que développe la fermentation et qui devient désagréable. Il est un fait constaté depuis longtemps, c'est que rien ne développe un goût ou un arome quelconque comme la prise de mousse.

La liqueur de tirage se fait avec le même cru que celui qu'on veut mettre en bouteilles, et quand le sucre est bien fondu, il est bon de filtrer la liqueur dans une chausse en laine, de manière à purger la masse liquide des impuretés qui pourraient s'y trouver, telles que fil, débris de papier, de bois, etc., enfin tous éléments qui peuvent développer un goût quelconque dans le vin.

La fabrication de la liqueur de tirage, on le voit, est d'une pratique facile ; je ne m'étendrai donc pas plus sur ce sujet.

Quand on ajoute la liqueur au vin de tirage, il faut faire le mélange avec le plus grand soin, car la liqueur étant infiniment plus pesante, si l'on n'agite pas le mélange avec la plus grande attention, on obtient un résultat défectueux. Il faut que les cuves de tirage soient munies d'agitateurs puissants ; un moulinet intérieur en forme de spirale est ce qu'il y a de préférable, et encore faut-il le mettre en mouvement souvent, car le sucre se dissout difficilement dans le vin.

C'est par l'observation d'une foule de détails de la sorte qu'on arrive à avoir une opération bien faite et qui donnera plus tard des résultats sérieux, et souvent on cherche bien loin les causes d'une opération mal réussie quand c'est simplement par la négligence d'un de ces petits détails qu'on est arrivé à avoir une prise de mousse irrégulière et des vins qui se font mal.

Des bouteilles

Une des plus graves questions du fabricant de vin mousseux est le choix des bouteilles qu'il aura à employer.

Je n'entrerai pas dans les détails de la fabrication des bouteilles, car cela sort entièrement du cadre de ce travail, mais j'indiquerai, d'après les observations de M. Maumené, les principales conditions qu'elles doivent remplir, plus celles provenant de mes propres observations, fruit d'une longue expérience pratique. Les bouteilles doivent remplir les conditions suivantes :

1° Elles doivent peser de 950 grammes à 1 kilogramme ;

2° Le verre doit être d'une épaisseur uniforme dans tous les points situés à la même hauteur ; il doit être rond partout ;

3° Elles ne doivent point être bleues, ni surtout irisées, ce qu'on aperçoit très-facilement en les mouillant et les regardant au soleil dans une position horizontale.

(Beaucoup de personnes attribuent, même aujourd'hui, cette irisation à la lune. C'est l'humidité seule qui la produit ; souvent, dans les verreries ou dans les maisons de vin, on conserve les bouteilles en tas, à la pluie ; l'eau finit par attaquer le verre à la longue, et met à nu sur toute sa surface une couche très-mince, plus siliceuse que le reste, et qui occasionne les couleurs) ;

4° Elles ne doivent présenter aucune pierre : il y a toujours, en pareil cas, des fentes, des étoiles presque imperceptibles, surtout si la pierre n'est pas noyée des deux côtés dans le verre, ce qui est rare.

5° L'embouchure doit être bien conique en élargissant à partir du bord supérieur, mais très-faiblement, pour retenir le bouchon, ce qui facilite la conservation du vin et rend l'explosion plus violente.

Il faut aussi s'assurer si le poli du verre est bien

parfait dans l'intérieur de la bouteille, ce qui est facile à vérifier en cassant une bouteille au hasard dans une partie. Il arrive en effet souvent que dans les usines où la recuite des bouteilles se fait au coke, il se lève des poussières sablonneuses qui s'y introduisent pendant qu'elles sont encore rouges, qui s'attachent au verre et que le rinçage ne peut enlever. Ce défaut de poli du verre amène des accidents connus sous le nom de *masques* et qui font qu'il est impossible de faire le vin sur pointe, comme nous le verrons plus tard.

La présence des vierges dans l'intérieur des bouteilles a aussi de graves inconvénients. En effet, lorsqu'on dégorge une bouteille et qu'il y a une vierge au fond de la bouteille, elle se brise par la commotion produite en la débouchant et le vin devient ce qu'on appelle fou, c'est-à-dire qu'il sort brusquement de la bouteille. De plus, la présence d'une vierge qui se brise sous la pression développée par la prise de mousse occasionne souvent la rupture de la bouteille. Il faut également rejeter les bouteilles qui contiennent trop de bulles d'air ; elles ne sont pas solides. Il en est de même de celles dont la matière n'est pas uniforme, c'est-à-dire de celles dont on voit le verre comme tordu : ce sont des bouteilles mal faites.

Il faut également que la bague ne produise pas un renflement dans l'intérieur du goulot, car dans ce cas il est extrêmement difficile de la déboucher au dégorgement.

Tous ces petits détails paraissent minutieux, mais c'est, comme je l'ai déjà dit, de leur observation que dépend la plus ou moins bonne réussite de l'opération du tirage.

Quand au choix de la nuance de la bouteille, cela

ne peut se prescrire d'une manière absolue, car c'est
un peu une affaire de goût. Cependant il faut éviter
les extrèmes; aussi une bouteille trop blanche rend
le vin désagréable à l'œil, tandis qu'une bouteille trop
noire rend impossible d'en distinguer la nuance.

Le rinçage

Les bouteilles une fois choisies, avant de les employer il faut leur faire subir un énergique lavage,
car elles sont pleines de cendres et autres débris qui
ne pourraient qu'altérer le vin. Le rinçage se pratique
de différentes manières; la plus ancienne est celle
qui se fait avec des perles d'étain qu'on introduit dans
la bouteille avec de l'eau et qu'on agite fortement.
Souvent on se contente d'employer du plomb, mais ce
procédé est long et présente quelques inconvénients.
Si, par hasard, il reste dans la bouteille un grain de
plomb, celui-ci, attaqué par les acides du vin, communique à ce dernier un goût sulfureux et nauséa-
bond.

Avec les perles d'étain pur le goût est moins fort.
mais la bouteille n'en est pas moins perdue. Aussi un
industriel de Reims a-t-il eu l'heureuse idée de remplacer les perles de plomb ou d'étain par les perles de
verre qui, elles, ont un grand avantage : elles net-
toient parfaitement la bouteille, et s'il en reste une
par hasard dans la bouteille, cela n'a aucun inconvénient, car elle est enlevée au dégorgement et n'a com-
muniqué aucun goût au vin.

Ce mode de rinçage est cependant long et aussi
a-t-on imaginé des appareils plus expéditifs que je
vais décrire.

Quand la bouteille a été rincée, il faut la disposer à l'envers, c'est-à-dire le goulot en dessous pour que toute l'eau s'écoule, et il est prudent, une fois qu'elle est sèche, de la mirer, ce qu'on appelle, pour s'assurer si elle est d'une propreté irréprochable, ce qu'il n'est pas facile de voir quand elle est mouillée Par le mirage, qui se fait en plein jour quand la bouteille est sèche, on constate facilement son état de propreté.

Le mirage se fait en regardant le grand jour au travers de la bouteille et en faisant ombre avec la main dans le sens opposé au jour. Par ce petit tour de main on y distingue la moindre impureté.

De la propreté de la bouteille, en effet, dépend la réussite de la mise sur pointe : en effet, si une bouteille est mal rincée, quand on la remuera, elle se masquera infailliblement.

Voici, en quelques mots, la machine inventée par M. Caillet, de Châlons-sur-Marne, pour simplifier le rinçage des bouteilles et surtout le rendre plus rapide.

La bouteille (*fig.* 15) est montée couchée sur un bloc en bois B, qui est mû avec une assez grande vitesse rotative par le moyen de la poulie P qui reçoit sa vitesse par les transmissions C. Le goulot de la bouteille est engagé dans une pièce en fer O qui presse sur le goulot au moyen de deux ressorts à boudin R passés dans le triangle T. La bouteille tourne donc avec une assez grande rapidité, elle est remplie d'eau jusqu'au niveau de sa couche ; on introduit alors dedans une brosse K en crin dur en forme de tête de loup, terminée par un fort pinceau, ce qui lui permet de pénétrer dans les plus étroites profondeurs de la bouteille. Il suffit donc pour pratiquer le rinçage, d'agiter fortement cette tète de loup dans le sens de la longueur de la bouteille, la vitesse rotative faisant porter la brosse partout par suite de ce double mouvement.

Quand on juge que la brosse a bien passé partout, on tire à soi la pièce O mobile sur les ressorts R, on enlève la bouteille et l'on y passe un peu d'eau propre, puis elle est déposée dans des paniers la tète en bas pour qu'elle s'égoutte.

Comme on le voit, ce procédé est simple. Une rincerie se compose de huit tours, et une femme suffit pour les mettre en mouvement, pendant que huit autres procèdent au rinçage. Une bonne ouvrière peut, dans sa journée de dix heures, rincer de huit cent cinquante à neuf cents bouteilles; mais dans la pratique on ne compte guère que sur huit cents au plus, et encore faut-il des ouvrières adroites.

Ce procédé de rinçage exige une certaine surveillance, car une ouvrière négligente peut ne pas enfoncer assez profondément sa brosse, ou cette dernière être usée, et le fond de la bouteille ne serait que très-imparfaitement nettoyé, ce qui a un grave inconvénient; mais avec un peu de surveillance on évite facilement cette imperfection.

M. Cicile Larbre a imaginé un système de laver dans le genre de celui de M. Caillet, mais au lieu d'une brosse il introduit des perles de verre dans la bouteille, et celle-ci mue d'un mouvement rotatif, permet aux perles de se promener sur toute sa surface intérieure. Le rinçage se fait bien, peut-être un peu moins rapidement qu'avec les brosses, mais il est d'une propreté irréprochable. La spéculation a adopté ce procédé et, d'après l'avis de plusieurs personnes qui l'emploient en grand, il est parfait. Je le recommande donc, car il a un avantage, c'est une extrême propreté.

Je n'insisterai pas plus sur le rinçage.

Tirage

La mise en bouteilles du vin se fait au moyen de divers appareils fort simples, mais ayant tous le même but, c'est-à-dire d'activer autant que possible la rapidité du travail.

Quand on agit sur de petites quantités, un simple robinet à deux becs suffit : celui indiqué à la *fig.* 4 est fort propre à cet usage. On l'adapte à la pièce mixionnée suivant les indications prescrites au dosage du sucre, et l'on présente successivement les bouteilles aux deux becs. La bouteille doit être remplie à deux ou trois centimètres au-dessous de la bague si l'on tire du vin comme spéculateur ; a trois ou cinq centimètres si l'on tire comme négociant expéditeur. Du reste, il est une chose constatée, c'est qu'une bouteille très-pleine est moins sujette à la casse qu'une bouteille moins pleine : en effet, la chambre où le gaz peut se dilater étant moins grande, la pression est moins considérable et moins sujette aux variations de température.

Dans les grands établissements, la mise du vin en bouteilles se fait au moyen du siphon (*fig.* 12).

Un réservoir A est en communication avec la cuve M au moyen d'un robinet à flotteur F qui maintient un niveau constant ; un siphon B, monté sur un axe tournant, plonge d'un côté dans le vin, et, par le plus grand côté, on enfile la bouteille, qui repose sur une planche E qui la maintient dans une position fixe.

Le siphon une fois amorcé, il suffit d'enfiler la bouteille dans le tube, et de la changer quand elle est pleine. Cette manœuvre se fait rapidement. Chaque machine est munie de six à huit siphons, et un enfant de douze à quinze ans peut tirer dans sa journée cinq à six mille bouteilles, surtout s'il est assisté d'un autre enfant qui lui présente les bouteilles vides dans sa main gauche, tandis que de la droite il enleve les bouteilles pleines et les pose sur une table, où le boucheur vient les prendre pour y mettre le bouchon.

Cette machine à siphon a un grand avantage, d'abord la grande rapidité de ses manœuvres et les résultats qu'elle donne, ensuite l'enfant qui met le vin en bouteilles, n'en répand pas, le vin arrivant par le siphon au fond de la bouteille, il ne se produit aucune mousse. Puis toutes les bouteilles sont également pleines ; le flotteur étant bien réglé, la marche des siphons est constante et le niveau ne change jamais.

C'est au moyen de la planche E qu'on règle la hauteur du vin dans la bouteille : en effet, en enfonçant plus ou moins le siphon dans la bouteille, elle se trouve à un écart connu du niveau normal du réservoir.

En Champagne, cette machine est universellement employée.

C'est aux Anglais que nous devons l'idée première ; mais l'appareil a été modifié et amélioré par les divers fabricants d'Épernay et de Reims.

La mise en bouteilles, on le voit, est une opération simple : je n'insisterai pas plus longtemps.

Du bouchage

Nous entrons dans une des plus grosses et des plus

graves questions de la fabrication du vin mousseux
c'est-à-dire la question des bouchons.

En effet, quelle est la chose la plus importante de
cette fabrication ? Ce n'est pas d'obtenir du vin qui
mousse, rien n'est plus aisé, comme on vient de le
voir ; mais le difficile est de conserver ce vin surchargé
d'acide carbonique dans la bouteille qui le renferme.
Il faut pour cela un obturateur énergique, qui ferme
hermétiquement sans s'altérer ni communiquer de goût
au vin.

Le seul moyen connu jusqu'à ce jour a été le bouchon de liège : mais tout parfait que soit ce procédé, il
présente de graves accidents et une grande incerti-
tude dans son emploi. Le choix des bouchons est
une des opérations les plus délicates qui constituent
la fabrication du vin mousseux, car il est impossible de s'en rapporter aux marchands ; il faut que le
fabricant fasse son choix lui-même à l'aide d'ouvriers
expérimentés.

Je n'étudierai pas à fond cette grave question des
bouchons, mais j'en dirai en passant quelques mots,
me réservant de publier un travail sur ce sujet.

Les bouchons de tirage n'exigent pas toutes les
qualités du bouchon d'expédition ; ils doivent cependant être sains, un peu gros, pas trop durs ; il faut
cependant éviter avec soin ceux qui sont trop tendres, car ils ne présentent plus assez de résistance
au bouchage et laissent échapper le gaz et le vin ;
car alors il ne faut pas perdre de vue que la pression
dans la prise de mousse s'élève jusqu'à six atmosphères et quelquefois six et demi ; ce qu'il faut surtout,
c'est que la fermeture de la bouteille soit complète.

Les bouchons de tirage ont une valeur assez minime relativement aux bouchons d'expédition ; ils ont

cependant leur importance. Il faut éviter avec soin qu'ils aient le moindre goût de frais ou tout autre goût qui se communiquerait rapidement au vin.

Les bouchons s'emploient soit avec de l'eau chaude de manière à rendre l'opération du bouchage plus facile, soit en les faisant séjourner quelques heures dans l'eau froide.

Il faut prendre quelque précaution dans ce cas, car l'eau s'altère rapidement et peut donner un mauvais goût aux bouchons; il faut donc la renouveler au moins une fois par jour.

Il y a une précaution également assez importante à observer. Règle générale, si l'on met en bouteilles une cuve de vin un peu fin, il est toujours préférable de n'employer que des bouchons neufs; si au contraire, on tire des vins communs, on peut employer des vieux bouchons revenus, mais, précaution à prendre, il faut faire ce travail soi-même et ne pas s'en rapporter aux industriels qui font le métier de faire revenir les vieux bouchons, car on est exposé à une foule d'accidents.

Je renvoie du reste le lecteur au chapitre *Bouchon* pour se bien rendre compte de l'importance de ce travail.

Machines à boucher

Étant une fois bien fixé sur le bouchon qu'on désire employer, examinons les machines qui sont en usage pour le bouchage

Le bouchon à champagne ayant un diamètre de 32 à 34 millimètres pour les bouteilles et de 28 à 30 pour les demi-bouteilles, il faut, sans le briser ni le tordre, le faire descendre droit dans le goulot de la bouteille

dont le diamètre est de 18 millimètres et de 16 pour
les dernières. On comprend facilement quelle énergique compression il faut lui faire subir et quel effort
énorme il faut exercer dessus pour le faire descendre
dans le tube compresseur et dans le goulot de la bouteille.

Plusieurs systèmes ont été inventés pour arriver à
ce but et éviter les quelques inconvénients qui se présentent généralement dans le bouchage, tels que pinçures des bouchons, bouchages de travers, déchirure
du bouchon, etc., etc.

Je vais donc examiner avec quelque détail le principe de la machine la plus usitée et qui me semble
remplir les meilleures conditions pour le bouchage,
sans cependant avoir atteint toute la perfection dési-
rable.

Description de la machine

On a construit des machines dont la manœuvre est
fort simple (*fig.* 13). Pour ouvrir la machine, on pèse
sur une pédale qui commande la pièce BB, la lève, et
par suite la broche A est enlevée au-dessus de l'ouverture où doit se loger le bouchon. Le boucheur renverse alors en arrière le grand levier G qui, par le
mouvement de l'excentrique P et de l'équerre *a*, ouvre
les trois parties qui composent le tube où l'on place le
bouchon. Une fois ce dernier placé bien droit, on
abaisse le levier G sur la cheville E et le bouchon se
trouve comprimé entre les trois pièces mobiles. On
frappe doucement sur la broche A et l'on amène au
ras du tube de sortie, puis on place la bouteille sur le
bloc élastique O en maintenant la bouteille avec la
main sous le bouchon ; il suffit d'un ou deux coups de

maillet pour enfoncer le bouchon à la profondeur qu'on désire.

On comprend facilement que le bouchon se trouvant comprimé dans trois sens par le tube mobile de forme conique, il ne faut pas un grand effort pour le faire entrer dans la bouteille, d'autant plus que pour boucher, on trempe les bouchons dans de l'eau à 50 à 60 degrés, ce qui leur donne une grande souplesse.

Le seul inconvénient qu'on puisse reprocher à cette machine, c'est de pincer quelquefois le liége et de faire ainsi un pli au bouchon qui par la suite produira des coulages ; mais jusqu'à présent on n'a pas encore fait mieux. Les tubes à deux pièces seulement ont des inconvénients encore plus grands. Quand le bouchon est entré à la profondeur voulue pour retirer la bouteille, il suffit de lever le levier G qui ouvre le tiroir, puis on pèse sur la bouteille, le bouchon se dégage du tiroir et permet de sortir la bouteille bouchée.

Pour les machines de tirage, on n'emploie que peu le maillet et il est avantageusement remplacé par un mouton en fer qui glisse sur deux tringles et qu'on élève et qu'on baisse au moyen d'une corde passant dans une poulie placée en haut des deux tringles.

Le bouchage est plus rapide, mais propre seulement pour le tirage.

Agrafes et ficelage

La bouteille une fois bouchée, anciennement on maintenait le bouchon au moyen du ficelage pratiqué avec une ou deux ficelles puis un fil de fer de calibre assez fort, car les vins de tirage devant séjourner assez longtemps dans les caves, il était indispensable d'assurer le bouchon d'une manière très-énergique et solide.

Mais ce mode d'opérer était long et dispendieux ; il fallait un ficeleur et un metteur en fil de fer pour chaque boucheur, et encore ne trouvait-on qu'à grand'-peine des ouvriers assez vigoureux pour suivre un bon boucheur qui bouche de 2,500 à 2,600 bouteilles par jour.

Il devient facile de comprendre que bientôt une foule d'inventions se présentèrent pour remplacer ce travail pénible de la ficelle. Mais comme je ne viens pas faire ici un historique de la fabrication du vin de Champagne, je passe de suite à l'explication des dernières machines employées et de leurs perfectionnements.

L'agrafe détrôna donc facilement la ficelle, et voici pourquoi.

Description de la machine à agrafer (fig. 14)

La machine à poser les agrafes a de remarquable son extrême simplicité et sa grande solidité.

La machine se compose de divers éléments dont la description est aussi simple que la machine elle-même. C'est une plate-forme D montée sur trois pieds, sur cette plate-forme se trouve fixée une forte pièce F en forme recourbée qui supporte tout le mécanisme. La bouteille est placée sur un bloc A qui s'élève ou se baisse au moyen de l'excentrique O, mû par le levier C, ce qui permet de faire mouvoir la bouteille de bas en haut avec une grande facilité et une verticale parfaite. L'agrafe, faite en fil de fer

méplat et en forme d'U, munie de deux crochets à
ses extrémités, est engagée dans les deux mâchoires
B qui sont mobiles, mais maintenues par deux ressorts. On pose la bouteille sur le bloc A, on pèse sur
le levier C qui élève la bouteille, le bouchon vient se
présenter entre les deux mâchoires B, et en pressant
vigoureusement sur le levier G, on imprime fortement l'agrafe dans le bouchon puis on pèse brusquement sur le petit levier G qui renverse les deux mâchoires en arrière et fait passer les deux crochets de
l'agrafe sous la bague de la bouteille. Une fois ce point
obtenu, on lâche le levier C et la bouteille est agrafée.
La tige M sert à maintenir les deux pinces E, qui di-
rigent le mouvement de la bouteille dans l'horizontale.

Cette manœuvre se fait avec une rapidité et une
sûreté qui surpassent tout ce qu'on peut imaginer,
et un enfant de 14 à 15 ans peut agrafer 2,800 à
3,000 bouteilles par jour.

Avant l'invention des machines à agrafer, on em-
ployait la ficelle et le fil de fer pour l'opération du
tirage. Mais ce mode lent et difficile a été rapidement abandonné depuis l'invention des machines à
agrafer.

On mettait une ou deux ficelles, puis un fil de fer
d'un numéro un peu gros, car le séjour dans les
caves pourrissait rapidement les ficelles, et le fil de
fer seul servait. Ce dernier, du reste, était rapidement oxydé et il était nécessaire de pratiquer une
opération qu'on appelait *retenir le vin*, c'est-à-dire
poser un nouveau fil de fer, ce qui nécessitait une
manutention complète des bouteilles, par conséquent
une perte de temps et des frais. L'introduction du
mode d'agrafer a donc supprimé tout ce travail, sim-

plifié la main-d'œuvre et par conséquent diminué les
frais et occasionné une notable économie.

CHAPITRE VIII

Entreillage des vins de tirage. — Prise de mousse : en cave ;
au cellier. — Considérations à ce sujet.

Entreillage des vins de tirage

Les bouteilles une fois tirées, bien bouchées et
agrafées sont disposées en tas pour la prise de
mousse, soit au cellier, soit en cave.

La disposition des tas adoptée en Champagne mérite une description spéciale, car c'est une des opérations curieuses qui concourent à la fabrication du vin
mousseux, et surtout remarquable par sa simplicité,
sa solidité et son économie (*fig.* 16).

On dispose un pied-latte ou sorte de traverse de
4 centimètres carrés qui forme l'arrière du tas ; on
range alors les bouteilles le col sur le pied-latte, le
fond sur une simple latte ; les bouteilles sont maintenues à un écartement de 4 à 5 centimètres les unes
des autres par de petites cales C soit en liège, soit
simplement avec de petites pierres ; on pose ensuite
la latte E sur le cul des premières bouteilles, puis on
continue à placer les bouteilles le fond sur le pied-
latte A, le col sur la latte E, en ayant soin de ne pas
trop serrer les bouteilles. Quand la rangée est terminée et que les bouteilles des deux extrémités sont
bien calées, on pose la deuxième latte F, puis on dispose la rangée G ; on pose ensuite une latte H, puis
la rangée J, et ainsi de suite jusqu'à ce que le tas ait

la hauteur voulue, c'est-à-dire environ 15 à 16 rangs
de culs d'un côté.

Pour donner plus de force aux tas, car les bouteilles des extrémités pourraient échapper malgré les
petites cales, on a la précaution de faire dépasser les
lattes des extrémités de 10 centimètres, d'y faire une
encochure, et en intervertissant les sens des coches,
on y enfile une baguette qui, reliant les rangs de
bouteilles entre eux forme un tout excessivement solide.

Les cales bien disposées suffisent généralement,
mais le système des piquets est infiniment plus
solide.

Les tas sont disposés les uns contre les autres
sans cependant se toucher d'une manière absolue,
car on doit pouvoir lever un tas en entier sans que
la solidité des autres soit en rien compromise.

Prise de mousse

Le vin tiré à un degré déterminé est entreillé par le
procédé indiqué, soit dans de vastes celliers à l'abri
des courants d'air, soit dans des caves dont la température est constante.

Il y a là quelques observations pratiques dont il est
bon de tenir compte, et cela sous peine de se voir exposé à des désastres sérieux.

Quand on pratique une mise en bouteilles au tirage
dès les premiers jours de mars, le vin n'ayant pas
encore commencé sa seconde fermentation, on peut
forcer la dose de sucre et entreiller sans le moindre
inconvénient dans un cellier ; la prise de mousse, du
reste, s'y fait mieux et plus rapidement. En effet,

dès que les premières chaleurs arrivent, on voit le vin qui commence à former son dépôt adhérent au verre : c'est un signe de la formation du grain de mousse, puis peu à peu le dépôt augmente, et si vous débouchez une bouteille avec précaution, le vin sort tumultueusement de la bouteille : la quantité de vin qui s'échappe dépend de la pression existante; il faut donc prendre bien soin d'examiner ce détail, car il réglera l'heure à laquelle on doit descendre le vin en cave pour éviter la casse.

Dès le mois d'avril, les premières chaleurs arrivant et le vin commençant sa deuxième fermentation, il est prudent de procéder au tirage avec une certaine circonspection. Le dosage du sucre doit être fait avec une grande exactitude et l'on doit en régler soigneusement les proportions, suivant qu'on tire au cellier ou en cave.

Si le tirage se fait au cellier, on doit tenir la main à ce que la quantité du sucre ne dépasse pas celle indiquée par le calcul de la production du gaz, l'alcool du vin et la pression que peuvent supporter les bouteilles.

Il y aurait un danger réel à s'écarter de ces données; de plus, on doit tirer le vin clair, non d'une manière absolue, mais plus clair que si le tirage doit se faire en cave. Il ne faut jamais dépasser le 13ᵉ degré indiqué par la réduction, quelle que soit la richesse alcoolique du vin.

Si, au contraire, immédiatement après le tirage, les bouteilles sont entreillées en cave, c'est-à-dire à une température qui varie entre 8 à 10 degrés, il n'y a aucun inconvénient à porter le degré à 13 1/2 et même à 14 degrés si le vin porte 12 1/2 à 13 p. 100 d'alcool en volume.

Dans le tirage au cellier, la mousse se développe rapidement, et dès qu'elle est arrivée à un degré suffisant, on descend le vin en cave, ce qui calme le développement de la mousse et arrête la casse s'il s'en produit, tandis que, si le tirage a été fait en cave et qu'il se déclare de la casse, il n'y a aucun remède pour l'arrêter, si ce n'est de mettre le vin sur pointe, faire tomber le gros dépôt sur le bouchon et le dégorger immédiatement ; c'est ce qu'en Champagne on appelle faire des blanquettots. Ce remède un peu violent est cependant le plus sûr. Il a bien été proposé des instruments dits acuponcteurs ou sortes de petites sondes en acier au moyen desquelles on perforait le bouchon en laissant échapper une certaine quantité de gaz, puis en enlevant la sonde, le liège du bouchon se serrant, empêche la perte de gaz. Mais voyez-vous des maisons se livrant à ce travail sur un million de bouteilles ; cela est impraticable, et ne peut avoir d'application que dans les laboratoires.

Le plus simple et le plus logique, c'est de faire ses calculs de sucre avec la plus grande précaution et de mettre sur pointe si l'on a de la casse. L'opération de faire le vin en deux fois est longue, mais elle est sûre.

Les avantages du tirage au cellier et en cave ont donné lieu à des discussions fort contradictoires ; on ne sera donc pas surpris si je donne aussi mon opinion à ce sujet, car chaque auteur a son système, et l'expérience d'une longue et considérable fabrication m'a amené à ce résultat.

Le vin tiré au cellier prend mousse rapidement ; il est alors désentrillé, secoué énergiquement et descendu en cave. Cette opération a pour résultat de vieillir le vin, ce qui permet de mettre sur pointe en novembre les vins tirés en avril, résultat qu'il serait impossible d'obtenir si le vin avait été tiré en cave, car il n'aurait fini sa fermentation qu'à la fin d'août; le temps de le secouer, de le changer de place et de le laisser s'éclaircir serait insuffisant.

Il est vrai qu'en tirant au cellier, on a quelquefois un peu plus de casse, mais par contre on peut mieux être maître de la casse, car si elle se produit au cellier, la seule opération de la mise en cave suffit pour l'arrêter, tandis que dans le cas contraire, on n'a d'autre ressource que la mise sur pointe.

On a aussi exploité contre la prise de mousse au cellier la différence des dépôts et du grain de mousse. Ces deux arguments tombent d'eux-mêmes quand on veut bien examiner les choses d'un peu près.

Il est évident que lorsque le vin prend mousse au cellier et qu'il fait chaud, le dépôt a un aspect peu séduisant; il peut paraître léger, ce qui n'est pas un inconvénient, ou gras, ce qui serait plus grave; mais dès que le vin a été secoué et qu'il se repose dans des caves fraîches, cela change, et l'on a un avantage immense, c'est qu'en tirant au cellier, comme le vin ne languit pas, il ne forme pas ce qu'on appelle une barre ou un cul de poule. J'expliquerai plus loin ces deux genres d'accidents, tandis que si le tirage est fait en cave et que le vin soit long à prendre mousse, il se produit souvent des barres ou des culs de poule.

Pour le grain de mousse, je prétends que du vin tiré au cellier, secoué et descendu en cave au bout d'un mois a un grain de mousse aussi fin. Aucune raison ni pratique ni scientifique ne vient donner raison à ce préjugé si enraciné dans la cervelle des chefs de cave, gens généralement peu instruits et imbus de préjugés absurdes qui ne sont, le

plus souvent, basés sur rien, ni l'expérience ni l'étude
de la question.

Pour ce qui est enfin de la façon dont le vin se
comportera sur pointe, je n'ai pu constater aucune
différence sensible, et même je préférerais les vins
tirés au cellier, car l'opération de la descente en cave
et les diverses manipulations que le vin a dû subir ne
tendent qu'à ce résultat de rendre le dépôt moins adhérent au verre. Il n'y a donc aucune raison pour
condamner le tirage au cellier, et dans une maison
bien ordonnée, je crois qu'il est toujours prudent de
pratiquer une partie des tirages au cellier et l'autre
en cave; comme cela, on partage les chances de l'o-
pération.

CHAPITRE IX

Conséquences d'un tirage bien ou mal fait. — Accidents qui
peuvent survenir. — Vins bleus. — Vins gras. — Vins mas-
qués. — Observations sur la nature du dépôt. — Casse. —
Mise en cave. — Précautions à prendre.

Conséquences d'un tirage bien ou mal fait

J'aborde maintenant une période de ce travail qui
est toute spéciale : c'est l'étude des conséquences de
la plus ou moins grande attention qu'on a apportée
dans l'exécution des opérations décrites dans les chapitres précédents.

En effet, des premiers soins donnés aux vins immédiatement après la vendange dépend souvent la
réussite du tirage; car si le vin, dès ce moment, a
contracté un défaut, il est incontestable qu'au lieu de
diminuer avec l'âge il ne fera qu'augmenter, et ce
fait se constate chaque jour.

Il arrive souvent que de la non-exécution des me-
sures prescrites, il se produit des accidents auxquels
on ne peut remédier une fois le vin en bouteilles et
mousseux.

La variété de ces accidents est considérable : aussi
je ne crains pas d'abuser de mon lecteur en les étu-
diant d'une manière spéciale, laissant cependant de
côté la question épineuse des observations microscopiques qui peuvent nous apprendre bien des choses;
mais qui, dans la pratique, exigent des connaissances

spéciales assez étendues ; car il ne suffit pas d'avoir un microscope, il faut savoir s'en servir et surtout savoir observer.

Je passe brièvement sur l'accident qui consiste à manquer la mousse ; cela ne tient qu'à deux causes, trois au plus, auxquelles il est facile de remédier, et cet accident est rare, et sans autre conséquence qu'une faible perte d'argent.

La première cause peut tenir à ce que le vin a été tiré avant que la sève ne soit en mouvement ; il n'y a pas les éléments nécessaires pour que le *mycoderma vini* se produise, c'est-à-dire que ce dernier ne se montre pas encore. Vous ajouterez telle ou telle quantité de sucre qui vous sera loisible sans arriver à obtenir de fermentation. En effet, si le germe du ferment n'existe pas déjà dans le vin, quoi que vous fassiez, il ne s'y développera pas spontanément, surtout s'il ne se trouve pas dans le liquide les éléments propres à son développement, éléments qui ne se trouvent souvent pas dans certains vins mis en bouteilles par de grands froids et dans un état de limpidité trop grande.

La seconde cause est le défaut de dosage du sucre ; en effet, si vous n'avez pas mis dans votre vin une quantité de sucre suffisante, quelque favorables que soient les conditions, il ne se produira pas une quantité de gaz plus considérable que celle indiquée par la théorie de la décomposition du sucre.

Mais comme je l'ai déjà dit, ces accidents n'ont d'autres conséquences qu'une perte d'argent : le vin reste.

Un tirage fait trop tardivement peut également entraîner le manque de prise de mousse ; en effet, quand la saison est trop avancée, c'est-à-dire fin août et septembre, si le vin n'a pas été tenu dans des caves très-froides, la seconde fermentation a pu se produire et épuiser entièrement la puissance fermentescible du vin ; il sera donc impossible de le faire mousser, surtout si l'on met le vin en cave.

En pratiquant le tirage dans un cellier, en forçant la dose de sucre et en ajoutant une bonne dose de colle, on peut encore arriver à obtenir du vin mousseux.

Il est, du reste, un tour de main qu'on peut employer et qui manque rarement son effet, c'est de prendre du vin en bouteilles en pleine fermentation et d'en mettre une certaine quantité dans la cuve de tirage. C'est une faible dépense, mais cet excitant favorise le développement de la mousse, et les essais faits en octobre avec des vins ayant, par conséquent, près d'un an, ont donné de bons résultats. Mais cela ne peut se pratiquer que sur une petite échelle.

La conséquence la plus grave du manque de mousse est souvent de rendre le vin gras ou bleu. En effet, un vin tiré dans de bonnes conditions, mais dont le développement de la mousse est entravé par une cause quelconque et languit, prend une teinte bleue ; il reste trouble et une nouvelle fermentation se développe aux dépens du sucre, sans production sensible d'acide carbonique, mais avec production d'une matière filante qui lui communique un aspect huileux ; on dit alors que le vin est gras.

Ces deux affections se produisent presque toujours en même temps et le vin est, sinon perdu, du moins impropre à aucun usage ; il faut le remettre en cercle et recommencer à le soigner comme un vin nouveau malade, par le vinage, le tannisage et le collage.

Quand un vin prend mousse dans de bonnes conditions et que le travail de la fermentation se produit
régulièrement, on remarque que le dépôt, sans être
abondant, garnit presque entièrement le fond de couche de la bouteille, qu'il n'est pas adhérent avec le
verre ; que lorsqu'on le remue, il prend un aspect
sablonneux sans filaments gras, et qu'il n'y a pas
trop de ce qu'on appelle du léger, c'est-à-dire de petites particules qui voltigent dans le vin.

La masse liquide est parfaitement limpide et sa
nuance ne change pas.

L'observation du dépôt a une grande importance
dans l'étude du travail de la fermentation, mais il est
extrêmement délicat de définir ces divers aspects, car
une définition est pour ainsi dire impossible; l'usage
seul peut nous fixer.

Cependant il est quelques notions qu'on ne peut
passer sous silence et que la simple énonciation suffit pour faire saisir, je ne dis pas au novice, mais à
l'homme habitué à manier des vins.

Ainsi, un dépôt qui a l'aspect gras et huileux est
évidemment formé dans de mauvaises conditions;
il dénote un vin dont la fermentation s'est mal produite, ou un vin qui n'a pas reçu tous les soins dé-
sirables avant sa mise en bouteilles. Ce vin sera extrêmement difficile à faire sur pointe et, je ne crains
pas le dire, souvent impossible.

Les dépôts gras proviennent le plus souvent du
défaut de tannisage des vins en cercle avant le tirage,
ou de l'emploi de mauvais tannin, impur ou mal préparé.

Quelques personnes, au lieu d'employer simplement une dissolution de tannin dans l'alcool, s'en
rapportent aux réclames et emploient une foule

d'ingrédients plus ou moins convenables, qui, par la suite, amènent des accidents graves ; car le travail du vin en cercles et celui du vin mousseux en bouteilles n'ont entre eux aucun rapport.

Il faut éviter avec soin l'emploi de toutes les pulvérines, colléines, gommes kino et autres produits de la réclame. Le tannin et la colle de poisson bien préparés sont encore les deux seuls agents qui ont donné des résultats constants. On connait la théorie de leur action réciproque et l'on sait ce qu'on fait en les employant.

Il est des accidents qui se produisent assez fréquemment et qu'il ne faut pas attribuer à la négligence des ouvriers, ce sont les masques.

On appelle une bouteille masquée une bouteille qui, lorsqu'on la met sur pointe et qu'elle est terminée, laisse voir, sur les parois intérieures du verre, un petit dépôt très-fin et adhérent qui ne se détache que fort difficilement ; il faut agiter le vin fortement dans la bouteille pour arriver à le détacher, et encore souvent n'y arrive-t-on qu'à grand'peine. Cet accident est d'une gravité extrême, et l'on a vu des cuvées entières de 100,000 et plus de bouteilles entièrement perdues par suite de la production de ce masque.

Cet accident, du reste, tient à différentes causes que je vais essayer d'expliquer.

La première de toutes provient le plus souvent d'un défaut de rinçage des bouteilles. On sait que les bouteilles une fois soufflées sont mises dans ce qu'on appelle le four à recuire. Dans beaucoup de verreries ce four est chauffé au charbon de terre ou au coke. Il entre dans la bouteille une poussière fine et adhérente qu'il est extrêmement difficile de détacher au rinçage. Cet accident se produit moins dans les bouteilles recuites au bois, mais il n'en faut pas moins prendre de grandes précautions au rinçage, car il est évident, et l'expérience le prouve, que toute bouteille mal rincée donne plus tard une bouteille masquée, les acides du vin ne dissolvant pas cette fine poussière qui est généralement un silicate quelconque insoluble dans les acides faibles que le vin renferme. Je ne saurais donc trop recommander le rinçage, car avant d'accuser le travail du vin, il faut s'assurer si l'accident ne provient pas d'une autre cause.

Le masque peut provenir aussi de la bouteille, et voici dans quelles circonstances. Souvent on entreille les bouteilles en plein air; elles sont exposées aux variations de température, à la pluie, au froid, au vent, au soleil, à l'humidité, toutes causes qui agissent également sur la matière même du verre, et par suite, amènent nécessairement des masques. En effet, de l'eau qui sèche dans les bouteilles en plein air, incruste dans le verre les parties silicieuses qu'elle entraîne, et que le lavage ne peut plus faire partir.

De même l'humidité qui se trouve dans une bouteille par suite des variations de température, finit par attaquer le verre lui-même ; les silicates se séparent et s'oxydent, et la bouteille perd son poli intérieur : nouvelle cause pour la production des masques.

Maintenant, il est d'autres causes qui produisent les masques, mais des masques auxquels on peut remédier. Ces causes proviennent du manque de soins donnés aux vins. Ainsi, des vins qui n'ont pas été suffisamment tannisés ou mal collés se masquent lorsqu'on veut les faire sur pointe. Ces masques sont sans grande gravité, car il suffit souvent de les exposer à la gelée en hiver pour faire disparaître cet accident. Il est bien un autre procédé qui consiste à électriser le vin, dit le terme vulgaire, mais il a ses inconvénients. Ce procédé consiste à secouer fortement la bouteille puis à frapper le goulot sur une barre de bois pendant un certain temps, de manière à bien détacher tout ce qui peut rester adhérent au verre.

On a même inventé diverses machines qui électrisent les bouteilles automatiquement, mais tout cela n'est qu'un remède assez primitif.

La gelée est, à mon avis, ce qui semble le mieux réussir.

Du reste, le masque est un accident qui n'a pas la gravité qu'on pourrait croire, quand il ne vient pas d'un défaut de la bouteille, car, dans ce cas, il est irrémédiable.

Je passe maintenant à l'étude des différents dépôts du vin.

Les dépôts des vins peuvent affecter plusieurs aspects différents qu'il est bon d'étudier avec soin, car de leur nature dépend la manière dont ils se comporteront lors de la mise sur pointe et leur description n'est pas sans offrir de grandes difficultés. L'usage, la pratique en apprennent souvent plus que les explications écrites les mieux faites et les plus soignées. Je vais cependant tâcher de me faire comprendre du lecteur.

Un dépôt de bonne nature doit être abondant sans exagération; cependant il ne doit pas être adhérent à la bouteille, ne pas être trop léger et avoir un aspect sec et non filamenteux, ni gras.

La bouteille, bien secouée et mise en couche, doit s'éclaircir rapidement et le dépôt se bien rassembler

au fond, sans cependant occuper un trop grand espace dans la bouteille. Si l'on touche légèrement la
bouteille, il ne doit pas trop facilement voltiger dans
le vin, car alors il serait peut-être trop léger.

Le vin qui prend mal mousse forme au fond de la
bouteille, avant que le dépôt ne soit formé, ce qu'on
appelle une barre, c'est-à-dire qu'il se forme un mince
filet de dépôt du fond de la bouteille au col, dépôt
très-dur et adhérent au verre avec une grande énergie.

Ce dépôt n'est pas formé par un commencement
de fermentation, mais par tous les éléments que le
vin de tirage tient en suspension : matières albumineuses, gommeuses, colle et tannin ; ce dépôt est
gras et collant et s'attache au verre avec une grande
force, et il faut secouer énergiquement la bouteille
pour qu'il se détache ; vers le milieu, il prend une
forme ronde qu'on appelle *cul de poule*. C'est un indice infaillible que le vin se trouve dans de mauvaises
conditions de prise de mousse, que le vin est malade ;
car vous avez beau secouer la bouteille, la remettre
sur tas, la barre se reforme quand la prise de mousse
se produit, et, quand on remue le vin sur pointe,
l'ouvrier chargé de ce travail éprouve une grande
difficulté à la détacher.

Cet accident de la barre du vin peut s'attribuer à
plusieurs causes ; mais la principale, à mon avis du
moins, est due à ce que le vin n'a pas été suffisamment soigné en cercle, que les collages et le tannisage n'ont pas été faits avec assez de soin ni assez
énergiquement. Du reste, un vin qui barre ne devient généralement pas fin clair : il conserve un aspect bleu, et la fermentation se fait mal.

Il n'y a pas de remède à cet accident ; cependant
en secouant à plusieurs reprises et en entreillant

au froid, l'hiver qui a suivi la prise de mousse, on rend la barre moins adhérente, et, par conséquent, plus facile à faire disparaître sur pointe.

Il est encore un autre aspect que peut prendre le dépôt d'un vin qui même a bien pris mousse et paraît être dans de bonnes conditions, c'est un aspect gras. En effet, il y a des dépôts qui ont l'aspect filant et gluant comme de l'albumine ; cela n'est dû qu'au manque de soins et surtout au défaut de tannisage. Si en effet on n'a pas mis assez de tannin dans le vin au moment des premiers collages, le vin se trouve chargé d'une matière mucilagineuse appelée *glaïadine* qui, produit les vins gras ou filants. Si donc le vin se trouve encore chargé de cette matière au moment de la prise de mousse, cette matière n'est pas attaquée par l'action de la fermentation alcoolique ; mais elle est entraînée par les ferments qui viennent se déposer au fond de la bouteille, et donne au dépôt du vin cet aspect gras et filant qui le rend très-peu propre au travail du remuage sur pointe.

De plus, les vins à dépôt gras sont longs à s'éclaircir, et souvent le goût du vin peut être altéré de diverses manières. C'est une condition des plus défavorables pour le vin mousseux.

Avant que François introduisit l'emploi du tannin dans les vins de Champagne, on avait souvent des vins gras et des dépôts gras : cet accident est maintenant rare et ne se produit, comme je l'ai dit, que lorsque le travail du vin en cercle a été mal fait.

Mise en caves et précautions à prendre

Lorsque le tirage se fait en cave, c'est-à-dire lorsqu'on descend les bouteilles une fois tirées dans les
caveaux où elles doivent prendre mousse, il n'y a pas
de grandes précautions à prendre si ce n'est, en les
entreillant, de veiller avec soin à ce qu'il ne reste pas
de bulles d'air près du bouchon, de faire les tas bien
d'aplomb et pas trop près du mur, de manière que
l'air circule bien.

Quand, au contraire, le tirage a été fait au cellier
et que le vin est mousseux, il faut bien choisir le moment de la descente.

Si par hasard la mousse n'est pas suffisamment
développée, il est à craindre qu'en soumettant brusquement le vin à une température un peu froide, la
fermentation ne s'arrête. Cet accident peut arriver,
surtout si la mousse a une certaine difficulté à se
produire, de même qu'il ne faut pas attendre que la
mousse soit trop forte pour commencer la mise en
cave.

Quand on lève un tas au cellier pour le mettre en
cave, on marque avec du blanc le dessus de la bouteille, on la lève, on la secoue énergiquement de
manière à bien détacher le dépôt, puis en l'entreillant
en cave, on a la précaution de la coucher sur le même
côté qu'auparavant, c'est-à-dire la marque blanche
en dessus.

En effet, si par hasard il restait un peu de dépôt
fixé au flanc de la bouteille et que, en l'entreillant,
la bulle d'air de la bouteille vînt isoler ce dépôt du
n, il sécherait et, plus tard, il formerait un masque,

car on sait que du dépôt de vin séché dans une bouteille ne se détache plus qu'à la brosse.

Ces quelques précautions prises, je ne vois rien à
ajouter à cette description, l'opération de la mise en
cave étant une chose fort élémentaire.

CHAPITRE X.

Soins des vins en cave. — Mise sur pointe. — Différents modes
employés. — Du vinage. — De la mise en casier. — Du dégorgement. — Du dosage. — Liqueur pour doser les vins. — Du
bouchage. — Choix des bouchons. — Du ficelage et du fil de
fer. — Emballage. — Fin et conclusion.

Soins du vin en cave

Nous voici arrivés à la dernière période de ce travail. Nous avons en cave du vin mousseux ; il ne
nous reste donc plus qu'à nous occuper des soins à
lui donner et de le rendre propre à la consommation.
Je passerai rapidement sur l'exposé des détails, car
là il n'y a rien d'imprévu ; ce travail est facile et
n'exige qu'une surveillance attentive des ouvriers
chargés de cette manipulation. Puis il existe déjà des
ouvrages qui donnent des explications très-catégori-
ques à ce sujet.

Le premier soin qui doit préoccuper le chef de cave,
une fois ses bouteilles mousseuses en cave, c'est de
surveiller ses tas, de voir s'il ne s'y produit pas une
casse capable de compromettre leur solidité. Puis le
mois de novembre ou de décembre arrivé, il faut retenir les vins, c'est-à-dire changer les tas de place.

En effet, le vin qui a pris mousse en cave ne doit
pas rester trop longtemps sur sa première couche ; il
est indispensable de secouer les bouteilles et de re-
faire les tas : cette opération a l'avantage de mûrir le
dépôt, de le rendre moins adhérent au verre et plus
propre à l'opération du remuage sur pointe. Il est bon

également de renverser complètement les tas, c'est-à-dire de mettre dessous les bouteilles qui étaient dessus.

On profite de ce travail pour séparer les recouleuses, qui devront être mises sur pointe les premières, et remettre des agrafes ou des fils de fer ou le besoin s'en fera sentir.

Tous ces petits soins sont peu de chose en réalité, mais ils constituent la bonne tenue d'une cave et évitent souvent dans l'avenir des accidents graves.

Quand les vins ont été tirés au cellier, il n'est pas nécessaire de les retenir dans la première année ; on peut attendre l'année suivante pour exécuter ce travail : en effet, au cellier, au moment de la descente, on a déjà pratiqué le triage des recouleuses et réparé les agrafes défectueuses.

Il est bon d'entretenir dans les caves des courants d'air, de manière à empêcher l'accumulation du gaz provenant de la décomposition du vin répandu par terre par suite de la casse. En été on doit éviter les courants d'air chaud, et en hiver les courants d'air trop froid ; c'est donc au printemps et à l'automne qu'on doit ventiler les caves.

Il faut éviter l'accumulation sur le sol du vin provenant de la casse, et pour cela ménager des écoulements. En effet, ce vin se corrompt et répand une odeur putride, malsaine pour les ouvriers, et surtout très-nuisible pour les vins sur couche qui se trouvent dans les caves.

Il y a quelques auteurs qui ont conseillé, pour arrêter la casse quand elle se produit dans les caves, l'emploi de la glace. Nous ne doutons pas de son efficacité ; mais employez donc la glace industriellement quand vous avez des maisons qui ont des 3 et

5 kilomètres courants de cave sur 4 à 6 mètres de
largeur et 4 mètres à 4 mètres 50 de hauteur; c'est
un rêve de savant qu'il est tout-à-fait impossible de
pratiquer.

De l'eau jetée avec abondance et s'écoulant rapidement peut produire un certain effet, car elle entraîne
les gaz qui tendent à élever la température de la cave,
et encore ce procédé n'est-il pas aussi pratique qu'on
veut bien le dire.

De la mise sur pointe

Suivons donc maintenant rapidement la série des
opérations qui nous permettront de terminer le vin.

Le vin mousseux brut, comme on le sait, est chargé
d'un abondant dépôt; il faut l'en débarrasser sans
l'altérer, le transvaser ni lui faire perdre sa mousse.
Ce résultat est obtenu par la mise sur pointe, opération qui consiste à mettre les bouteilles la tête en bas
et le fond en l'air, sous l'inclinaison de 30 à 40 degrés
environ. On pratique cette mise sur pointe au moyen
de tables ou de pupitres de la forme indiquée dans
la *fig.* 17 ; chaque pupitre contient 120 bouteilles.

Les bouteilles sont piquées à la main dans les trous,
soit en les secouant de manière à mêler le dépôt avec
la masse, soit avec précaution de manière à ne pas
mélanger le dépôt, mais dans les deux cas, en maintenant l'ancienne couche, c'est-à-dire la marque blanche du flanc en dessus, de manière que la bulle d'air
soit toujours à la même place.

Les bouteilles une fois placées sur les pupitres, on
attend que le vin soit devenu parfaitement limpide ;
cette précaution est indispensable. Quant à la ques-

tion de décider s'il est préférable de secouer le vin vigoureusement en le mettant sur pointe ou de le mettre à la main sans le secouer, il est assez délicat de se prononcer, et pourtant, dans certains cas, cela peut avoir une influence notable sur la rapidité du travail.

Si vous mettez sur pointe un vin très-vieux dont le dépôt est bien sec, il est inutile de le secouer, il se fera facilement.

Si, au contraire, vous avez un vin jeune, il est bon de le secouer pour bien détacher le dépôt du verre ; il faudra attendre, il est vrai, qu'il soit éclairci, mais on rattrapera le temps par la rapidité avec laquelle on pourra le remuer.

Puis, si le vin a une tendance à masquer, il est encore bon de le secouer, chacune de ces opérations détachant un peu de masque et améliorant ces conditions. Du reste, l'action de secouer le vin mûrit évidemment le dépôt et lui enlève sa tendance à s'attacher au verre.

Le vin une fois clair, on commence à le remuer, opération qui consiste à prendre la bouteille par le fond et à lui imprimer un mouvement de rotation sur le goulot par petites secousses, qui, sans mêler le dépôt avec la masse, tend à le rassembler sur le flanc inférieur de la bouteille. Cette opération se répète chaque jour pendant un assez long espace de temps, souvent un mois ou cinq semaines, et l'ouvrier chargé de ce travail a la précaution, à mesure que le dépôt se rassemble au fond, de redresser doucement la bouteille, qui arrive à être presque droite lorsque tout le dépôt est venu s'amasser sur le bouchon.

Cette opération est extrêmement délicate et difficile à décrire, car cela dépend de la nature des dépôts ; les uns exigent que les bouteilles soient remuées délicatement et tournées légèrement tantôt à droite, tantôt à gauche, tandis que d'autres vins exigent un remuage vigoureux.

La pratique seule peut former un ouvrier à ce genre de travail et lui donner l'habileté voulue.

Un bon remueur est un ouvrier précieux, et ce n'est qu'après de longs mois de pratique qu'il pourra arriver au degré d'habileté exigé de lui.

Un remueur exercé peut livrer 20,000 bouteilles terminées par mois, mais il faut pour cela qu'il ait un vin facile à remuer, c'est-à-dire ayant un beau dépôt et exempt de masques.

Nous avons déjà vu ce que c'était que le masque; nous n'y reviendrons donc pas.

Il est un accident cependant que je vais décrire, c'est l'engorgement. En effet, si un vin a été trop brusquement remué, si l'on a trop dressé ses bouteilles, tout le gros dépôt descendant rapidement sur le bouchon, il ne reste plus dans le flanc de la bouteille qu'un dépôt blanc et fin que le remuage ne peut plus faire descendre ; la bouteille alors s'engorge, c'est-à-dire que ce dépôt blanc s'attache après le col de la bouteille et y reste.

Il n'y a qu'un remède à cela, c'est d'électriser les bouteilles, opération qui se pratique en prenant la bouteille par le fond et la secouant fortement en frappant le col sur une planche en bois dur.

Cette succession de secousses violentes détache le dépôt du verre et l'on remet les bouteilles sur pointe.

Le dépôt une fois bien rassemblé sur le bouchon, la bouteille est dite terminée ; on l'enlève de dessus les pupitres, car il est impossible de l'y laisser : cela exigerait un matériel trop considérable et un emplacement dont on ne peut disposer.

En effet, le vin fini n'est pas dégorgé immédiatement : il faut le ranger et le mettre en réserve.

On procède à la mise en casier du vin sur pointe.
Ce travail est fort simple et se pratique comme suit :
On range les bouteilles droites, le col en bas, le fond
en haut, le long d'un mur bien uni ; on fait une première rangée dont les extrémités sont soutenues par
de fortes barrières, puis on fait une seconde rangée,
en plaçant les bouteilles dans les crans formés par la
première rangée ; on fait ensuite sur la première rangée un second étage en plaçant les bouchons dans le
cul des bouteilles de la première rangée, et ainsi de
suite des rangées du premier plan et du deuxième ;
on peut en mettre ainsi jusqu'à quatre et cinq étages,
mais quatre étages sont suffisants et il est plus prudent de s'en contenter. Les bouteilles, dans cette position, sont parfaitement solides et ne courent aucun
risque.

On a proposé divers systèmes pour faire les casiers,
mais ce mode ancien est encore le plus simple et le
plus commode.

Du dégorgement

Voici les dernières opérations qui se pratiquent en
cave : Le vin une fois fait sur pointe est prêt à être
livré au chantier dit d'expédition, à recevoir la dernière main-d'œuvre qui va nous donner ce vin brillant, pétillant et si renommé dans le monde entier.

Le dégorgement est l'opération qui consiste à déboucher la bouteille d'une manière spéciale, de façon
qu'en faisant sauter le bouchon, le dépôt qui reposait
dessus soit chassé de la bouteille et que le vin reste
d'une limpidité irréprochable.

Cette opération se pratique comme suit : Le dégorgeur, ou homme chargé de cette opération, prend la

bouteille sur pointe en la couchant sur son avant-bras
gauche; au moyen d'un crochet, il détache l'agrafe ou
le fil de fer, selon le mode de bouchage, en retenant
le bouchon avec son index ; quand le bouchon est bon
il commence à sortir seul ; seulement comme il ne
viendrait peut-être pas seul jusqu'au bout, il le saisit
avec une pince dite *patte de homard* qu'il a dans sa
main droite, puis, par un mouvement brusque, il fait
sauter vivement le bouchon en redressant la bouteille
de manière à ne laisser sortir qu'une certaine quantité de vin qui chasse le dépôt. Il favorise cette sortie
en tournant légèrement la bouteille sur elle-même,
et, en même temps, avec le pouce de la main droite il
enlève les ordures qui pourraient se trouver sur le
goulot de la bouteille. Cette opération doit se faire
avec une grande dextérité et en évitant de frapper la
bouteille, ce que font quelquefois les dégorgeurs pour
favoriser la sortie du vin ; mais cela brise la mousse
et ne doit se pratiquer que sur les vins peu mousseux
qui n'auraient pas la force de chasser le dépôt.

Il arrive quelquefois qu'en saisissant le bouchon
avec la pince, la tête casse ; on a recours alors à l'emploi du tire-bouchon, instrument spécial pour ce genre
de travail (*fig.* 18).

Il est formé du bâti D maintenu par trois traverses :
une en forme d'anneau à la base qui pose sur le col de
la bouteille, une seconde B où passe la tige du tire-bouchon qui est en forme de vis, puis de la poignée C. On
enfonce la mèche A dans le bouchon, puis, en tournant
la poignée C, le pas de vis qui est en B fait monter la
tige. La plaque annulaire M fait résistance, le bouchon est obligé de monter en sortant de la bouteille.
Lorsqu'il est un peu sorti, on saisit le bouchon avec
la pince et l'on procède comme il est décrit plus haut.

On a inventé diverses machines pour enlever les bouchons, mais ce sont des complications de pure inutilité. Il est cependant une précaution qu'il est nécessaire de prendre quand on a recours au tire-bouchon, c'est d'envelopper le col de la bouteille d'un morceau de grosse bâche ou de toile, car il arrive quelquefois que l'effort exercé par le tire-bouchon peut déterminer l'explosion de la bouteille et occasionner de graves accidents pour le dégorgeur. C'est du reste une des opérations les plus dangereuses du travail des vins mousseux.

Le dégorgeur a, de chaque côté de lui deux paniers, un destiné aux agrafes, l'autre aux vieux bouchons.

Le dégorgeur projette le produit du dégorgement dans une sorte de chapelle formée d'un tonneau ouvert en ovale dans le flanc, et posé sur un tonneau dont le fond est percé d'un trou qui permet au liquide de se réunir dans ce récipient. Ce vin de dégorgement doit être recueilli avec soin, car il a son emploi dans l'avenir, comme je vais l'expliquer.

Le bas vin de dégorgement est mis dans des fûts où il se repose pendant un temps plus ou moins long, selon la saison. Dès qu'il est un peu reposé, il faut le soutirer de dessus sa grosse lie, car il pourrait contracter un goût de fer provenant des débris d'agrafes avec lesquels il se trouve souvent mêlé. Puis, ce contact trop prolongé avec l'excès de dépôt tendrait à le dénaturer.

Ce premier soutirage fait, le vin est mis en cave, où on le laisse s'éclaircir de lui-même, ce qui se fait assez rapidement. On le soutire de nouveau, et il peut être employé à faire la boisson qu'on donne aux ouvriers, en le coupant avec du gros vin rouge du Midi.

Ce vin, d'un goût âpre et dur, n'est cependant pas malsain ; il est un peu surchargé de tartrate de fer, mais aucunement d'éléments nuisibles à la santé.

Dans certaines maisons où chaque soir ce vin est séparé de sa lie par un filtre, il est vendu aux marchands de vins rouges communs qui le font entrer dans le coupage de vins destinés aux cabarets.

Dosage du vin

La bouteille, une fois dégorgée, c'est-à-dire parfaitement belle et brillante, est immédiatement passée au doseur, opération qui a pour but d'enlever une partie du vin de la bouteille et de le remplacer par un sirop composé de sucre candi, de vin et d'alcool, dont on proportionne la dose suivant le pays auquel il est destiné.

L'opération du dosage se pratique assez simplement : le doseur prend la bouteille de la main gauche enlève ce qu'il juge convenable de vin, selon ce qu'il aura de liqueur à ajouter, puis il couche sa bouteille, et au moyen d'une petite mesure armée d'un bec, il verse doucement la liqueur en faisant tourner la bouteille sur elle-même, de manière que la liqueur descende lentement dans le vin sans l'agiter, ce qui favoriserait le développement du gaz et ferait projeter le vin hors de la bouteille. Une fois sa mesure vidée, il passe la bouteille au boucheur ; mais avant d'aller plus loin, étudions un peu la question de la fabrication des liqueurs à doser le vin.

Les liqueurs à opérer ou doser le vin mousseux sont faites avec du vin vieux qui n'est plus susceptible de fermenter. Les proportions sont les suivantes en général :

> 1 hectolitre de vin vieux.
> 125 ou 150 kilogrammes de sucre candi bien blanc et pure canne.
> 10 à 15 litres d'esprit de cognac à 82 degrés.

Le vin et le sucre candi sont introduits dans des fûts solides et roulés jusqu'à ce que tout le sucre soit fondu; cela fait, on y ajoute la quantité d'esprit de cognac qu'on veut; cela dépend des vins qu'on doit doser. Les années où le vin est riche en alcool, on emploie des liqueurs peu alcooliques; les années où il est pauvre, on force la dose.

Si le vin doit faire de longs voyages maritimes, il n'y a pas d'inconvénient à forcer la dose de l'alcool, au contraire ; veut-on donner aux vins une légère teinte rose, on ajoute dans la liqueur une quantité de teinture, dite de Fimes, qui n'est autre chose que du vin de baies de sureau, dont la couleur est soutenue par une légère addition d'alun.

La police, un moment, s'est inquiétée de l'introduction de cette matière colorante dans le vin à cause de l'alun, mais un examen approfondi l'a fait renoncer à ses poursuites, et elle a dû reconnaitre que la teinte était introduite à doses si microscopiques, qu'il ne pouvait en résulter pour le consommateur aucun danger.

La liqueur, alcoolisée ou non, teintée ou non, selon que le demande le praticien, on procède à son filtrage dans des chausses de grosse flanelle.

On prend un fût ouvert d'un bout, on y met une chausse de flanelle en forme de pain de sucre qui descend jusqu'à moitié du fût. La chausse est fortement fixée aux bords du tonneau, soit par des crochets, soit par un cercle mobile, puis on prend du papier-filtre qu'on lave avec soin dans l'eau bouillante, on le délaye dans la liqueur de manière à faire une pâte très liquide et on l'étend de liqueur en assez grande quantité pour que, quand on verse le tout dans le filtre, la chausse soit pleine.

La pâte de papier vient s'attacher aux parois et forme un filtre d'une finesse extrême. La liqueur coule alors lentement, les premières parties sont rejetées sur le filtre, et l'on ne conserve la liqueur que lorsqu'elle a atteint une limpidité parfaite.

En effet, elle devient d'un brillant irréprochable.

La liqueur filtrée est conservée soit dans des bouteilles, soit dans de petits fûts de 50 litres, soit dans un réservoir en cuivre étamé.

Cette opération de filtrage, quoique fort simple, exige de grands soins de propreté, car rien ne prend plus vite un goût étranger que ce sirop.

Dans la fabrication de la liqueur il faut avoir soin de prendre du vin vieux et bon, car en opérant une bouteille de vin mousseux on a pour but de l'améliorer; il faut donc choisir le vin avec soin.

Il en est de même pour le sucre qu'on emploie. Il faut veiller à l'odeur du candi et s'assurer par tous les moyens possibles qu'il ne contient pas de sucre de betterave, ce qui serait des plus dangereux, ce sucre ayant toujours un petit goût spécial qui ressort énergiquement quand on le mélange avec du vin mousseux.

Il n'y a malheureusement aucun moyen chimique de distinguer les candis de canne et ceux de betterave; il faut s'en assurer par la dégustation, c'est le seul moyen.

La bouteille de vin mousseux est donc actuellement dégorgée, c'est-à-dire débarrassée de son dépôt et dosée au goût du client, chose qui est laissée à l'appréciation du vendeur, qui connait plus ou moins le goût des consommateurs ; il ne reste plus qu'à la boucher.

Le bouchage se pratique au moyen de bouchons neufs, d'un fort calibre et choisis avec le plus grand soin. Le bouchon doit être enfoncé de 4 à 5 millimètres au-dessous de la bague de la bouteille si le vin est destiné aux pays tempérés, et d'un bon centimètre au-dessous de la bague s'il est destiné aux pays chauds.

Les machines à boucher sont les mêmes que celles employées pour le tirage ; seulement le boucheur doit être beaucoup plus soigneux dans son travail. Il doit présenter son bouchon parfaitement droit dans le tube compresseur ; quand il l'a amené à ras de la base du tube inférieur, il doit, au moyen d'une petite éponge, essuyer l'eau que la compression en a fait sortir pour éviter qu'elle ne tombe dans la bouteille, car la moindre petite ordure viendrait souiller la limpidité du vin. Il doit enfoncer son bouchon avec précaution pour éviter qu'un coup brusque ne le fasse descendre obliquement. Il doit également veiller à ce que les tiroirs de la machine ne fassent pas de pinçures sur les flancs du bouchon, car tous ces petits accidents réunis concourent à faire plus tard ce qu'on appelle des recouleuses.

La recouleuse est une bouteille mal bouchée ou munie d'un bouchon de mauvaise qualité qui laisse échapper du vin et du gaz. C'est une bouteille perdue et qui occasionne les plus graves ennuis au fabricant, car le client, qui n'est pas obligé d'entrer dans tous les détails de la fabrication du vin mousseux et de connaître les difficultés contre lesquelles lutte le fabricant, n'admet pas ce genre d'accident.

Le choix des bouchons a une importance majeure, mais je ne puis ici entrer dans de trop longs détails à ce sujet, c'est une spécialité technique que je ne puis traiter dans ce moment, et qui nous entraînerait beaucoup plus loin que ne le comporte ce travail.

Le fabricant de vin mousseux est le plus souvent obligé de s'en rapporter aux marchands de bouchons, et il est peu d'industries dans lesquelles il se fasse des fraudes plus grandes. La seule chose dont le fabricant ait à s'occuper c'est de s'assurer si les bouchons sont d'un calibre suffisant, s'ils sont bien sains, le moins possible piqués, et d'une élasticité convenable.

Les bouchons trop mous sont défectueux parce qu'ils bouchent mal ; ceux trop durs ont un autre inconvénient, c'est de ne pas se déboucher. Cet ensemble d'exigences, qui paraît fort simple, est cependant d'une grande difficulté à obtenir, et une grande calamité du fabricant de vin mousseux consiste dans le choix de ses bouchons.

La bouteille une fois bouchée est passée au ficeleur qui ficelle le bouchon en deux sens, de manière à le bien assujettir sur la bouteille, puis, par mesure de précaution, il la passe à un dernier ouvrier qui y passe un fil de fer.

Le ficelage se pratique de la manière suivante :

Pour poser la ficelle, l'ouvrier est assis sur un banc et a devant lui une sorte de pot en bois (*fig.* 19) dans lequel la bouteille entre à moitié comme l'indique la figure.

Il prend alors de la main droite un couteau à fort manche de bois (*fig.* 21), et de la main gauche un

trèfle (*fig*. 20) en fer emmanché dans une sorte de
boule oblongue ; il fait alors avec la ficelle un nœud
comme l'indique la *fig*. 22, il passe le nœud coulant
du bas sous la bague de la bouteille (*fig* 22), serre
fortement, puis avec les bouts A et B il fait le nœud
C sur la tête du bouchon et, arc-boutant son trèfle
contre le bouchon, il tire vigoureusement du bras
droit de haut en bas, et le nœud se serrant fait descendre le bouchon. Ce nœud solidement fait, il en fait
un semblable en sens inverse du premier et le bouchon se trouve ainsi assujetti. Cette opération du
ficelage est très-pénible et de tous les travaux du
chantier, le plus dur. Il a été inventé un petit instrument à levier articulé pour ficeler, qui évite à l'ouvrier l'emploi d'un grand effort pour serrer le nœud ;
nous le recommandons ; il est fait par M. Deltrieux,
d'Avize.

Les deux ficelles posées, il faut poser le fil de fer
(*fig*. 23) qui est tout préparé. Comme l'indique la figure, on écarte les deux bouts A et B, puis on les
passe sous la bague de la bouteille, on les serre bien
en les tordant, de manière à faire une sorte d'anneau
autour de la bague; on relève alors les deux parties
D et O sur la tête du bouchon et on les serre fortement en les tordant au moyen d'une pince. Une fois
bien serrés, on coupe l'extrémité et l'on rabat le
nœud dans la fente du bouchon.

Du reste, la simple pratique en dira plus que toutes
les explications.

Il a été inventé pour remplacer la ficelle et le fil de
fer qui sont longs et incommodes à poser, une foule
de procédés; nous ne les décrirons pas, car leur
emploi dépend beaucoup du goût des clients, auxquels
on ne fait pas adopter ce qu'on veut.

La bouteille finie, le poseur de fil de fer la secoue vigoureusement pour mêler la liqueur et il n'y a plus à s'en occuper que pour l'emballage.

Je n'entrerai dans aucun détail relativement à l'emballage, opération trop simple et de pure fantaisie, selon les pays et les destinations.

Pour coiffer la bouteille, les uns emploient les feuilles d'étain, d'autres les feuilles d'or, enfin de la cire de diverses couleurs ou des goudrons variés; tout cela dépend de la demande du client et n'a rien de spécial pour la fabrication du vin mousseux. Il en est de même de l'emballage : les uns veulent des paniers de 12, 25, 30, 50 et même 60 bouteilles ; d'autres veulent des caisses de 12, 24, 36, 60 ou 120 bouteilles.

Nous ne recommanderons qu'une chose, c'est de soigner l'emballage, car le vin mousseux exige de grandes précautions, surtout s'il doit voyager dans les pays d'outre-mer.

Je termine donc là ce long travail, espérant cependant que le lecteur aura pu y trouver quelques enseignements pratiques d'une utilité qu'il saura apprécier et dont il tiendra compte à l'auteur.

CHAPITRE XI.

Description et étude des divers instruments employés pour l'étude
des vins. — Glucoœnomètre. — Alcoomètre. — Appareils distillatoires. — Burettes Gay-Lussac. — Burette anglaise. —
Burette Mohr. — Eprouvettes jaugées.

Description et étude des divers instruments employés pour l'étude des vins de tirage

Dans la série d'études à laquelle nous venons de
nous livrer, il a été employé une foule de petits instruments sur la construction et la vérification desquels nous croyons qu'il est utile d'insister. Nous
allons examiner successivement ces instruments, en
indiquer la construction et les différents modes de
vérification.

Le premier que je vais étudier est le glucoœnomètre de Cadet de Vaux.

Le glucoœnomètre

Le glucoœnomètre de Cadet de Vaux (*fig.* 24) est
un densimètre à volume variable; il est formé d'une
tige mince en verre A, ayant à sa base un renflement
B, et plus bas un renflement moindre C, destiné à
recevoir la charge qui le fait tenir dans une position
verticale quand on l'introduit dans le liquide.

Pour construire cet instrument, une fois que la
pièce de verre soufflée a la forme voulue, on introduit

soit du plomb, soit du mercure dans la boule inférieure C, en le versant par l'extrémité ouverte du tube A.

On ajoute du lest jusqu'à ce que la tige A plonge à peu près à moitié dans de l'eau distillée à la température de 15 degrés centigrades au-dessus de zéro. On marque le point d'affleurement, puis, au moyen de la lampe d'émailleur, on ferme le tube A. On vérifie si le point d'affleurement est d'accord et l'on marque ce point O ; c'est le zéro du densimètre, de l'alcoomètre, en un mot de tous les densimètres usités.

Ce point acquis, on fait une solution composée de 85 grammes d'eau distillée et de 15 grammes de sel marin bien sec. Quand le liquide a atteint la température de $+$ 15 degrés, on y plonge l'instrument, et au point d'affleurement, on marque le chiffre 15 ; c'est le quinzième degré.

On vérifie la liqueur-type au moyen d'un densimètre ; elle doit donner 1,117 de densité.

Ce premier point établi, on a l'échelle inférieure, la seule qui nous servira ; on divise cet espace en 15 degrés égaux, qu'on peut vérifier en faisant diverses liqueurs graduées de la manière suivante :

Eau.	90	Sel.	10
Eau.	95	Sel.	5
Eau.	97	Sel.	3

On a par ce moyen, les différents degrés du pèse-vin, 10, 5, et 3 degrés.

Si l'instrument, plongé dans ces diverses solutions, indique bien les degrés demandés, on peut être assuré de sa parfaite construction ; cela a une grande importance, comme on l'a vu.

L'échelle inférieure terminée, il ne reste plus qu'à

construire l'échelle supérieure ; cette construction se fait facilement.

On mesure une longueur égale sur la tige du zéro au quinzième degré, puis on reporte cette mesure sur la partie supérieure du zéro, et on la divise en quinze parties. On a ainsi deux échelles supérieures et inférieures de 15 degrés chacune.

Cette échelle supérieure n'est pas d'un emploi usuel ; elle sert à peser directement le vin, mais c'est l'échelle inférieure seule qui nous a servi, ainsi que nous l'avons vu.

Mais si la construction du glucœnomètre est simple, il n'en est pas de même du pèse-vin, car il est d'une sensibilité extrême. En effet, chaque degré du glucœnomètre est divisé en 1/10, et ce dixième lui-même en 1/5.

La construction est la même, seulement le réservoir à air est beaucoup plus gros et la tige indicative plus mince. Pour le vérifier, on fait des liqueurs titrées extrèmement délicates. On prend 10 grammes de sel marin bien sec, on les fait dissoudre dans 990 grammes d'eau à $+$ 15. On a alors un liquide qui donne au glucœnomètre 1 degré et au densimètre 1,007. On prend 500 grammes de ce liquide, qu'on additionne de 500 grammes d'eau à $+$ 15°, et l'on a alors un liquide indiquant le degré 5 du pèse-vin. On divise alors l'espace compris entre le point d'affleurement 5 et le zéro en cinq parties égales, et l'on a les premiers degrés du pèse-vin. Cette échelle de 5 degrés est généralement suffisante. Si l'on veut la faire plus grande, on abaisse au-dessous du cinquième degré des espaces identiques aux degrés, et l'on obtient le reste de l'échelle de 5 à 10.

Ces degrés obtenus, on peut les vérifier en faisant une série de liqueurs titrées :

400 grammes de la solution-type à 10 grammes.
600 grammes d'eau.
300 grammes de la solution-type à 10 grammes.
700 grammes d'eau.
200 grammes de la solution-type à 10 grammes.
800 grammes d'eau.
100 grammes de la solution-type à 10 grammes.
900 grammes d'eau.

On peut ainsi vérifier tous ces degrés, ce qui est d'une importance majeure.

Pour la dernière division de 1/5 de degré, elle se fait par à 'peu près en divisant chaque degré en cinq parties égales. Ces divisions n'exigent pas une exactitude aussi grande que les degrés.

Ce travail exige une grande application, et je ne crains pas de le dire, une grande habitude ; aussi, dans la pratique, on ne fait pas ces instruments, on se contente de les vérifier, et quand on a en trouvé un parfaitement juste, on le conserve avec soin comme étalon, pour plus tard vérifier les autres et éviter ainsi l'ennui de faire des liqueurs-types.

De l'alcoomètre

L'alcoomètre de Gay-Lussac (*fig.* 11), le seul employé en France, est une variété du densimètre à volume variable ; il indique le titre alcoolique en volume, c'est-à-dire que si vous dites tel vin pèse 12 degrés, c'est dire qu'il contient :

Eau. . . . . . . 88 volumes
Alcool. . . . . 12 —

Il ne faut pas confondre cette indication avec celle du densimètre, qui indique le poids : ainsi un litre de vin riche à 12 p. 100 d'alcool ne pèse pas un kilog., car le poids d'un litre d'alcool n'est que de 794 grammes, tandis qu'un litre d'eau pèse un kilog. On a donc :

		gr.
Eau, 880 centimètres cubes égalent.		880,000
Alcool, 120	—	95,380
Total. . . .		975,380

Mais il est juste de dire que ce poids du litre de vin est un peu supérieur au chiffre théorique ; car il tient en suspension et en dissolution des sels plus lourds que l'eau ; un litre de vin riche à 12 p. 100 d'alcool pèse en moyenne 980 grammes.

La construction de l'alcoomètre est extrêmement délicate. Le zéro se détermine par l'eau distillée à + 15 degrés centigrades, et le 00 degrés par de l'alcool parfaitement pur, qui ne s'obtient que dans les laboratoires, et avec la plus grande difficulté. Je ne vois donc qu'un seul moyen de vérifier et de se procurer cet instrument exact, c'est de le confier à des praticiens consciencieux.

J'ai eu occasion d'essayer bien des instruments de ce genre, et ce n'est qu'au moyen d'un étalon vérifié avec le plus grand soin dans le laboratoire de la Sorbonne, que j'ai pu arriver à constater les écarts souvent considérables entre les instruments livrés par le commerce.

Une fois muni d'un étalon exact, j'ai pu opérer cette vérification ; mais je dois avouer que j'ai toujours dû m'en rapporter à mon étalon.

La maison Rousseau, de Paris, les éminents fabricants de produits chimiques, ont pu me livrer

quelques litres d'alcool à 100 degrés : j'ai pu alors
faire les liqueurs titrées qui m'ont servi à cette vérification; mais elle exige des instruments d'une telle
précision que je ne conseille pas au simple praticien
de se livrer à ce travail, et que j'engage les personnes
appelées à se servir de ces instruments à ne pas reculer devant le prix souvent élevé qu'on demande
pour ce genre d'instruments, d'une si délicate construction.

Appareils distillatoires

Il existe une foule d'appareils distillatoires pour
vérifier le titre alcoolique des vins. Je n'entrepren-
drai pas de les examiner tous, je me contenterai de
signaler celui qui m'a toujours rendu les plus grands
services par sa simplicité et sa facile pratique. Cet
appareil sort des ateliers de M. Salleron, l'habile
constructeur d'instruments de physique (*fig.* 9).

Cet instrument, que tout le monde connaît et que
je ne décrirai donc pas, a l'avantage d'opérer sur une
assez forte quantité de vin, ce qui diminue les chances d'erreur. De plus, sa construction le met à l'abri
des accidents. Sa chaudière en cuivre, d'une construction spéciale, évite les projections de liquide dans
le tube d'évaporation, accident qui arrive fréquemment dans les appareils d'un petit volume, et qui
fausse d'une manière si grave les résultats de l'essai.
De plus, il est d'une facilité extrême de transport. Je
ne saurais donc trop le recommander.

J'ai décrit son emploi dans le chapitre concernant
l'alcool, je n'y reviens donc pas.

Je ne recommencerai pas la critique du liquomètre
de MM. Musculus Valson et Garcerie (*fig.* 10). De

nombreux essais que j'ai eu occasion de faire n'ont fait que me confirmer dans ce que j'ai dit au sujet de cet appareil. Je ne fais donc que confirmer mon dire.

Des burettes et éprouvettes

On emploie journellement dans les coupages de vin des éprouvettes graduées ; il est de toute importance de les vérifier, car souvent, attiré par le bon marché, on achète des instruments d'une fabrication défectueuse. Il est cependant un procédé fort simple pour les vérifier.

On prend de l'eau distillée à $+$ 4° centigrades. On met l'éprouvette sur une balance très-sensible au centigramme par exemple ; on fait la tare exacte de l'éprouvette vide et bien sèche, puis on la remplit d'eau, jusqu'au trait indiquant, par exemple, 100 centimètres cubes. On pèse : elle doit contenir exactement 100 grammes, car 1 centimètre cube d'eau à $+$ 4° centigrades pèse exactement 1 gramme.

On vérifie de la même façon toute la graduation de 5 en 5 degrés et l'on peut avec de la patience s'assurer exactement de l'exactitude de la graduation de son éprouvette.

Ce premier type-étalon établi, il va nous servir à vérifier les burettes, instruments délicats qui, eux, exigent une grande exactitude, car leur division étant des plus petites et agissant sur de faibles quantités, causent des erreurs plus graves, les multiplicateurs étant plus grands.

Pour l'alcalimètre et l'acidimètre, on emploie divers modes de burettes. Nous allons les décrire.

Les trois principales employées sont l'éprouvette

Gay-Lussac (*fig*. 25), l'éprouvette anglaise (*fig*. 26) et l'éprouvette Mohr (*fig*. 27).

La burette Gay-Lussac consiste en un tube large gradué et un autre plus mince, plus étroit, soudé au fond du premier. La figure n° 25 en donne l'explication.

Cette burette est fort délicate, et il est prudent de réunir le petit tube au gros par une ligature, en ayant soin de mettre un fragment de bouchon entre les deux points de contact des deux tubes.

Le grand inconvénient de cette burette est sa grande fragilité, puis la différence de forme qu'on doit donner à l'extrémité du petit tube ; mais avant tout c'est la grande difficulté de la laver ; le tube étant très-fin, il est extrèmement difficile de procéder à cette opération. Maintenant dans la pratique il est assez difficile de régler l'écoulement goutte à goutte.

Plusieurs modifications ont été apportées à cette burette, mais aucune n'a parfaitement rempli le but. De plus on ne peut la faire que sur une assez petite échelle, 20 à 25 centimètres cubes, pas plus ; car quand elle est trop grande, elle est d'une manœuvre fort difficile.

La burette anglaise (*fig*. 26) a la forme indiquée à la figure ; elle est d'un usage plus pratique que la burette Gay-Lussac, car en bouchant avec le doigt l'extrémité du tube en forme d'entonnoir qui sert à la remplir, on régularise bien plus facilement l'écoulement, mais elle a le même inconvénient que la burette Gay-Lussac, elle ne peut être faite que pour de faibles doses. Dans ce cas, du reste, je la préfère à toute autre. C'est celle dont je me sers journellement, et je puis dire que j'ai tout lieu d'en être satisfait.

Elle a un grand avantage, c'est qu'elle est d'un

nettoyage facile et qu'on règle l'écoulement goutte à goutte avec la plus grande facilité et sans perte de temps ni de liquide.

La burette la plus perfectionnée est incontestablement celle de Mohr (*fig.* 27). Je ne base pas mon opinion sur mes propres essais, mais encore sur l'expérience des plus grands savants de notre époque.

Cette burette est d'une construction simple et pratique, ainsi que les figures le font voir.

La *fig.* 28 représente l'appareil en grandeur naturelle, sa partie inférieure seule, bien entendu, où l'on voit la disposition de la pince ; la figure n° 27 représente l'ensemble de l'appareil.

Sur une planchette en bois recouverte de papier blanc, est passée une tige de fer portant le support de la burette et une vis de pression permet d'en faire varier la hauteur. On place le verre sous la burette et au moyen de la pince, on fait tomber la liqueur titrée aussi doucement que possible et sans crainte d'en mettre un excès, car elle arrive goutte à goutte.

La pince d'une forme nouvelle est extrêmement commode et la fig. 29 en fait bien comprendre le mécanisme. Il suffit en effet de presser sur les deux boutons *a* pour écarter les branches de la pince et permettre au tube *f* de s'ouvrir et de laisser passer le liquide, tandis que quand on ne touche à rien les deux branches se rapprochent et rien ne passe.

Le grand avantage de ce système, c'est son facile entretien ; en effet, c'est peu de chose que de détacher ces caoutchoucs, de les laver et de les remettre en place.

En somme, je préfère la burette Mohr sous tous les rapports ; on est plus libre de ses mouvements en la manœuvrant et l'on peut même suivre les phases de la réaction. Elle n'a qu'un inconvénient, c'est son prix par trop élevé.

Éprouvettes jaugées

Les éprouvettes jaugées (*fig.* 30) se trouvent chez tous les marchands d'instruments destinés aux vins. J'ai eu souvent l'occasion de vérifier leur exactitude, et je dois dire que de tous les instruments que j'ai dû acheter tout faits, ce sont les plus justes que j'aie rencontrés.

Les éprouvettes ne servant jamais qu'à mesurer des quantités assez fortes, je n'ai jamais eu occasion d'y constater des erreurs graves.

On peut cependant les vérifier au moyen de l'eau à $+ 4$ degrés centigrades. Chaque centimètre cube ou millième de litre pèse 1 gramme.

Ainsi, si l'on a une éprouvette jaugeant 100 centimètres cubes, elle doit, quand le liquide est bien au point indiqué, peser net la tare 100 grammes.

On peut ainsi fractionner toutes les indications et en vérifier le poids qui correspond immédiatement aux volumes.

Je n'insisterai donc pas plus sur cette vérification.

CHAPITRE XII

Utilisation des résidus de la vigne et des vins.

Epamprage des vignes

Tous les ans, à une époque déterminée, les vignerons rognent les vignes, c'est-à-dire qu'ils enlèvent l'extrémité trop longue du pampre. Ces rognures sont ramassées et simplement jetées dans un coin, où on les abandonne à la pourriture pour servir plus tard d'engrais.

Ce travail est-il bien raisonné, et n'est-il pas possible d'en tirer un résultat plus lucratif ? Nous pensons le contraire, et voici sur quoi nous basons notre opinion. L'extrémité du pampre, rognée par le vigneron, est un bois jeune, sans résistance, entièrement vert et chargé de feuilles, également jeunes. De nombreux essais nous ont démontré qu'il y avait là une source abondante d'acide tartrique dont l'extraction ne serait pas très-dispendieuse.

Dans les jeunes pousses de vigne, l'acide tartrique existe à l'état libre et peu à l'état de tartrate ; son extraction présente donc de faibles difficultés, et le rendement sera assez considérable pour couvrir les frais, très-modérés, nécessaires pour ce travail, travail à la portée de tous.

Du reste, voici comment nous conseillons de procéder. Les rognures des vignes sont ramassées et ra-

menées au domicile du vigneron ; là elles sont mises
dans de petits baquets et fortement pilées, de manière
à en réduire le plus possible le volume ; puis elles
sont jetées dans une chaudière où on les porte à l'é-
bullition pendant environ un quart d'heure. Retirées
de la chaudière, elles sont pressées légèrement à la
main ; la première eau peut servir à faire ainsi cuire
plusieurs séries de nouveaux pampres pilés ; l'eau se
sature ainsi d'acide tartrique et de tartrates solubles.
Quand l'opération est terminée, ce qui est assez vite
fait, car les pampres pilées se réduisent à un très-
petit volume, on réunit toutes les eaux dans un cuveau,
et, pendant qu'elles sont chaudes, on y ajoute environ
150 ou 200 grammes d'acide chlorhydrique (acide mu-
ryatique du commerce) par hectolitre de jus, on brasse
bien et on laisse refroidir et reposer. Le lendemain,
on soutire cette eau, chargée d'acides divers, et on
la sature par de la craie réduite en poudre. La saturation doit se faire avec soin ; il faut éviter d'a-
jouter un excès de craie ou carbonate de chaux, car
on obtiendrait un produit qui n'aurait pas la teneur en
acide tartrique que le fabricant est en droit d'exiger.
En effet, au lieu d'un tartrate de chaux riche à 50 %
d'acide tartrique, on aurait un produit surchargé
de carbonate de chaux non décomposé et sans valeur.
Il est, du reste, un moyen facile de s'assurer que
l'acide est bien entièrement saturé. Il faut ajouter la
craie en poudre par petites portions, et, dès qu'on
constate qu'il n'y a plus d'effervescence après une
nouvelle addition, c'est que tout l'acide libre est combiné avec la chaux du carbonate.

Il y a bien l'emploi du papier de Tournesol ; mais
le vigneron se prêtera-t-il à son emploi ? C'est possible, quand il en aura constaté les avantages.

Comme dans tous les pays, on n'a pas de craie à sa disposition, on peut employer la chaux, il n'y a aucun inconvénient à cela, au contraire ; nous préférons ce procédé, mais il est plus dispendieux.

Une fois la saturation faite, il faut brasser le liquide avec énergie, puis le laisser reposer ; quelques heures suffisent pour amener tout le dépôt au fond du cuveau. On retire l'eau par soutirage, puis le dépôt est ramassé et mis en forme de galettes minces et séché avec soin, car il ne faut pas oublier que la moindre humidité attaque le tartrate de chaux, et qu'il est décomposé rapidement par les mycodermes qui viennent l'envahir.

Les galettes sèches peuvent se conserver indéfiniment ; seulement, nous conseillerons de s'en débarrasser le plus tôt qu'on pourra, pour éviter les frais d'emmagasinage et de conservation.

Les frais de cette fabrication sont très-faibles, car les pampres, déjà bouillis et épuisés, exposés à l'air, sèchent vite et peuvent servir de chauffage pour les opérations suivantes. La main-d'œuvre est peu de chose, ce travail se faisant rapidement le soir, quand le vigneron a fini sa journée ; le reste du travail peut être fait par la femme qui garde ses enfants et son ménage.

D'après nos essais, nous pensons qu'une chaudière de deux hectolitres est suffisante pour le traitement de 500 kilogrammes de pampres, et qu'il n'est nécessaire de la remplir d'eau aux deux tiers que deux fois pour une semblable opération ; car il est bien entendu que, pendant l'ébullition des pampres, on doit, au fur et à mesure que l'eau s'évapore, la remplacer pour que son volume ne change pas. Puis en retirant les pampres bouillis, ils en entraînent une certaine

quantité qui est mise de côté après pressurage et rem-
placée dans la chaudière. On arrive ainsi, à la fin de
l'opération, à avoir environ deux hectolitres d'un jus
sale et verdâtre qui est traité comme nous l'avons dit
plus haut.

L'expérience nous a prouvé que ce travail fort simple était assez lucratif. La matière première ne coûte
rien, la façon est très-légère, et le prix de vente du tartrate de chaux convenablement fait n'est jamais inférieur à 1 fr. 50 le kilogramme. De plus, ce travail se
fait à une époque de l'année où les jours sont longs, ce
qui en facilite l'exécution.

Il est encore de petits détails de ménage qui ont bien
leur intérêt et que nous ajouterons. Si on ne veut pas
brûler les pampres bouillies, on n'a qu'à les entasser
fortement dans un trou peu profond creusé en terre ;
elles prennent en masse et peuvent être découpées ensuite en forme de mottes qui brûlent facilement et rem-
placent avantageusement celles de tan, car elles ne
coûtent presque rien.

Dans le cas où l'on aurait brûlé les pampres, la mé-
nagère aura soin de mettre précieusement les cendres
de côté, car elles sont très riches en potasse et font des
lessives excellentes.

Voilà en peu de mots nous le pensons, l'emploi que
l'on pourrait tirer de l'épamprage des vignes, emploi
qui serait plus lucratif que de laisser pourrir ces déchets
dans un coin et former un engrais sans grande valeur,
car il n'y a que la potasse qu'il contient qui peut lui
donner quelque richesse, l'acide tartrique étant entièrement détruit par la putréfaction et, par conséquent,
perdu.

Déchets de vendange et de pressurage

Lors de la vendange, il faut apporter le plus grand soin à ne perdre aucun des produits fournis par la vigne; ils sont trop précieux pour que l'homme n'en soit pas avare. Je ne parlerai que pour mémoire des idées émises par un savant ancien, qui recommandait de recucillir avec soin toutes les feuilles de vigne, de les faire bouillir pour en extraire le mordant de teinture, comme il appelait cela, car, à son époque, la science était si peu avancée qu'on ne distinguait pas encore les principaux produits de la nature, et pour eux, le tartre extrait des feuilles de vigne, n'était pas le même que celui recueilli dans les fûts qui ont contenu des vins nouveaux. Néanmoins, ils avaient déjà constaté, par la pratique, que la feuille de vigne peut être utilisée d'une manière plus avantageuse qu'en la laissant pourrir dans le sol. Mais je crois, d'après des expériences sérieuses, que l'opération n'est pas assez lucrative et que le produit ne couvre pas les frais occasionnés par son extraction. Laissons donc de côté cette idée toute théorique, qui ne prouve qu'une chose, c'est le profond esprit d'observation qui caractérisait les anciens.

La vendange est faite, le vin rouge est dans les cuves, il fermente ; l'opération terminée, les marcs sont jetés sur les pressoirs, et, sous l'influence d'une vigoureuse pression (40,000 kilogrammes environ par mètre carré de surface), le marc se sèche, et, après un temps déterminé par l'expérience, il ne reste plus sur les maies du pressoir qu'un marc sec qui n'est bon qu'à faire de l'esprit de marc. Quelques vignerons en

font bien ce qu'ils appellent une pique, c'est-à-dire
qu'ils remplissent un tonneau avec ce marc sec, qu'ils
le foulent ; puis ils remplissent d'eau, et, quelques
jours après, on tire de ce fût un liquide légèrement
rougeâtre ayant un petit goût acidulé et rappelant un
peu le goût du vin. Cette boisson est appelée pique ;
elle est saine, du reste, innocente, mais corrige avantageusement la crudité de l'eau ; et, dans beaucoup de
pays où les eaux sont malsaines, il serait d'une grande
utilité qu'on pût n'employer pour la boisson que de
l'eau ayant séjourné quelques jours sur des marcs de
vin rouge. Le goût n'est peut-être pas des plus agréables pour des palais délicats, mais l'absorption de cette
eau, chargée de principes tannifères et d'une faible
quantité de tartre et d'acide tartrique, est très-propre
à favoriser l'assimilation des aliments lourds et gros-
siers dont se nourrissent les rudes travailleurs des
campagnes.

Qui n'a pas vu les eaux consommées dans certaines
parties de la France ne se fait pas une idée de ce que
c'est et quelles conséquences graves cette absorption a
sur la santé générale, sur le développement des jeunes
enfants et sur les forces de l'homme. Arrivés à l'âge
des travaux pénibles, ils s'en rendent si bien compte,
qu'au lieu de boire ces eaux fiévreuses, ils emploient
une partie de leurs salaires à acheter des vins, et souvent quels vins ! S'ils pouvaient se procurer ce qu'ou
appelle une pique, faite comme je l'ai dit, d'une certaine quantité de marc de vin rouge serré dans un fût
et mouillé d'eau, qu'on renouvelle au fur et à mesure
qu'on en prend, ils éviteraient d'abord de lourdes
dépenses, puis ils se porteraient infiniment mieux.

Menacés comme nous le sommes, par l'extension des
ravages du phylloxéra, de payer, dans un temps peut-

être voisin, les vins ordinaires à des prix hors de la portée des ouvriers, il faut s'ingénier pour remplacer le vin, non par les procédés de fraude employés en Allemagne, mais par un liquide sain et naturel, qui n'emprunterait qu'à la vigne ses propriétés bienfaisantes et salutaires.

Les Allemands, en présence de la hausse des vins rouges de qualité ordinaire, se sont lancés à corps perdu dans la fabrication des vins artificiels ; ils le font au grand jour, mais le public se révolte, et de tous côtés on n'entend que plaintes. En France, la loi ne permet pas le développement au grand jour d'une semblable industrie ; il faut que les choses se passent loyalement. Voici donc ce que je propose et qui, je crois, peut rendre des services ; seulement, il y aura une difficulté, c'est de faire accepter par le public ce nouveau breuvage. Je l'appellerai *Pique champêtre*.

Quand le marc de vin rouge a été bien pressé et qu'on pense qu'il n'y a plus de vin, au lieu de le jeter dans les cuves à fermenter pour faire de l'esprit de marc, on égrène ce marc avec soin, on le divise le plus possible au moyen de crocs et de fourches à trois dents. Les peaux du raisin se séparent d'un côté, de l'autre les grappes, et enfin les pépins.

Les pépins peuvent être employés à faire de l'huile ou du tannin ; nous reviendrons sur cette question.

Les grappes seront employées à faire de l'esprit de marc.

Les peaux des raisins, elles, vont servir à réparer la *pique champêtre*.

On défonce un fût de deux hectolitres environ et on le remplit de peaux de raisins indiquées plus haut. De temps à autre, il faut y mettre une couche de grappes qui divise la masse et cède quelques principes après qui sont bons comme astringents dans notre boisson. Quand le fût est plein et bien tassé, sans exagération bien entendu, on le fonce. Cette masse entrerait bien vite en fermentation, chose qu'il faut éviter si on veut garder la pique pour les mois chauds de l'année. Pour cela, on procède comme suit : On remplit entièrement le fût d'eau dans laquelle on a fait dissourdre environ 100 grammes d'acide salicylique, principe qui s'oppose à la fermentation ; on ferme le fût et il peut, dans cet état, se conserver fort longtemps.

Quand on veut s'en servir, il ne faut pas boire le premier liquide qui coule, il serait trop chargé en matières sapides et en acide salicylique ; on soutire entièrement le liquide, qu'on conserve dans un fût à part, puis on remplit presque le fût d'eau : on y ajoute dix litres environ du premier liquide et on laisse macérer pendant deux ou trois jours. La pique est alors prête à être consommée. Il y a une précaution à prendre, c'est que chaque fois qu'on prend du liquide dans le fût, il faut le remplacer par une égale quantité d'eau, et de temps à autre, quelques litres du premier liquide que nous avons mis de côté.

Une pique ainsi aménagée peut, pendant un bon mois, donner de 12 à 15 litres de bon liquide par jour et procurer ainsi à peu de frais aux ouvriers une boisson fraiche encore assez agréable et surtout extrèmement saine.

Dans le cas où la pique serait un peu trop plate de goût, on pourrait ajouter de 75 à 100 grammes d'acide tartrique dans le fût. Mais ce cas est fort rare, surtout avec les marcs de vins communs.

Le système des piques est très-ancien. Nous ne le donnons pas comme une nouveauté ; seulement, ce que nous croyons nouveau, c'est leur organisation et leur conservation par l'acide salicylique.

Nous livrons cette observation aux personnes qui ont occasion d'avoir un nombreux personnel dans les champs. Qu'elles l'examinent avec soin, et elles pourront se convaincre que l'idée n'est pas si peu pratique qu'elle le paraît.

Voici donc les peaux et une partie des grappes qui trouvent un emploi infiniment plus lucratif que celui d'en extraire l'alcool de marc, alcool de peu de valeur. Voyons ce que nous ferons des pépins.

Les pépins d'un marc de vin rouge sont loin d'être épuisés ; ils ont, au contraire, cédé de très-faibles parties de leurs éléments constitutifs au vin.

Nous y trouvons donc en abondance une huile non comestible, mais lampante et employable pour les machines, puis des principes tannifères.

L'extraction de ces deux principes est-elle assez sérieuse pour que l'industrie s'en occupe ? Là est la question, question qui peut se résoudre d'une manière bien simple ; sachant ce qui se fait de pièces de vin dans une localité, on peut, à très-peu de chose près, savoir ce qu'on peut avoir de pépins de raisin. Il faut bien s'assurer si ce total est assez considérable pour couvrir les frais nécessités par l'installation d'une petite huilerie champêtre, installation peu difficile et peu coûteuse ; mais encore faut-il que l'opération en couvre les frais.

Nous ne croyons la chose possible que dans le Midi, dans ces lieux d'immense production ; là peut-être, dans un rayon de quelques lieues, trouverait-on de quoi défrayer une usine. Mais c'est encore une petite industrie ; aussi laissons-nous un peu la chose de côté.

Quant à la question de l'extraction du tannin de pépins de raisin, destiné au tannisage des vins qui en sont trop pauvres, c'est une autre question que nous allons examiner avec soin.

Les pépins de raisin ayant déjà été en contact avec un liquide alcoolique pendant la fermentation de la cuve, ont certainement déjà perdu une partie de leur tannin ; cependant, ils en contiennent encore une quantité assez considérable. Le difficile est de l'extraire à l'état le plus pur possible, difficulté qui est, je ne crains pas de le dire, presque insurmontable pour le simple vigneron. Je suis bien arrivé, après une longue série de manipulations, à l'obtenir presque pur, mais ce travail se trouve tout-à-fait en dehors des données pratiques. Du reste, la richesse du pépin de raisin en tannin est loin d'être aussi considérable qu'on le pense, lorsqu'on emploie des pépins venant de la fabrication des vins rouges, c'est-à-dire qui ont déjà séjourné dans un liquide alcoolique et en fermentation.

J'ai pratiqué plusieurs systèmes : 1° traiter les pépins entiers par l'alcool ; j'ai obtenu un liquide chargé de tannin, mais dans des proportions très-variables. En évaporant cet alcool à basse température, j'ai obtenu du tannin impur, mais qui ne séchait pas facilement et qui était tellement hygroscopique que sa conservation était assez délicate ; j'ai préféré le conserver à l'état pâteux au moyen d'une addition d'alcool salycilé. Le grand inconvénient de ce tannin est l'impossibilité presque absolue de le doser convenablement.

La seconde méthode était de broyer les pépins, de les traiter par l'alcool dans un appareil de déplacement, et d'évaporer le liquide obtenu ; on a alors un liquide pâteux qui ne sèche jamais et qui contient du tannin et les huiles du pépin de raisin.

L'emploi de ce tannin est possible dans les vins, il y a une action assez énergique ; mais il a aussi l'inconvénient qui provient de l'huile des pépins, huile qui a un goût très-prononcé et peu agréable. Il n'est donc possible d'en faire usage que dans des vins communs.

La troisième manière dont a été employé le tannin des pépins est des plus simples. Ce sont les fabricants et conservateurs des vins qui l'ont imaginée. Elle remplissait, du reste, parfaitement leur but; mais dire qu'elle était très-favorable aux vins, c'est une autre question, question que je ne discuterai pas ici.

Voici comment ils procèdent : ils lavent avec soin les pépins, enlèvent tous les corps étrangers, les font sécher à une assez haute température; puis ils sont réduits en poudre fine. Cette poudre, additionnée de tannin ordinaire, de gomme Kino et d'acide borique, se vend sous diverses appellations, de conservateur, d'œnotannin, etc.

Bien faite, cette préparation n'est pas nuisible aux vins rouges; je crois, au contraire, qu'elle peut rendre des services. Mais il faut être très-prudent dans son emploi.

Voilà, je crois, les seuls profits qu'on puisse tirer des déchets de la vendange, quand on ne les emploie pas à la fabrication de l'alcool. Maintenant, si les marcs sont destinés à la fabrication des alcools et eaux-de-vie de marc, leur emploi est infiniment plus limité, il est presque nul.

En effet, quand un marc a fermenté de nouveau, et a été distillé à feu nu dans les chaudières, il ne reste plus qu'une masse noire, dénaturée, qui n'a d'autre usage que de faire un excellent engrais, à la condition qu'il soit mélangé avec d'autres éléments. Ces marcs sont très-riches en potasse; par conséquent, il y a un grand intérêt à les rendre à la terre, et surtout à la vigne. Pour cela, il faut les mélanger avec du fumier, recouvrir le tout de terre et laisser consommer ; il se formera une sorte de terreau très-bon pour la vigne, et dont l'emploi même devra être fait avec un certain ménagement.

Nous terminerons là l'étude des déchets de vendange.

Déchets du traitement des vins nouveaux et des vins vieux

Les vins nouveaux donnent, on le sait, une quantité assez considérable de lies. Ces lies, dans certains pays, sont recueillies avec soin et traitées pour l'extraction de l'acide tartrique ; dans d'autres, elles sont abandonnées aux vinaigriers, qui en retirent la partie liquide et abandonnent la partie solide, qui a cependant une assez grande valeur.

Voici les conseils que nous nous permettons de donner aux vignerons. Immédiatement après le soutirage des vins, il faut réunir les lies dans un fût dont le fond est percé, de distance en distance, de faussets, de manière à pouvoir soutirer le liquide à différentes hauteurs ; quand le fût est plein, on le laisse reposer dix à quinze jours, puis on soutire la partie supérieure ; quelques jours après, on soutire un peu plus bas, jusqu'à ce qu'enfin, on arrive à la lie épaisse. Les différents vins obtenus sont employés immédiatement comme boisson pour les ouvriers, ou, s'ils ont un goût trop défectueux, sont livrés aux vinaigriers. Les lies épaisses qui restent sont également vendues aux vinaigriers, mais à un prix bien moindre, car, pour ces derniers, c'est le liquide seul qui a de la valeur. Le vigneron, en fractionnant à peu de frais ses lies, a un profit, car le vin de soutirage, il le vendra toujours plus cher que la lie, et il lui restera les grosses lies, dont il pourra tirer un profit.

Dans les grandes exploitations vinicoles, rien ne serait plus simple que de traiter soi-même ses lies et d'en extraire soit le tartre, soit l'acide tartrique, produits qui couvriraient largement le peu de frais que ce travail occasionnerait.

Voici, du reste, le mode d'opérer :

Les grosses lies sont jetées dans une chaudière en fer ou en cuivre, additionnées de deux fois leur volume d'eau pour faciliter l'ébullition ; puis, amenées à ce point, on verse dans la masse environ 2 kilogrammes d'acide chlorhydrique du commerce par 100 kilogrammes de lies pâteuses. On maintient quelques instants à l'ébullition, puis on filtre rapidement sur un filtre grossier. Il faut que le filtrage se fasse sans que le liquide se refroidisse.

Ce liquide filtré est loin d'être limpide ; il renferme des ferments desséchés, de l'acide tartrique, du tartre acide de potasse, des chlorures, etc., etc.

Si on n'a pas l'intention de faire de l'acide tartrique pur, il suffit de le concentrer et de le laisser cristalliser ; on obtiendra ainsi environ 80 °/₀ des produits utiles qu'il contient. La concentration se fera dans une large bassine en cuivre, et la cristallisation dans des réservoirs en bois.

Si, au contraire, on veut faire de l'acide tartrique, il faudra procéder comme suit :

Les grosses lies sont jetées dans une chaudière en cuivre, et on ajoute de l'eau jusqu'à ce que la masse soit liquide ; on porte à l'ébullition, puis on ajoute environ 2 kilogrammes d'acide chlorhydrique par 100 kilogrammes de lie pâteuse ; on laisse bouillir environ dix minutes en agitant fortement ; on jette alors sur un filtre grossier, de manière à séparer des liquides les plus grosses ordures. Cette opération faite, le liquide est envoyé dans des cuves en bois : c'est là que se fera la saturation.

Il s'agit de s'emparer de tout l'acide tartrique qui existe dans la masse. Pour cela, on opère une réaction qui doit donner un sel insoluble, du tartrate neutre de chaux, peu soluble dans l'eau. Pour obtenir ce résultat, on additionne le liquide encore chaud de craie en poudre (carbonate de chaux naturel). Cette addition doit se faire par petites fractions et en agitant énergiquement il se produit une violente effervescence et on n'ajoute d'autre craie que lorsqu'elle est calmée. On ajoute ainsi successivement du réactif jusqu'à ce que le liquide soit neutralisé ; on agite une dernière fois fortement et on laisse reposer.

Il se forme au fond de la cuve un dépôt abondant et lourd de tartrate de chaux et d'un peu de carbonate qui a échappé à la réaction. On laisse la masse en repos pendant vingt-quatre heures, puis on décante le liquide, qui contient des éléments très-divers, mais surtout du chlorure de potassium, qui peut être utilisé dans les grandes usines.

Quand la masse est devenue compacte, on la coupe en tranches et on la fait sécher. C'est de cette masse qu'on extrait l'acide tartrique.

Pour extraire l'acide tartrique de cette masse terreuse, elle est pesée avec soin, puis délayée avec de l'eau dans des cuves en bois ; quand elle est suffisamment fluide, on l'additionne d'acide sulfurique ; il se fait une nouvelle décomposition, le tartrate de chaux est transformé en sulfate de chaux, et l'acide tartrique devient libre. Quand la réaction est terminée, on laisse reposer le tout, et vingt-quatre heures après, on décante le liquide clair, qu'on met à concentrer dans les chaudières en cuivre : on pousse la concentration jusqu'à ce qu'il devienne un peu sirupeux ; on verse dans des cristallisoires en bois et on laisse reposer. Au bout de quelques jours, on a de beaux cristaux d'acide tartrique, qu'on sépare des eaux-mères par décantation et qu'on met à sécher.

Les eaux-mères servent à mouiller de nouvelles masses de tartrate de chaux ; comme cela, on évite les pertes, et si on a trop employé d'acide sulfurique, comme il se trouve dans ces eaux, il est employé à décomposer le nouveau tartrate de chaux.

La quantité d'acide sulfurique à employer pour décomposer le tartrate de chaux se règle de la manière suivante :

La formule du tartrate de chaux est $(CaO)', C H' O^{10}, 8 H O$.

$$
\begin{aligned}
\text{Soit } (CaO)' \text{ chaux} &= 21,53 \\
C^5 H' O''' \text{ acide tart.} &= 50,76 \\
8 H O \text{ eau} &= 27,69 \\
\hline
\text{Total} &= 99,98
\end{aligned}
$$

Il s'agit donc de déplacer 21,53 % du poids de tartrate qui est de la chaux, pour avoir 50,76 d'acide tartrique.

La formule du sulfate de chaux est $S O' Ca O$.

$$
\begin{aligned}
\text{Soit } S O^3 \text{ acide sulfuriq.} &= 58,4 \\
Ca O \text{ chaux} &= 41,6 \\
\hline
\text{Total} &= 100
\end{aligned}
$$

Connaissant ces deux formules, il faut multiplier le poids du tartrate de chaux par 21,53 et diviser par 100 pour avoir le poids de la chaux; et pour l'acide sulfurique à employer, multiplier le poids de chaux par 58,4 et diviser par 41,6; le résultat donnera le poids d'acide cherché. Exemple :

Pour 250 kilogrammes de tartrate de chaux à décomposer, on opère ainsi :

$$\frac{250 \times 21,53}{100} = 53^{kilog}, 820\ g^{es}\ \text{de chaux.}$$

$$\frac{53^{k},820^{g} \times 58,4}{41,60} = 75^{kilog},520\ g^{es}.$$

250 kilogr. de tartrate sec exigent donc 75 k, 520 d'acide sulfurique pour libérer l'acide tartrique qu'ils contiennent. Mais cette proportion n'est que théorique et, dans la pratique, il vaut mieux élever la dose d'acide, qui n'est pas perdu, comme je l'ai expliqué, et on emploie la formule empirique que voici: on multiplie le poids du tartre brut par 32 et on divise par 100. On aurait, dans le cas cité plus haut, 80 kilogrammes d'acide, ce qui est préférable, car il y a toujours du carbonate de chaux non décomposé qui absorbe une proportion plus forte d'acide que le tartrate.

Ce que nous venons de dire pour les lies de vins nouveaux s'applique à toutes les lies. De même que le profit à tirer des matières solides s'applique également à la fabrication des vinaigres. Nous pourrions citer divers établissements qui jettent sur le fumier les lies de presse, autrement dit tout le tartre, sans s'inquiéter de la valeur considérable de ce qu'ils perdent, et du peu de frais que leur occasionnerait l'extraction de ce produit.

Nous avons également pu constater un fait qui est sans grande importance, il est vrai, mais qui prouve le peu de soins qu'on met à tirer profit de tout fait de manipulations des vins.

Tout le monde connait l'opération du dégorgement, et on sait que la partie rejetée dans le dégorgeoir est composée de ferments, de colle, de tartre et autres matières ; mais la partie dominante est incontestablement le tartre. Il suffirait donc de recueillir cette partie solide et de la mêler aux grosses lies de soutirage pour en retirer la partie utilisable. C'est peu de chose dans les petits établissements ; mais dans les maisons où l'on dégorge tous les ans des centaines de milles de bouteilles et même plus, il y aurait avantage à faire ce fractionnement.

Je ne traiterai pas de l'emploi du tartre qui se dépose dans les fûts où se conserve le vin, car de tout temps ce produit a été utilisé ; il est vendu à des industriels qui se chargent de le revendre, soit aux teinturiers, soit aux fabricants de produits chimiques.

Des bas vins de soutirage et de dégorgement

Dans le travail des vins, il y a ce qu'on appelle les bas vins de colle ou de soutirage. Le négociant tire-t-il tout le profit voulu de ces vins secondaires ? C'est possible ; mais je me permettrai quelques conseils pratiques qui pourront, je crois, avoir leur utilité.

Quand on procède à l'opération de la mise hors colle des vins rouges ou blancs, il est bon, avant de réunir les bas vins dans un fût, de les filtrer rapidement dans une chausse de flanelle ; on sépare de suite le vin d'une foule de produits qui lui sont nuisibles ; puis, dès que le fût est plein, on l'additionne de 10 grammes de tannin, dissous dans l'alcool, par hectolitre de vin, on met en cave et on laisse reposer.

Cette forte addition de tannin a pour but de précipiter l'excès de colle et de matières glutineuses qui s'y trouvent et de favoriser une plus rapide clarification. On a, en effet, un intérêt majeur à séparer le plus vite possible le vin de tous les corps étrangers qu'il renferme.

Dès que le vin est clair, ce qui arrive assez vite en cave après cette addition de tannin, on le soutire en l'additionnant de 30 grammes d'acide citrique par hectolitre de vin, et on l'abandonne au repos.

Un bas vin de colle traité ainsi présente des garanties de garde très-sérieuses et peut parfaitement être employé comme vin de coupage, soit pour des boissons, soit pour des vins communs.

* Il est bon de s'assurer si son titre alcoolique est suffisant; dans le cas où il ne le serait pas, il faut y remédier de suite.

Ce que je combats surtout, c'est cet usage, pratiqué dans bien des maisons, de réunir les bas vins de colle dans un fût et de les laisser s'éclaircir sans les séparer de suite du gros dépôt. Le contact trop prolongé d'une petite quantité de vin avec cette masse de dépôt lui fait contracter des goûts et des caractères physiques qui lui sont nuisibles, tandis qu'en l'isolant de suite, on obtient un résultat bien supérieur.

Quand on traite des grands vins, les bas vins de colle bien soignés sont souvent de beaucoup supérieurs à des vins ordinaires qu'on paie encore assez cher.

Pour moi, le principal, dans ce traitement, est de séparer le plus vite possible le liquide clair des impuretés, de précipiter les matières mucilagineuses par le

tannin et d'acidifier le vin par des acides qui donnent
des composés solubles.

Quelques auteurs ont conseillé l'emploi de l'acide
tartrique ; je ne partage pas leur avis. Et si on était privé
d'acide citrique, j'aimerais mieux employer le tartre
ou tartrate acide de potasse que l'acide tartrique pur,
et cela par la raison que l'acide tartrique forme des
précipités au détriment du vin, tandis que le tartre
n'en forme pas.

Voici ce que je conseille pour les bas vins de colle,
soit rouges, soit blancs. Il ne me reste plus qu'à étudier le parti le plus profitable qu'on pourrait tirer d'un
produit bien secondaire et bien inférieur, *les bas vins
de dégorgement*.

Là, la latitude est moins grande. Il ne faut pas se
faire une bien sérieuse illusion : le profit à en tirer est
modeste. Cependant, il mérite de n'être pas négligé.

Le bas vin de dégorgement est ce qui est rejeté de
la bouteille de champagne mousseux, lorsqu'on enlève le premier bouchon pour expulser dehors le dépôt qui y a été amassé par le remuage.

Le dépôt est rejeté par la force de l'explosion,
ainsi qu'une certaine quantité de vin, et le tout est
recueilli dans un baquet surmonté d'une sorte de chapelle qui empêche les produits de l'explosion de se dis-
perser de côté et d'autre. Comme on le pense bien, ce
vin mêlé de dépôt est extrêmement sale, car il se
trouve en contact avec une foule d'objets plus ou moins
propres : avec les agrafes de bouteilles, les ordures
qui entourent souvent le goulot, etc., etc. Il y a donc
intérêt à le séparer le plus vite possible. C'est ce
qu'on a essayé de faire dans une sorte de dégorgeoir
à deux compartiments : dans l'un, on recueille le premier produit de l'explosion, dans l'autre le vin qui

s'échappe après; il y a un petit avantage à cela, car le second produit est infiniment plus propre que le premier.

Mais, en somme, je crois que le plus simple est de réunir tous ces bas vins le soir, et de les filtrer immédiatement sur une chausse de laine, après les avoir additionnés d'un peu de noir animal en poudre. L'addition ne se fait que pour la première partie destinée à remplir la chausse. Pour le vin qu'on ajoute ensuite, il n'a besoin d'aucune addition.

Une fois clair, il est mis en cave dans des fûts, où il reçoit de suite 7 à 8 grammes de tannin par hectolitre de vin et est abandonné au repos. Dès qu'il est clair et vif, il est soutiré et additionné d'une légère colle, 1 gramme par hectolitre environ.

Quand la colle est tombée, on le soutire en l'additionnant d'un peu d'alcool bon marché et de 50 grammes d'acide citrique par hectolitre. Dans cet état, les bas vins se conservent admirablement et peuvent être employés comme vins de coupage pour faire la boisson des ouvriers, et même des vins rouges bon marché. Ils sont suffisamment épurés et présentent de très-bonnes conditions de garde.

Je terminerai là cet exposé de l'emploi des résidus des manipulations des vins, espérant que mes lecteurs y trouveront quelques renseignements utiles dont ils pourront tirer profit. C'est ma plus chère ambition.

TABLE DES MATIÈRES

PREMIÈRE PARTIE

VINS ROUGES

CHAPITRE PREMIER

	Pages.
La vendange	1
Le vin rouge	6
L'égrappage	7
Le foulage	10
Le cuvage	11
Le traitement des moûts	13
Cuves et vaisseaux pour le cuvage	19
Accidents du cuvage	22
Des cuves en maçonnerie	23
Le décuvage	24
Du pressurage et des pressoirs	27
Du vin blanc	30
Des vases vinaires	31
Mise en fûts	34
Vins blancs	35

CHAPITRE II

Soins à donner aux vins	36
L'ouillage	36
Le vinage des vins	38
Du soutirage des vins nouveaux	40
La mèche	41
Collage et tannisage	45
Soutirages	48
De la cave : sa construction et son aménagement	50

CHAPITRE III

Du choix et du rinçage des bouteilles	54
Mise en bouteilles	56
Le bouchage	57

Pages.

Goudronnage des bouteilles...................................... 58
Des bouchons.. 59
De la cave.. 61

DEUXIÈME PARTIE

CHAPITRE PREMIER

Maladies des vins.. 63
Goût de terroir 64
Verdeur, acidité.. 65
Vins aigres, échauffés, piqués................................. 67
La pousse.. 68
Fleurs du vins, ascescence.................................... 69
Vins louches, perdant leur couleur, vins tournés............... 71
Vins amers.. 73
La graisse 74
Altérations diverses.. 75

CHAPITRE II

Le chauffage des vins.. 76

CHAPITRE III

Amélioration des vins.. 82
Amélioration des moûts.. 83
Congélation des vins.. 87
Plâtrage des vins... 89
Vins salés.. 91

CHAPITRE IV

Vins artificiels 92
Vins de raisins secs.. 95
Vin de groseilles... 97
Vin de framboises... 98
Vins divers 98
Vins de feuilles de vigne..................................... 99

CHAPITRE V

Procédés pratiques pour déterminer les fraudes dans les
    vins... 100
Coloration artificielle....................................... 101
Le plâtrage.. 104
L'alun... 106
Le plomb... 107

Pages.
Le cuivre.. 107
Le zinc... 108
L'acide tartrique.. 108
L'acide sulfurique... 108
Vins piqués.. 109

TROISIÈME PARTIE

VINS MOUSSEUX

Notions préliminaires.. 111

CHAPITRE PREMIER

La vendange... 115
Du pressurage, des pressoirs................................... 121
Soins à donner au pressurage.................................. 122
Enfutaillage du moût.. 126
La fermentation du moût....................................... 128
Composition générale des vins 138

CHAPITRE II

Soins à donner aux vins nouveaux.............................. 143
Des coupages 149
Tannisage et collage des vins................................. 151

CHAPITRE III

Maladies des vins en cercle................................... 166
Le bleu.. 166
La graisse... 171
Fleurs... 175
Vins piqués.. 184
La pousse.. 184
L'ascescence des vins ou fermentation acétique............... 186
Le tour.. 188
Le jaune... 193
Vin amer... 199

CHAPITRE IV

Acidimétrie des vins.. 202
Dosage de l'alcool.. 208
Dosage du sucre naturel....................................... 219

CHAPITRE V

Déterminer la quantité de sucre à ajouter à un vin pour
le faire mousser 252

CHAPITRE VI

Calcul de la pression obtenue dans une bouteille par une
quantité X de sucre 250

CHAPITRE VII

Du tirage. Observations générales 258
Liqueur de tirage 260
Des bouteilles 261
Le rinçage 263
Tirage 267
Du bouchage 268
Machines à boucher 270
Description de la machine à boucher 271
Agrafes et ficelage 272
Description de la machine à agrafer 273

CHAPITRE VIII

Entreillage des vins de tirage 276
Prise de mousse 277

CHAPITRE IX

Conséquences d'un tirage bien ou mal fait 282
Mise en cave et précautions à prendre 291

CHAPITRE X

Soins du vin en cave 293
De la mise sur pointe 295
Du dégorgement 298
Dosage du vin 301

CHAPITRE XI

Description et études des divers instruments employés
pour l'étude des vins de tirage 303
Le glucoœnomètre 305
De l'alcoomètre 311
Appareils distillatoires 313
Des burettes et éprouvettes 314
Éprouvettes jaugées 317

CHAPITRE XII

Pages.

Epamprage des vignes, leur emploi.................... 318
Déchets de vendange et le pressurage.................. 322
Déchets du traitement des vins nouveaux et des vins vieux 329
Des bas vins de soutirage et le dégorgement........... 334

FIN

Imp. J. MAYET et Cⁱᵉ, Lons-le-Saunier.